普通高等教育"十三五"电子信息类规划教材

Altium Designer 原理图
与 PCB 设计

隋晓红　刘　鑫　石　磊　编
吴建生　主审

U0258045

机 械 工 业 出 版 社

Altium Designer 是软件开发商 Altium 公司推出的一款电子产品开发系统，主要运行在 Windows 操作系统环境下。该软件通过把原理图设计、PCB 设计、电路仿真、FPGA 设计等功能完美融合，为设计者提供了综合性的设计平台，使设计者可以轻松进行设计。熟练使用该软件可使电路设计的质量和效率大大提高。本书共分为 10 章，1~9 章详细介绍了电路原理图设计、PCB 设计、元件库及封装库设计的方法、步骤和技巧；第 10 章介绍了两个完整的 PCB 设计综合实例。本书由浅入深，循序渐进，思路清晰，各章节的知识既相互独立又相互关联。

　　本书可以作为高等院校电子信息类、计算机类等专业的教材，也可以作为电路设计及相关行业工程技术人员的学习参考书。

图书在版编目（CIP）数据

Altium Designer 原理图与 PCB 设计/隋晓红，刘鑫，石磊编 . 一北京：机械工业出版社，2019.9（2024.7 重印）

普通高等教育"十三五"电子信息类规划教材

ISBN 978-7-111-63259-7

Ⅰ. ①A⋯　Ⅱ. ①隋⋯ ②刘⋯ ③石⋯　Ⅲ. ①印刷电路-计算机辅助设计-应用软件-高等学校-教材　Ⅳ. ①TN410.2

中国版本图书馆 CIP 数据核字（2019）第 145061 号

机械工业出版社（北京市百万庄大街 22 号　邮政编码 100037）

策划编辑：路乙达　　　　　责任编辑：路乙达　刘丽敏
责任校对：王明欣　陈　越　封面设计：张　静
责任印制：单爱军
北京虎彩文化传播有限公司印刷
2024 年 7 月第 1 版第 6 次印刷
184mm×260mm · 17.5 印张 · 479 千字
标准书号：ISBN 978-7-111-63259-7
定价：45.80 元

电话服务　　　　　　　　　　网络服务
客服电话：010-88361066　　机 工 官 网：www.cmpbook.com
　　　　　010-88379833　　机 工 官 博：weibo.com/cmp1952
　　　　　010-68326294　　金 书 网：www.golden-book.com
封底无防伪标均为盗版　　机工教育服务网：www.cmpedu.com

前　言

自 20 世纪 80 年代以来，计算机已进入各个领域并发挥着重大的作用。随着科技的蓬勃发展，新型元器件层出不穷，电子线路变得越来越复杂，电子设计工作早就由单纯依靠手工来完成转变为借助计算机进行辅助设计，例如使用 CAD 设计软件使得电路设计工作变得快捷、高效。

Protel 系列是进入我国最早的电子设计自动化软件，由 Protel 公司出品。该公司在 1999 年出品的 Protel 以及 2000 年出品的升级版 Protel 99 SE 都在之后的很长一段时间里深受电子设计工作者的喜爱。在 2001 年，Protel 公司更名为 Altium 公司，随后推出 Protel DXP、Protel 2004 等版本。在 2006 年，Protel 的高端版本 Altium Designer 6.0 问世，之后相继推出了 Altium Designer 6.9、Altium Designer Summer 08、Altium Designer Winter 09、Altium Designer 10、Altium Designer 11 等，几乎每年都会进行升级。

本书以 Altium Designer 17 为平台，分为 10 章，主要介绍 Altium Designer 17 的安装、原理图编辑器及参数设置、电路原理图的绘制、原理图元件库的创建、PCB 的设计、PCB 封装库的创建等，并在第 10 章以两个实例将知识点融会贯通起来。本书内容讲解翔实，图文并茂，具体内容如下：

第 1 章为 Altium Designer 17 概述，介绍了 Altium Designer 17 的安装、界面环境和文件管理系统。

第 2 章为原理图编辑器及参数设置，介绍了原理图编辑器的启动与关闭、设计环境和各项参数设置。

第 3 章为绘制电路原理图，介绍了原理图中的图元对象、对元件的各种操作、原理图的布线和编译、原理图绘制实例。

第 4 章为原理图的其他操作，介绍了图元对象的编辑操作、元件自动编号、窗口显示设置、画面管理、层次原理图设计、原理图报表和原理图输出。

第 5 章为创建原理图元件库，介绍了原理图元件库编辑器界面及管理、各种绘图工具、绘制元件实例、各种元件报表文件等。

第 6 章为 PCB 基础及编辑器环境，介绍了 PCB 的基础知识、设计流程、设计环境、常用的工具栏和参数设置等。

第 7 章为 PCB 设计，介绍了新建 PCB 文件、由原理图更新 PCB 文件、布局相关规则设置、元件布局、布线、PCB 设计实例等。

第 8 章为 PCB 的其他操作，介绍了敷铜、补泪滴、添加元件和网络、PCB 中的测量、定义 PCB 轮廓、PCB 规则操作、交叉探测和交叉选择、PCB 的报表和 PCB 的打印输出等。

第 9 章为创建 PCB 封装库，介绍了元件封装、PCB 元件封装库编辑器、创建元件封装、封装库的管理、元件封装报表文件和更换元件封装实例等。

第 10 章为 PCB 设计综合实例，介绍了单片机实时时钟项目设计和基于单片机 SPI 接口的串行显示电路设计。

本书由广西科技师范学院隋晓红、黑龙江科技大学电子与信息工程学院刘鑫、黑龙江科技大学计算机与信息工程学院石磊编写，其中隋晓红编写第 1、2、3、10 章，刘鑫编写 7、8、9 章，石磊编写 4、5、6 章。本书由广西科技师范学院吴建生主审，谢永盛对本书进行了核对。

　　本书的出版得到广西壮族自治区教育厅对广西科技师范学院的资助项目"广西本科高校《物联网工程》特色专业建设项目"经费的支持,在此表示衷心的感谢!

　　由于时间仓促和编者水平有限,疏误之处敬请批评指正。

IV

编　者

目　　录

第1章 Altium Designer 17 概述

Altium Designer 17 是一款一体化应用工具，集合了绘制电路图、制作 PCB 文件、原理图仿真等功能。本章介绍 Altium Designer 17 的安装、界面环境及文件管理系统。

1.1 Altium Designer 17 的安装

Altium Designer 17 是基于 Windows 操作系统的应用程序，其安装和卸载过程与其他 Windows 应用软件基本相同。

1）将 Altium Designer 17 安装光盘放入驱动器，光盘自动运行后弹出如图 1-1 所示的安装向导对话框。若光盘未自动运行，可在安装盘中找到并双击"setup. exe"文件来启动安装向导。

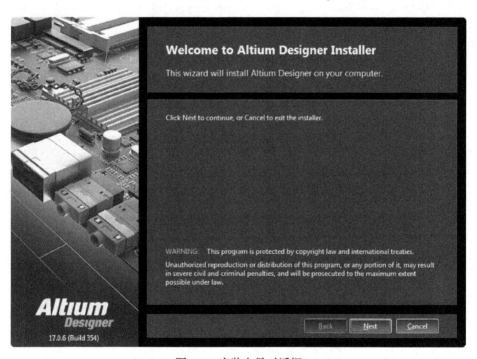

图 1-1　安装向导对话框

2）单击 Next 按钮，进入如图 1-2 所示的注册协议许可对话框。在该对话框中，用户需要同意 Altium 公司的使用协议，并勾选 I accept the agreement 选项，激活 Next 按钮才能继续进行安装。

3）勾选 I accept the agreement 选项，单击 Next 按钮，进入如图 1-3 所示的选择设计功能对话框，可根据实际情况选择。如果只做电路板，则只勾选 PCB Design 即可。

4）单击 Next 按钮，进入如图 1-4 所示的选择路径对话框。Program Files 区域用于设置安装路径，默认的安装路径为 C:\Program Files(x86)\Altium\AD17。Shared Documents 区域用于设置 Altium Designer 17 的库文件、自带示例等文件的安装路径，默认的路径为 C:\Users\Public\Documents\Altium\AD17。这两个区域后都有 Default 按钮，单击该按钮可以在打开的对话框中修改路径。

图 1-2　注册协议许可对话框

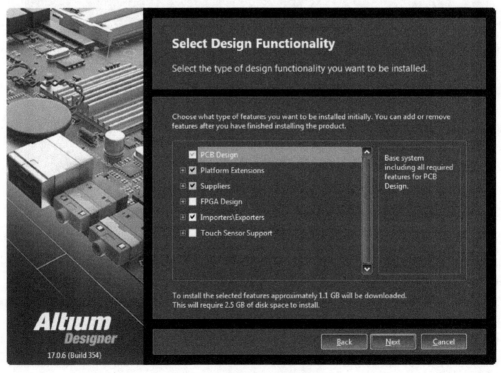

图 1-3　选择设计功能对话框

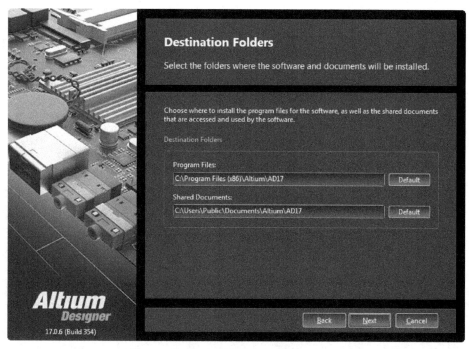

图 1-4　选择路径对话框

5）单击 Next 按钮，进入如图 1-5 所示的准备安装对话框。如果需要修改之前的设置，可以单击 Back 按钮，返回到之前的步骤进行修改。如果无须更改，则进入下一步。

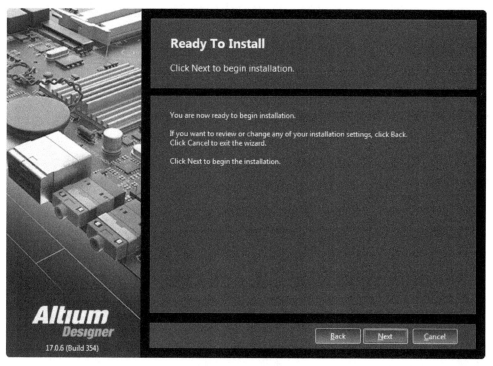

图 1-5　准备安装对话框

6）单击 Next 按钮，进入如图 1-6 所示的安装进度对话框。

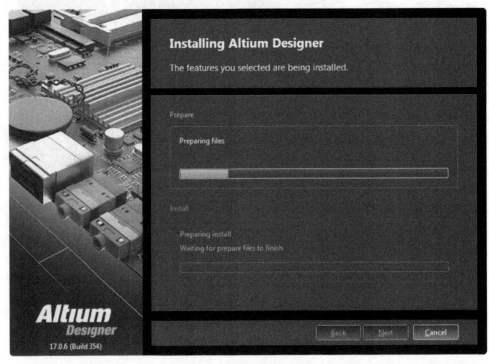

图 1-6 安装进度对话框

7）安装结束后，进入如图 1-7 所示的安装完成对话框，单击 Finish 按钮完成软件的安装。该界面上的 Run Altium Designer 表示安装结束的同时也运行 Altium Designer 软件。

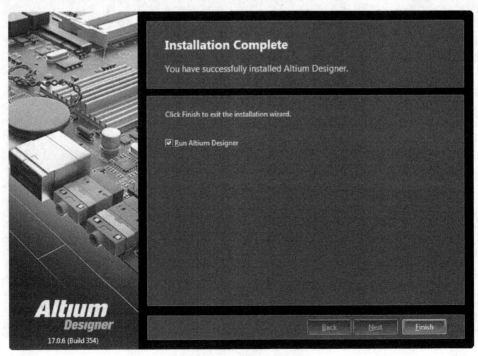

图 1-7 安装完成对话框

1.2 Altium Designer 17 的界面环境

首次启动 Altium Designer 17，将出现如图 1-8 所示的初始界面，由菜单栏、工具栏、工作面板、状态栏组成。

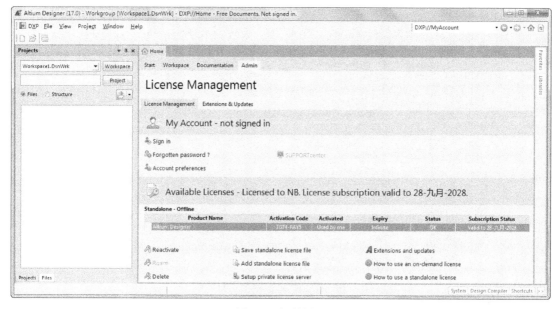

图 1-8 初始界面

1. 菜单栏

Altium Designer 17 初始界面的菜单栏包括如下命令。

1）DXP：系统菜单命令。单击该命令会弹出如图 1-9 所示的菜单。

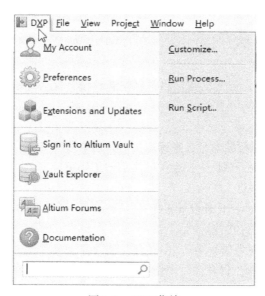

图 1-9 DXP 菜单

① My Account：我的账户，用于管理用户协议。

② Preferences：参数设置，执行该命令弹出如图 1-10 所示对话框，用于设置 Altium Designer17 的工作状态参数。

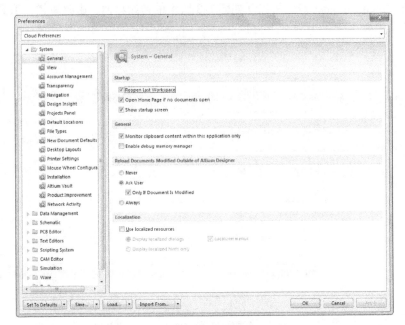

图 1-10　工作状态参数设置对话框

③ Extensions and Updates：软件的扩展与更新。

④ Sign in to Altium Vault：登录。

⑤ Vault Explorer：浏览器。

⑥ Altium Forums：Altium 论坛。执行该命令会跳转到 Altium 论坛网页。

⑦ Documentation：文件。执行该命令会跳转到 Altium 文件网页。

⑧ Customize：自定义。

⑨ Run Process：运行进程。

⑩ Run Script：运行脚本。

2）File：文件菜单命令，包含创建项目、创建各种设计文件等操作。单击该命令会弹出如图 1-11 所示的菜单。

① New：新建文件。

② Open：打开文件。执行该命令，在弹出的对话框中选择文件。

③ Close：关闭文件。执行该命令，会关闭当前的工作窗口。

④ Open Project：打开项目。

⑤ Open Design Workspace：打开设计工作区。

⑥ Save Project：保存项目文件。

⑦ Save Project As：另存为项目文件。

⑧ Save Design Workspace：保存设计工作区。

⑨ Save Design Workspace As：另存为设计工作区。

⑩ Save All：保存所有当前打开的文件。

⑪ Smart PDF：生成 PDF 文件。

⑫ Import Wizard：智能导入。用于将其他的设计文件导入 Altium Designer 17，如 Protel 99 SE、Orcad 等产生的设计文件。

⑬ Recent Documents：单击该命令，会在子菜单中显示最近使用的文档。

⑭ Recent Projects：单击该命令，会在子菜单中显示最近使用的项目文件。

⑮ Recent Workspaces：单击该命令，会在子菜单中显示最近使用的设计工作区。

3）View：视图菜单，包含控制工具栏、工作面板、桌面布置等内容的命令。

① Toolbars：控制工具栏和菜单栏的显示和隐藏，其子菜单如图 1-12 所示。

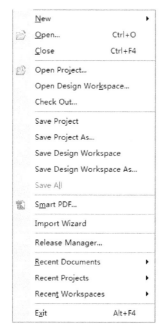

图 1-11　File 菜单

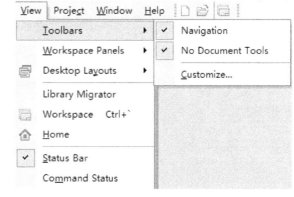

图 1-12　Toolbars 子菜单

② Workspace Panels：控制工作区面板的打开与关闭，其子菜单如图 1-13 所示。该命令的结果也可以在工作区右下方的面板开启标签中实现。

③ Desktop Layouts：桌面布局，其子菜单如图 1-14 所示。Default 表示默认布局，如图 1-15 所示。Startup 表示初始布局，如图 1-16 所示。Load layout 表示加载布局，执行该命令会弹出选择文件对话框。Save layout 表示保存布局。

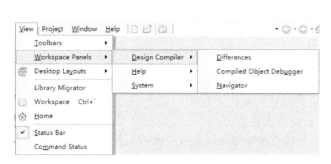

图 1-13　Workspace Panels 子菜单

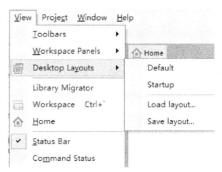

图 1-14　Desktop Layouts 子菜单

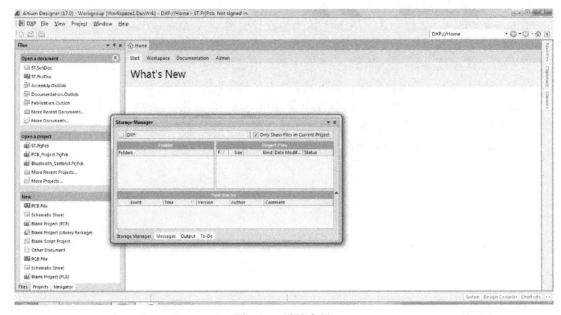

图 1-15　默认布局

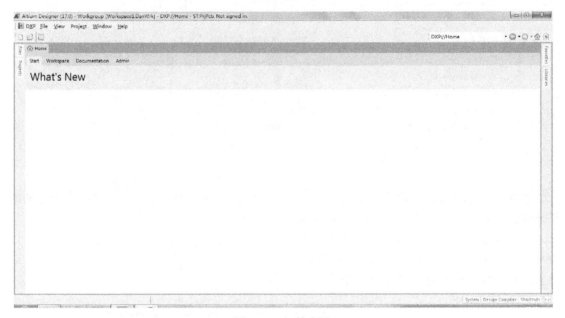

图 1-16　初始布局

④ Library Migrator：连接到 Altium Vault。

⑤ Workspace：启动工作区。

⑥ Home：启动主页。

⑦ Status Bar：控制状态栏上工作面板启动标签的显示和关闭。

⑧ Command Status：控制状态栏上命令行的显示和关闭。

4）Project：项目菜单，包含项目编译、选项设置等操作的命令，如图 1-17 所示。

① Compile：编译。

② Show Differences：显示差异。该命令能够实现文件之间、工程之间的差异比较，执行该命令在弹出的对话框中可以选择要比较的文件。

③ Add Existing to Project：向项目中添加文件。

④ Remove from Project：从项目中移除。

⑤ Add Existing Project：添加已有的项目。该命令可以打开已有的项目文件，执行该命令，在弹出的对话框中可以选择项目文件。

⑥ Add New Project：添加新项目。

⑦ Project Documents：执行该命令，系统会弹出打开项目文档对话框。

⑧ Version Control：版本控制。

⑨ Project Packager：项目压缩。

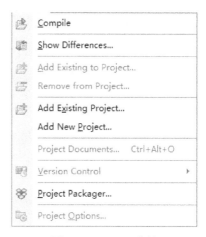

图 1-17　Project 菜单

⑩ Project Options：设置项目参数。

由于某些命令是针对打开的项目，而当前没有打开的项目，所以这些命令处于不可执行的灰色状态。

5）Window：窗口菜单，包含控制工作界面中各窗口显示方式的命令，如图 1-18 所示。

6）Help：帮助菜单，包含相关操作的帮助信息，设计指南等命令，如图 1-19 所示。

图 1-18　Windows 菜单

图 1-19　Help 菜单

2. 工具栏

Altium Designer 17 初始界面中工具栏比较简单，主要实现文件的新建、打开以及系统导航等，如图 1-20 所示。

图 1-20　工具栏

3. 工作面板

Altium Designer 17 延续了之前的版本，提供了面板功能，面板是一种方便且实用的工具。Altium Designer 17 包含系统面板和编辑器面板。Altium Designer 17 系统中有原理图编辑器、原理图元件编辑器、PCB 编辑器、PCB 元件封装编辑器等。在这些编辑器中，有些面板是均可以出现的，但有些面板是每个编辑器特有的。前者在这里称为系统面板，后者称为编辑器面板。系统在工作窗口的左右两侧提供了工作面板显示标签，如图 1-8（初始界面图）中左侧下方的 Projects 标签和 Files 标签以及右侧上方的 Favorites 标签和 Libraries 标签。

每个显示的工作面板都有两个状态。第一种是工作面板和编辑窗口并排显示，如图 1-21 所示，面板始终显示在界面上。第二种是工作面板伸缩显示，如图 1-22 所示。这两种状态的转换通过面板右上角或左上角的图钉按钮进行切换，如图 1-23 所示。请注意在不同状态下图钉的不同样式。在伸缩显示中，将光标移动到工作面板显示标签并单击，面板会由伸展状态变为缩回状态或由

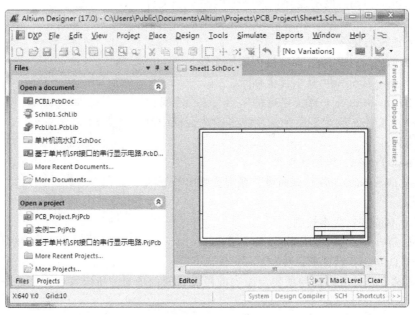

图 1-21　工作面板和编辑窗口并排显示

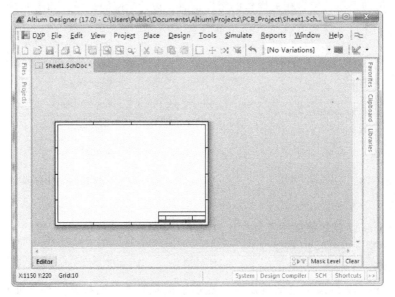

图 1-22　工作面板伸缩显示（缩回状态）

缩回状态变成伸展状态。伸展状态下的工作面板会悬浮
在工作窗口上，如图 1-24 所示。

4. 状态栏

状态栏主要显示工作面板启动管理标签，如图 1-25
所示。如果单击工作面板右上方或左上方的 × 按钮，可
以关闭该面板。启动的方式是通过系统在状态栏提供的
工作面板启动管理标签，其中 System、Design Compiler 和

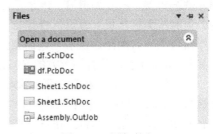

图 1-23　图钉按钮

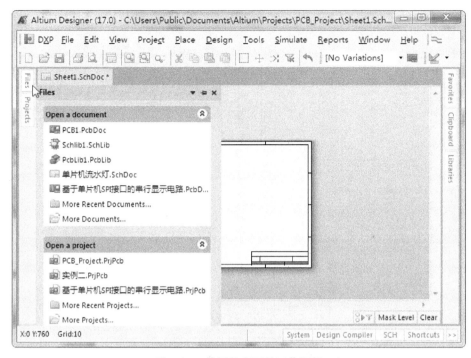

图 1-24　伸展状态下的工作面板

Shortcuts 三个标签中的面板是系统面板。System 面板、Design Compiler 面板启动管理标签分别如图 1-26、图 1-27 所示。Shortcuts 用于启动快捷键面板，如图 1-28 所示。在不用的编辑器中，面板开启标签除了系统面板启动管理标签，还有编辑器面板启动管理标签，如原理图编辑器有 SCH 标签、PCB 编辑器有 PCB 标签，分别如图 1-29、图 1-30 所示。

图 1-25　状态栏

图 1-26　System 面板启动管理标签　　　　图 1-27　Design Compiler 面板启动管理标签

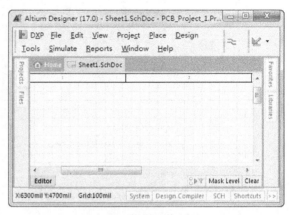

图 1-28　快捷键面板　　　　　　　　　　图 1-29　原理图编辑器中的面板启动管理标签

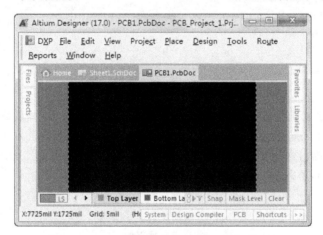

图 1-30　PCB 编辑器中的面板启动管理标签

1.3　Altium Designer 17 文件管理系统

Altium Designer 17 采用项目的方式对设计文件进行管理。通常在一个设计中会涉及几种类型的文件，且它们之间还会存在关联，建立文件之间关联的就是项目文件。可以把项目文件比作一个人的档案袋，项目下的各个文件就是关于这个人不同的档案。Altium Designer 17 中用户经常用到的文件类型见表 1-1。

表 1-1　常用文件类型

文件扩展名	文件说明	文件扩展名	文件说明
PrjPCB	PCB 项目文件	SchLib	原理图元件库文件
IntLib	集成元件库文件	PcbLib	元件封装库文件
SchDoc	原理图文件	SchDot	原理图模板文件
PcbDoc	PCB 文件	PCBDOC	PCB 模板文件

1.3.1 项目文件

项目文件是关联一个项目下所有文件的文件，它能使不同设计文件之间进行信息的传递。例如，绘制 PCB 时，能利用同项目下原理图中的相关命令将原理图中的封装信息和电气连接信息更新到 PCB 文件中；绘制一个原理图元件符号并将其放置在同项目下的原理图中，如果对该符号进行了更改，只需要在原理图元件编辑器中执行更新操作，同项目下的原理图中的该符号均会被更新。

1. 新建项目

在设计项目时，首先需要建立一个项目文件，然后在该项目文件下建立其他文件。创建项目文件有多种方法，可以利用菜单命令创建，也可以利用 Files 面板创建。

1）方法一：执行菜单命令 File→New→Project（如图 1-31 所示），弹出如图 1-32 所示的新建项目对话框。在 Project Types 区域中可以选择项目类型。PCB Project 表示印制电路板项目，Integrated Library 表示集成元件库项目，Script Project 表示脚本项目。Project Templates 区域列出了项目模板。Name 表示项目名称，如果勾选了 Create Project Folder，表示会为项目创建文件夹。Location 表示项目的存储路径，可以手动键入，也可以单击 Browse Location 按钮，在弹出的对话框中选择路径，如图 1-33 所示。新建项目文件后，在 Projects 面板中出现该项目，如图 1-34 所示。

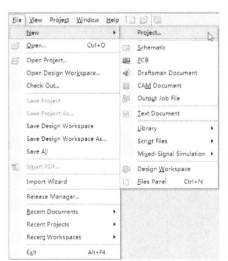

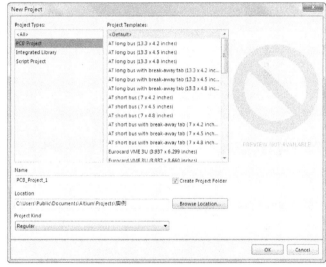

图 1-31　File→New→Project 命令　　　　　图 1-32　新建项目对话框

2）方法二：在 Files 面板中的 New 区域中，选择 Blank Project（PCB）命令，如图 1-35 所示，即可创建一个新的项目。

2. 向项目中添加文件

项目文件仅是链接文件，不含有实际内容，还需要在项目中添加文件，向项目中添加文件的方法如下。

1）方法一：执行菜单命令 File→New，在弹出的菜单中可以选择需要添加的文件，如图 1-36 所示。

2）方法二：在 Projects 面板上，鼠标右键单击项目名称，在弹出的菜单中选择 Add New to Project，在二级菜单中可以选择文件种类，如图 1-37 所示。

图 1-33　选择存储路径对话框

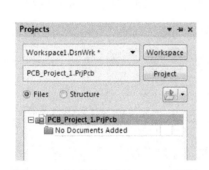

图 1-34　新建项目后的 Projects 面板

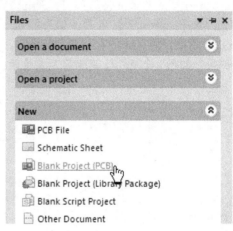

图 1-35　利用 Files 面板新建项目

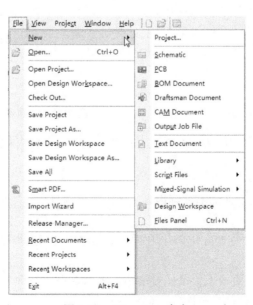

图 1-36　File→New 命令

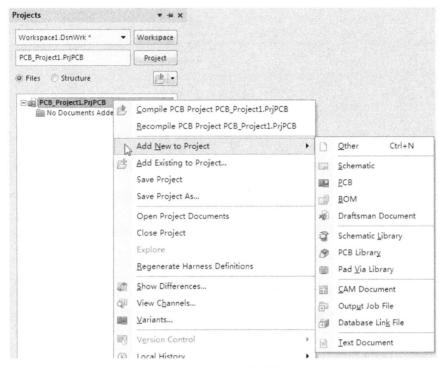

图 1-37 右键快捷菜单

3. 保存项目

在保存项目前应该先保存项目下的文件。如果项目或其下的文件有过更改而没保存，在 Projects 面板上文件名称的右上角会有 "★" 标志，如图 1-38 所示。在 Projects 面板的项目上单击鼠标右键，在弹出的下拉菜单选择 Save Project 命令。如果该项目下存在从来没有保存过的文件，则系统会弹出设置文件保存路径对话框。例如，在图 1-38 中 PCB_Project1.PrjPCB 项目下的 Sheet1.SchDoc 和 PCB1.PcbDoc 文件没有保存过，那么在保存项目文件时系统会要求先保存 Sheet1.SchDoc 和 PCB1.PcbDoc 文件。图 1-39 所示的对话框用于设置 PCB1.PcbDoc 文件保存位置，单击保存按钮后系统会弹出用于设置 Sheet1.SchDoc 文件保存位置的对话框，如图 1-40 所示。再次单击保存按钮后系统会弹出用于设置项目文件保存路径的对话框，如图 1-41 所示。

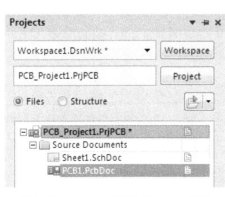

图 1-38 Projects 面板上的 "★" 标志

图 1-39 设置 PCB 文件保存位置

图 1-40　设置原理图文件保存位置

图 1-41　设置项目文件保存位置

4. 关闭项目

在 Projects 面板的项目上单击鼠标右键，在弹出的下拉菜单选择 Close Project 命令，可以关闭项目，如图 1-42 所示。如若项目或其下的文件从没有保存过，系统会弹出设置保存路径对话框。如果保存过，但有新的修改还没有保存，系统会弹出如图 1-43 所示的对话框确认是否保存修改。单击 Yes 表示保存修改，单击 No 表示不保存修改。单击 Yes 或 No 之后，系统会关闭该项目，该项目将从 Projects 面板上消失。

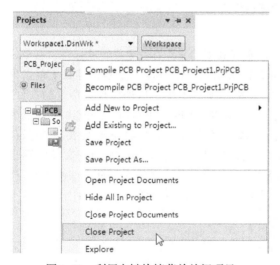

图 1-42　利用右键快捷菜单关闭项目

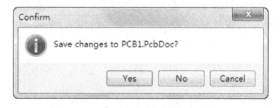

图 1-43　确认是否保存修改对话框

5. 打开项目

如前所述，项目文件不具有实际内容，所以在设计项目时主要是对项目中的文件进行编辑操作。若需要打开项目下的设计文件（如原理图文件或 PCB 文件），则必须先打开该文件所在的项目文件。执行菜单命令 File→Open，在弹出的如图 1-44 所示对话框中找到项目文件，选中该文件并单击打开按钮。如果越过项目文件而直接打开项目中的设计文件，则该文件脱离项目而成为自由文件。

图 1-44　打开文件对话框

1.3.2　自由文件

在 Altium Designer 17 中，设计文件有两种状态：项目中文件和自由文件。这两个概念是指同一个文件的不同状态。自由文件是指不属于任何项目的设计文件，自由文件之间没有关联，不能实现信息的传递。如图 1-45 所示，在 Projects 面板上自由文件属于 Free Documents 区域下，保存时为独立文件。

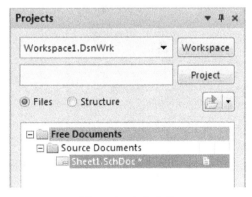

图 1-45　自由文件

系统中具体设计文件的两种状态可以相互之间进行转换。之前所讲的越过项目文件而直接打开项目下的设计文件可以说是一种转换方法。下面通过 Projects 面板讲述文件状态的转换方法。

1. 文件从项目中脱离

在 Projects 面板上右键单击原理图文件，在弹出的如图 1-46 所示的菜单中选择的 Remove

from Project 命令，弹出如图 1-47 所示的脱离项目确认对话框。单击 Yes 按钮，则原理图文件从项目中脱离成为自由文件。这里需要提醒的是原理图文件只是和项目脱离关系，而不是被删除，且文件中的具体内容不会有变化。

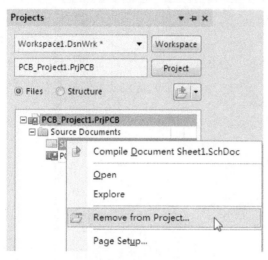

图 1-46　右键快捷菜单

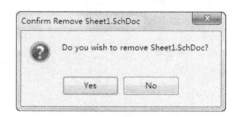

图 1-47　脱离项目确认对话框

2. 将文件加载到项目中

在 Projects 面板的项目上单击鼠标右键，在弹出的如图 1-48 所示的下拉菜单中选择 Add Existing to Project 命令，弹出如图 1-49 所示的选择添加文件对话框，选择需要添加的文件，单击打开按钮。如果需要添加的文件已经出现在 Projects 面板中，将光标移到文件上，按住鼠标右键，将其在 Projects 面板中拖动到项目文件处，松开鼠标即可。

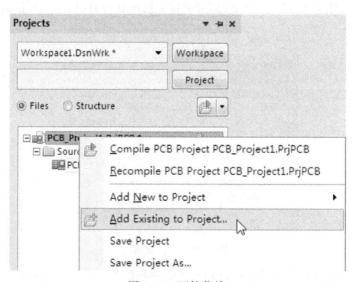

图 1-48　下拉菜单

项目文件和自由文件的一个区别体现在菜单命令的不同。以原理图文件为例，处于项目状态下时的 Project 菜单命令如图 1-50 所示。当其成为自由文件时 Project 缺少了一些对项目的操作命令，如图 1-51 所示。

图 1-49　选择添加文件对话框

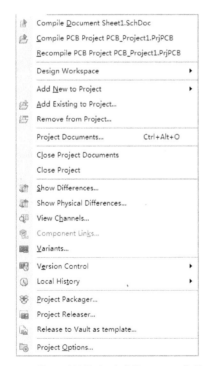

图 1-50　处于项目状态下时的 Project 菜单命令

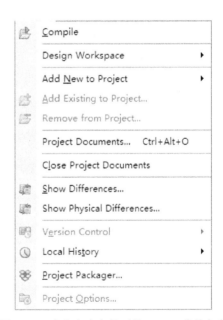

图 1-51　成为自由文件时的 Project 菜单命令

第2章 原理图编辑器及参数设置

上一章对 Altium Designer 17 的安装方法、界面环境和文件管理系统做了比较详细的介绍，意在使读者对系统的环境、功能和各种文件有初步的了解。本章主要介绍原理图编辑器的启动和关闭、设计环境以及各项参数设置。

2.1 原理图编辑器的启动与关闭

在 Altium Designer 17 设计系统中新建一个原理图文件或是打开一个现有的原理图文件均可以启动原理图编辑器。

1. 启动原理图编辑器

（1）新建原理图

1）方法一：在 Projects 面板中，将鼠标移动到某一个项目文件上，单击鼠标右键，在弹出的菜单中选择 Add New to Project→Schematic 命令，如图 2-1 所示。单击该命令后会在当前项目下创建一个原理图文件，如图 2-2 所示。

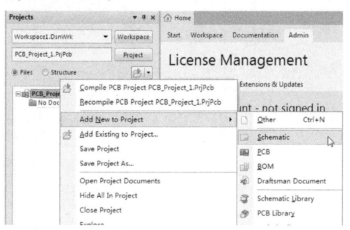

图 2-1　Add New to Project→Schematic 命令

2）方法二：单击菜单栏命令 File→New→Schematic，如图 2-3 所示。单击该命令后会在当前项目下创建一个原理图文件，启动原理图编辑器。如果当前没有打开的项目文件，则该原理图文件会以自由文件的形式存在，Projects 面板如图 2-4 所示。

（2）打开已有的原理图文件

如前所述，Altium Designer 17 中关于同一个项目中不同类型的文件由项目文件架起它们之间关联的桥梁，所以在打开已有的原理图文件时要先打开其所在的项目文件。例如，在 Altium Designer 17 自带的例子中找到 AD17\Examples\Bluetooth Sentinel 文件夹，如图 2-5 所

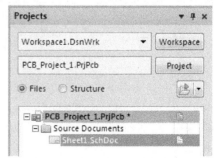

图 2-2　新建原理图文件

示。在该文件夹中有原理图文件（如 Bluetooth. SchDoc）、PCB 文件（如 Bluetooth_Sentinel. PcbDoc）和项目文件（Bluetooth_Sentinel. PrjPcb）。如果需要打开 Bluetooth. SchDoc，则需要先打开项目文件 Bluetooth_Sentinel. PrjPcb。单击菜单命令 File→Open，打开 Choose Document to Open 对话框，如图 2-6 所示。在路径选择栏中找到 Bluetooth Sentinel 文件夹，双击项目文件 Bluetooth_Sentinel. PrjPcb，此时 Projects 面板如图 2-7 所示。在 Projects 面板中双击 Bluetooth. SchDoc 即可打开该文件。注意，如果没有打开项目文件 Bluetooth_Sentinel. PrjPcb，而是直接打开项目下的原理图文件 Bluetooth. SchDoc（在图 2-6 中选择原理图文件 Bluetooth. SchDoc），则该文件会从该项目下脱离而成为自由文档。

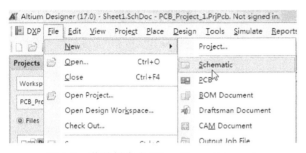

图 2-3　菜单栏命令 File→New→Schematic

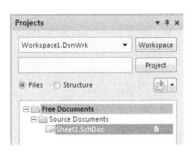

图 2-4　Projects 面板

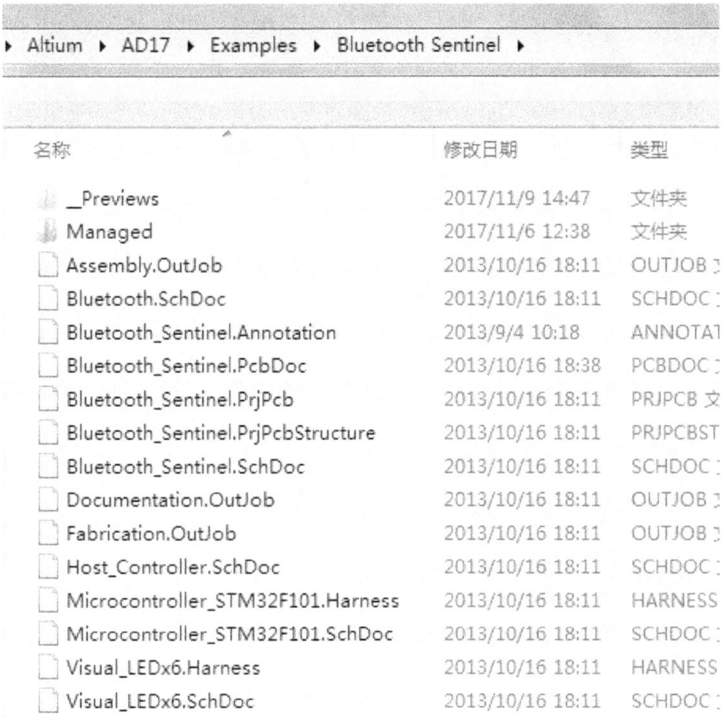

图 2-5　AD17 \ Examples \ Bluetooth Sentinel 文件夹

2. 关闭原理图编辑器

关闭原理图文件的同时也关闭了原理图编辑器。

1）方法一：将光标移动到要关闭的原理图标签处，单击鼠标右键，在弹出如图 2-8 所示的菜单中选择 Close CLK. SchDoc 命令，可以关闭该原理图。

22

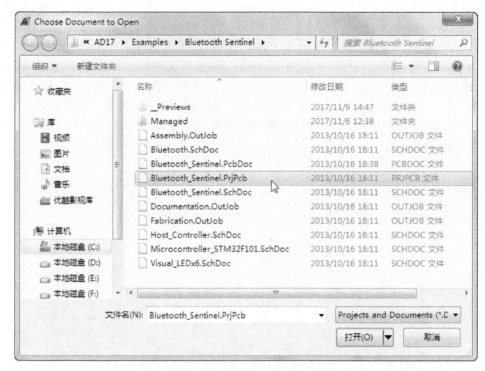

图 2-6　Choose Document to Open 对话框

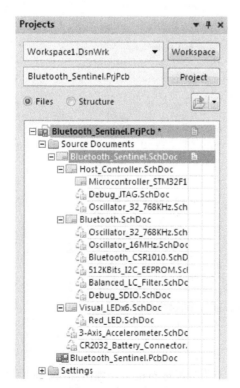

图 2-7　Projects 面板

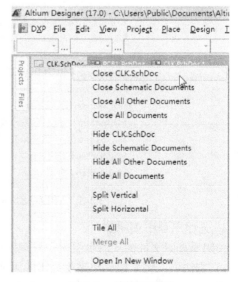

图 2-8　关闭原理图

　　2）方法二：在 Projects 面板中，将光标移动到要关闭的原理图处，单击鼠标右键，在弹出如图 2-9 所示的菜单中选择 Close 命令，可以关闭该原理图。

　　3）方法三：在需要关闭的原理图编辑器中，执行菜单命令 File→Close，如图 2-10 所示，可以关闭当前原理图。

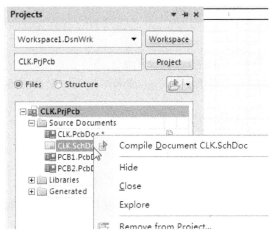

图 2-9　关闭原理图

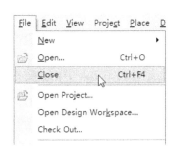

图 2-10　菜单命令 File→Close

2.2　原理图编辑器设计环境

　　原理图编辑器设计环境主要由标题栏、菜单栏、工具栏、文件名标签、原理图编辑区、状态栏、工作面板显示标签、工作面板启动标签组成，如图 2-11 所示。

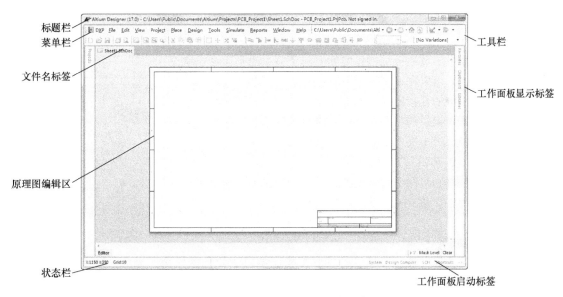

图 2-11　原理图编辑器设计环境

1. 标题栏

标题栏用于显示当前文件的名称及其所属的项目名称。

2. 菜单栏

在设计过程中，对原理图的各种编辑操作都可以通过菜单中相应的命令来完成。

1）File：用于各种文件（如项目文件、原理图文件、PCB 文件、库文件等）新建、打开、保存、关闭、打印等操作。

2）Edit：用于原理图中各类对象的复制、粘贴、剪切、选择和取消选择、层移、对齐等；文本的查找和替换；寻找相似对象。

3）View：用于各种视图操作，如放大、缩小、移动等。

4）Project：用于原理图文件的编译、项目的编译、项目的打开与关闭等。

5）Design：用于由原理图向 PCB 文件更新、添加和移除元件库、生成网络报表、层次原理图设计等。

6）Tools：用于为原理图设计提供各种工具，如查找元件、修改元件编号等。

7）Simulate：用于对原理图进行仿真分析。

8）Reports：用于生成原理图的各种报表文件，如材料清单等。

9）Window：用于对窗口进行各类操作，如多个窗口的左右并列或上下垂直放置等。

以上仅是对菜单栏的简要介绍，在后续章节中将会对菜单栏中的常用或重要命令进行详细介绍。

3. 工具栏

初次启动原理图编辑器时，工具栏是放置在菜单栏下方的。如果将光标移动到工具栏前方的┃标志，按住鼠标左键，光标变成十字形，如图 2-12 所示。移动鼠标，可以将工具栏拖拽下来，结果如图 2-13 所示。

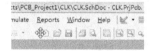

图 2-12　移动工具栏

图 2-13　工具栏

原理图编辑器中工具栏上的按钮实际上与菜单中的常用命令完全对应，使用这些工具可以在编辑原理图时提高效率。在原理图编辑环境下，右击工具栏中的任何部分，都将出现如图 2-14 所示的快捷菜单，其中列出了系统提供的主要工具栏。需要显示某个工具栏，只需单击其中的选项将其选中即可。如要显示 Wiring（布线）工具栏，只需在快捷菜单中单击 Wiring 选项，即可出现✓标志，并在编辑环境中出现该工具栏。要隐藏某个已显示的工具栏，只需再次选择相应的选项即可去掉✓标志。在之后的章节中将会结合菜单命令来介绍主要的工具栏。

图 2-14　快捷菜单

4. 原理图编辑区

通过在原理图编辑区放置、编辑各类原理图对象以完成绘制原理图操作。原理图编辑区可以进行图纸的修改、放大和缩小等。编辑区的右侧的下方有卷动编辑区的垂直滚动条及水平滚动条，通过它们可以浏览编辑区的任何位置。

5. 工作面板显示标签

在默认的原理图编辑器环境中，系统界面左右两侧会提供工作面板标签，用于显示、收回工作面板。例如，单击 Projects 工作面板标签，结果如图 2-15 所示。在面板的左上角或右上角单击按钮，可以使面板和编辑区共同在界面上显示而不是层叠显示，如图 2-16 所示。单击×按钮，关闭当前面板及其显示标签。借助工作面板启动标签，可以显示关闭的面板和标签。

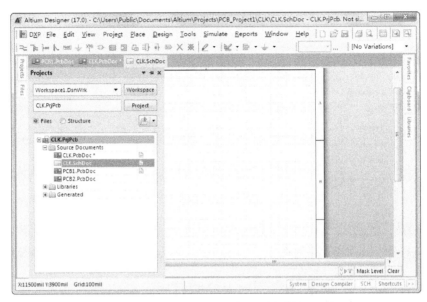

图 2-15　Projects 面板悬浮在原理图编辑区上方

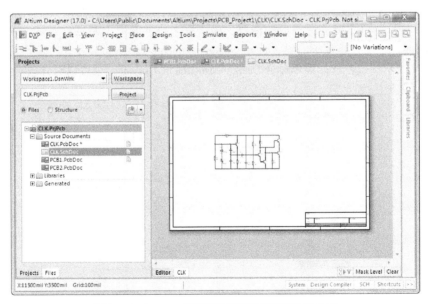

图 2-16　Projects 面板和原理图编辑区并排显示

6. 状态栏

状态栏主要用于显示当前光标的位置信息、网格值、现行执行程序的状态信息以及界面右下角的工作面板启动标签。

原理图编辑器除了默认情况下显示的工作面板外还提供了其他的工作面板。如果需要显示，可以通过鼠标左键单击启动管理标签来打开面板，如 System 标签中提供了常用的 Projects 面板、

Libraries 面板、Files 面板和 Messages 面板等，如图 2-17 所示。如果在状态栏中没有工作面板启动管理标签，可以执行菜单命令 View→Status Bar 来显示标签。原理图编辑器有它特有的 SCH 编辑器面板标签，单击它弹出的标签如图 2-18 所示。

图 2-17　System 面板启动标签

图 2-18　SCH 面板启动标签

2.3　原理图文档参数设置

在启动原理图编辑器时系统会提供默认的图纸。但在绘制过程中根据所要设计的电路图的复杂程度需要对原理图图纸进行相应的修改，如图纸大小、方向、颜色、字体、标题栏和边框等。在原理图编辑区，单击鼠标右键，选择 Options→Document Options 命令，打开文档选项对话框，如图 2-19 所示。或者选择菜单命令 Design→Document Options，也可以打开该对话框。

图 2-19　文档选项对话框

2.3.1　图纸参数设置

在 Document Options 对话框中选择 Sheet Options 标签页，如图 2-19 所示。

1. Options 区域

该区域主要设置图纸的方向和颜色、图纸边框颜色、标题栏格式等。

① Orientation：设置图纸方向。单击后方的下拉菜单按钮，在弹出的菜单中有 Landscape（水平方向，该选项为默认选项）和 Portrait（竖直方向）。

② Title Block：设置图纸标题栏的格式。如果取消勾选，在图纸上不会显示标题栏。选中 Title Block，从后方的下拉列表中选择所需的标题栏格式。系统提供了两种标题栏格式，一是 Standard 格式（标准格式），二是 ANSI 格式（美国国家标准协会格式）。

③ Show Reference Zones：显示图纸的参考区域。不显示参考区域的图纸如图 2-20 所示。

④ Show Border：显示图纸的边框。

⑤ Border Color：设置边框颜色。边框颜色默认为黑色。单击 Border Color 后的色块，弹出如图 2-21 所示的选择颜色对话框，选择合适的颜色后单击 OK 按钮，即可完成颜色设置。

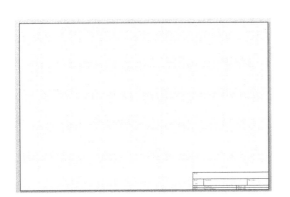

图 2-20　不显示参考区域的图纸

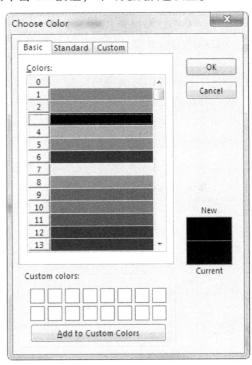

图 2-21　选择颜色对话框

⑥ Sheet Color：设置图纸颜色。

2. Grids 区域和 Electrical Grid 区域

该区域主要设置网格的显示以及网格大小等。原理图编辑器中有三种网格，即跳跃网格（Snap Grid）、可视网格（Visible Grid）和电气网格（Electrical Grid），如图 2-22 所示。跳跃网格是光标每次移动时的最小有效网格，用户在移动元件时可以看到移动并不连续，而有一跳一跳的感觉，这就是由于勾选了 Grid 区域中的 Snap 选项。可视网格是在图纸上可以看到的网格。这两种网格的大小可以通过其后的编辑框输入数值，默认情况下两者保持一致。在 Electrical Grid 区域，勾选 Enable 选项，意味着启动了系统自动寻找电气节点的功能。该功能在绘制连线时，系统会以光标所在位置为中心，以 Grid Range 中的设置值为半径，自动向四周捕捉电气热点。勾选该项有助于实现电气图元之间的电气连接。

在设计过程中执行菜单命令 View→Grids，可以在弹出的菜单中随时切换三种网格的启用状态或重新设定跳跃网格的大小，如图 2-23 所示。

图 2-22　网格设置

图 2-23　菜单命令 View→Grids

3. Standard Style 区域和 Custom Style 区域

该区域用于设置图纸的尺寸。系统提供了公制图纸尺寸（A0 ~ A4）、英制图纸尺寸（A ~ E）、OrCAD 标准尺寸（OrCAD A ~ OrCAD E）及其他格式（Lette、Legal、Tabloid）等。在 Standard Styles 下拉列表中可以进行选择，如图 2-24 所示。

除选择标准图纸外，还可以根据需要自定义纸张的大小。勾选 Use Custom style 选项，激活自定义图纸大小的参数选项，如图 2-25 所示。

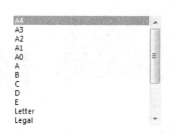

图 2-24　Standard Styles 下拉列表

图 2-25　自定义图纸大小

其中，各个选项的含义如下：

① Custom Width：设置图纸的宽度。

② Custom Height：设置图纸的高度。

③ X Region Count：设置图纸的 X 轴参考区域数量。

④ Y Region Count：设置图纸的 Y 轴参考区域数量。

⑤ Margin Width：设置图纸的边框宽度。

2.3.2　图纸设计信息设置

图纸的设计信息记录了电路原理图的设计信息和更新记录，这项功能可以使用户更系统、更有效地对自己设计的图纸进行管理。

在 Document Options 对话框中打开 Parameters 标签，即可进行图纸设计信息的具体设置，如图 2-26 所示。

系统默认待填参数项目如下：

① Address1、Address2、Address3、Address4：设置公司或单位地址。

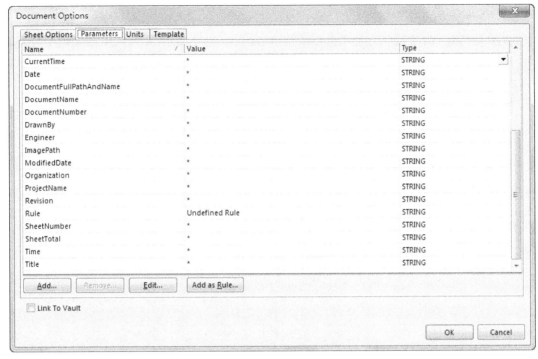

图 2-26 图纸设计信息

② ApprovedBy：填写批准人姓名。

③ Author：填写设计人姓名。

④ CheckedBy：填写审校人的姓名。

⑤ Company Name：填写公司名称。

⑥ CurrentDate：填写当前日期。

⑦ CurrentTime：填写当前时间。

⑧ Date：填写日期。

⑨ DocumentFullPathAndName：填写文件名和完整的保存路径。

⑩ DocumentName：填写文件名。

⑪ DocumentNumber：填写文件数量。

⑫ DrawnBy：填写绘图人姓名。

⑬ Engineer：填写工程师姓名。

⑭ ImagePath：填写原理图的保存路径。

⑮ ModifiedDate：填写修改日期。

⑯ Organization：填写设计机构名称。

⑰ Revision：填写版本号。

⑱ Rule：填写规则信息。

⑲ SheetNumber：填写原理图编号。

⑳ SheetTotal：填写项目中的原理图总数。

㉑ Time：填写时间。

㉒ Title：填写标题。

2.3.3 单位设置

系统提供英制单位（Imperial）和公制单位（Metric）。在 Document Options 对话框中打开 U-nits 标签，进入如图 2-27 所示的单位设置对话框。Imperial Unit System 区域用于设置英制单位，Metric Unit System 区域用于设置公制单位。

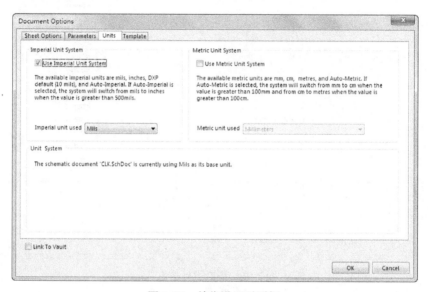

图 2-27　单位设置对话框

2.3.4 引入原理图模板

前面所讲述的均是用户自行设置原理图文档信息。除此之外，用户还可以借助系统提供的原理图模板。在 Document Options 对话框中，选择 Template 标签页，如图 2-28 所示。单击 Update From Template 按钮，在打开的对话框中选择需要的模板文件。

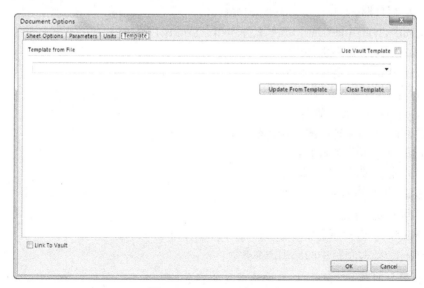

图 2-28　Template 标签页

2.4　原理图编辑器参数设置

Altium Designer 17 为原理图设计提供了一个具有丰富选择项目的对话框，用户可以通过这些选项来选择自己想要的原理图功能和特点。通过执行菜单命令 Tools→Schematic Preferences，打开如图 2-29 所示的原理图编辑环境下的 Preferences 对话框。此外，执行菜单命令 DXP→Preferences，在弹出对话框的左侧区域选择 Schematic，也可以打开 Preferences 对话框。

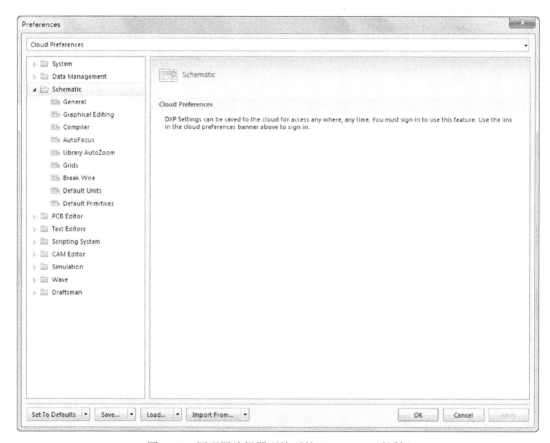

图 2-29　原理图编辑器环境下的 Preferences 对话框

原理图编辑器参数设置共有 9 项，下面介绍常用的参数设置。

1. General（常规参数设置）

该选项区是比较常用的选项区，用于设置原理图的常规环境参数，如图 2-30 所示。

（1）Options 区域

① Break Wires At Autojunctions：在自动连接处断线。

② Optimize Wires & Buses：优化导线和总线，自动删除重复的导线和总线。

③ Components Cut Wires：元件切割导线。该选项在勾选 Optimize Wires & Buses 后才被激活。勾选后，元件放置在导线上且两端引脚和导线相连时自动切断导线。勾选该项和不勾选的对比如图 2-31 所示。

④ Enable In-Place Editing：不需要打开属性对话框，可以直接在原理图上编辑文本。

⑤ CTRL + Double Click Opens Sheet：在层次设计中通过 CTRL 键加双击方块电路符号，可以

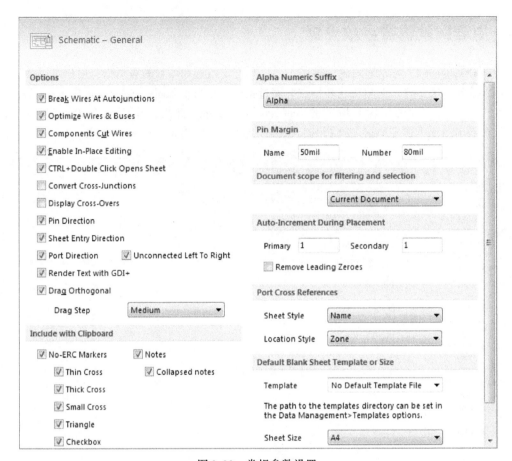

图 2-30　常规参数设置

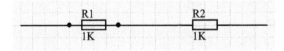

图 2-31　元件不切割导线（左）和切割导线（右）

打开该符号对应的子原理图文件。

⑥ Convert Cross-Junctions：转换相交节点。当导线与 T 形节点处垂直相连时，转换节点的效果如图 2-32 所示。如果不勾选该项，当导线与 T 形节点处垂直相连时效果如图 2-33 所示。

⑦ Display Cross-Overs：显示交叉跨越，如图 2-34 所示。如果不勾选该项，显示为十字交叉。

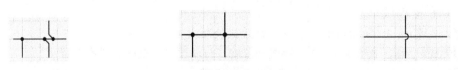

图 2-32　转换相交节点　　　　图 2-33　不转换相交节点　　　　图 2-34　导线交叉跨越

⑧ Pin Direction：显示元件引脚的信号方向，如图 2-35 所示。如果不勾选该项，则不显示信号方向，如图 2-36 所示。注意 2、3 和 6 引脚的区别。

⑨ Sheet Entry Direction：在层次设计中显示方块电路端口的信号方向。

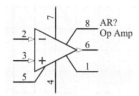
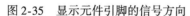

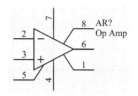

图 2-35　显示元件引脚的信号方向　　　　　　图 2-36　不显示元件引脚的信号方向

⑩ Port Direction：显示端口的信号方向。

⑪ Unconnected Left to Right：不连接的端口方向从左指向右。该选项在勾选 Port Direction 后才被激活。

⑫ Render Text With GDI +：可以使用 GDI 字体渲染功能。

⑬ Drag Orthogonal：导线正交拖拽。当执行菜单命令 Edit→Move→Drag 拖动元件时，与该元件相连的导线与元件引脚保持 90°关系。如果不勾选，导线与元件引脚可以呈现任意角度。

（2）Include with Clipboard 区域

① No-ERC Markers：在复制、剪切到剪贴板时均包含 No ERC 标志。

② Notes：在使用剪贴板进行复制粘贴时包含元件的参数信息。

（3）Alpha Numeric Suffix 区域

该区域用于设置多部件元件的子部件标识后缀。对于诸如 74LS00、74LS32 等元件来说，这些元件中包含了多个门电路。为了便于区分，各个部件分别标号为"元件号：部件号（1、2、3、…）"或"元件号：部件号（A、B、C、…）"。选择何种方式显示就要根据这里的选项设置。

① Alpha：子部件的后缀用字母表示，如 U1:A、U1:B 等。

② Numeric，separated by a dot'．'：子部件的后缀用数字表示且与元件编号用"．"隔开，如 U1.1、U1.2 等。

③ Numeric，separated by a colon'：'：子部件的后缀用数字表示且与元件编号用"："隔开，如 U1:1、U1:2 等。

（4）Pin Margin 区域

该区域用来设置元件引脚编号和引脚名称距离元件符号边缘的距离。

① Name：引脚名称距离元件符号边缘的距离。

② Number：引脚编号距离元件符号边缘的距离。

（5）Document scope for filtering and selection 区域

该区域用来设置各选项的适用范围。

① Current Document：适用于当前打开的文件。

② Open Document：适用于所有打开文件。

（6）Auto-Increment During Placement 区域

该区域用来设置连续放置元件、网络标号或元件引脚时自动增加的标号增量。

① Primary：第一递增量。连续放置元件和网络标号时编号的自动递增量。

② Secondary：第二递增量。在创建元件，连续放置引脚时引脚编号的自动递增量。

（7）Default Blank Sheet Template or Size 区域

该区域用来设置默认打开文件的图纸大小。

2. Graphical Editing（图形编辑参数设置）

该选项区用于设置图形编辑的环境参数，如图 2-37 所示。

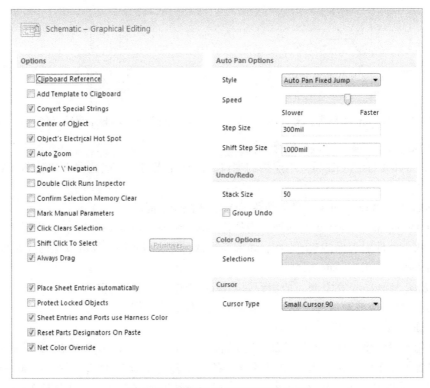

图 2-37　图形编辑的环境参数设置

（1）Options 区域

① Clipboard Reference：对元件复制或剪切时指定参考点。如果勾选此项，当执行复制或剪切时系统会要求指定参考点。例如选中一个元件，执行复制命令，光标处会携带上一个十字，单击左键以确定参考点。

② Add Template to Clipboard：如果勾选此项，当执行复制或剪切时系统会把图纸文件连同对象一起复制或剪切到剪切板上。

③ Convert Special Strings：如果勾选此项，会将特殊字符串转化后显示。如果不勾选，字符串会以原有样式显示。

④ Center of Object：移动元件时十字形出现在图元的中心。

⑤ Object's Electrical Hot Spot：移动元件时十字形出现在图元的电气热点上。

⑥ Auto Zoom：自动放大功能。

⑦ Single' \ 'Negation：勾选该项后，以"\"开头的网络标号的每个字符上全部加上横线。

⑧ Double Click Runs Inspector：勾选该项后，鼠标左键双击某一个对象时，系统会启动 SCH Inspector 对话框。如果不勾选，双击后会启动该对象的属性对话框。

⑨ Confirm Selection Memory Clear：勾选该项后，系统在清除选择存储器时会提示确认对话框。

⑩ Click Clears Selection：勾选该项后，单击图纸上的任何位置均能取消当前的选取状态。如果没有勾选，则需要执行菜单命令 Edit→Deselect 来取消选取。

⑪ Shift Click To Select：勾选该项后，只能在按下 Shift 键的同时单击鼠标左键才能选中对象。

⑫ Always Drag：勾选该项后，在移动某一元件时会同时移动与之相连的导线。

（2）Auto Pan Options 区域

该区域主要用于设置图纸的自动平移功能。当系统处于放置图元对象命令时，光标上会悬挂着该图元对象。此时移动光标到编辑区边界，图纸是否会移动以及移动的方式可以在该区域设置。

① Style：单击后方的按钮，在弹出的菜单中有三个选项。Auto Pan Off 表示关闭自动平移功能。Auto Pan Fixed Jump 和 Auto Pan Recenter 均表示移动光标到编辑区边界时图纸会移动，区别在于前者是图纸移动时光标始终位于编辑区边界处，而后者是在图纸移动的同时光标携带着图元对象会移动到编辑区的中心。

② Speed：通过移动滑块来设置自动平移的速度。Slower 表示慢，Faster 表示快。

③ Step Size：用于设置图纸移动时的步长。

④ Shift Step Size：用于设置按下 Shift 键时图纸移动时的步长。

（3）Undo/Redo 区域

该区域用于设置撤销上一步操作和恢复上一步操作的可执行次数。

（4）Color Options

在原理图中，默认状态下选中某一图元对象时会出现绿色的点以及绿色的虚线。该区域可以修改点线的颜色。单击后面的颜色框，弹出颜色选择对话框，即可进行设置。

（5）Cursor 区域

该区域用于设置光标类型。单击 Cursor Type 后方的下拉按钮，可以选择光标的类型，系统提供四种选择，即 Large Cursor 90（大十字）、Small Cursor 90（小十字）、Small Cursor 45（小斜45 度十字）和 Tiny Cursor 45（超小斜45 度十字）。

3. Compiler（编译器参数设置）

该选项区用于设置编译器的各项参数，如图 2-38 所示。

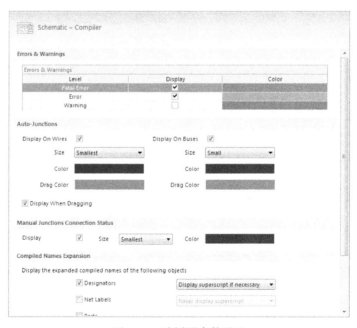

图 2-38　编译器参数设置

（1）Errors & Warnings 区域

Altium Designer 17 系统提供了一些电气规则，如果原理图中有违反规则的设计，则在对原理图编译后系统会给出提示。对于违反规则的情况，系统也设置了等级，如 Fatal Error（致命错误）、Error（错误）、Warning（警告）等。该选项区中，Level 一列中列出了三个等级；Display 用于设置该问题是否显示，勾选上表示在编译结果中显示；Color 一列用于设置在编译结果中不同等级的问题的提示颜色。单击后面的颜色框，弹出颜色选择对话框，即可进行设置。

（2）Auto-Junctions 区域

该区域用于设置自动节点的相关事宜。

① Display On Wires：勾选该项表示绘制导线时出现 T 形连接处，系统会自动添加节点。

② Size：用于设置节点的大小。系统提供了 Smallest（最小）、Small（小）、Medium（中）和 Large（大）。

③ Color：用于设置节点的颜色。单击后面的颜色框，弹出颜色选择对话框，即可进行设置。

④ Display On Buses：勾选该项表示绘制总线时若出现 T 形连接处，系统则会自动添加节点。下面的 Size 和 Color 用于设置总线节点的大小和颜色。

⑤ Display When Dragging：用于设置拖动图元时的画面显示。勾选该选项表示拖拽时显示自动节点。

（3）Manual Junctions Connection Status 区域

该区域用于设置手动添加的节点的大小、颜色以及显示与否。

（4）Compiled Names Expansion 区域

该区域用于设置对象的编译扩展名。

4. AutoFocus（自动聚焦参数设置）

该选项区用于设置原理图中不同状态对象（连接或未连接）的显示方式，如强化、淡化等，如图 2-39 所示。

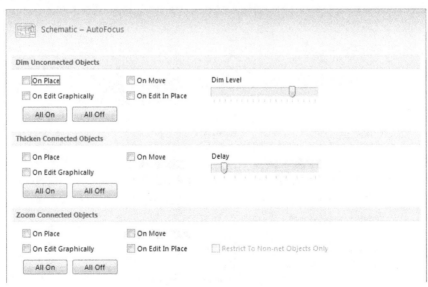

图 2-39 自动聚焦参数设置

① Dim Unconnected Objects：表示淡化没有连接的图元对象。其下面的复选框用于选择淡化的时间，On Place 表示放置时，On Move 表示移动时，On Edit Graphically 表示图形编辑时，On

Edit In Place 表示放置编辑时。Dim Level 用于设置淡化的程度。

②Thicken Connected Objects：表示强化已连接的图元对象。

③Zoom Connected Objects：表示已连接的图元对象。

5. Grids（网格参数设置）

该选项区用于设置各种网格的相关参数，如数值大小、形状、颜色等，如图 2-40 所示。

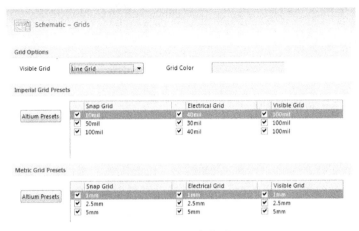

图 2-40　网格参数设置

1）Grid Options 区域中，Visible Grid 用于设置可视网格的样式，系统提供 Line Grid（线格）和 Dot Grid（点格）两种；Grid Color 用于设置网格颜色。

2）Altium Designer 17 中的单位有英制和公制两种，因此在网格设置中也分为两部分，即 Imperial Grid Presets（英制格点预设）和 Metric Grid Presets（公制格点预设）。在这两个区域中分别可以设置 Snap Grid（跳跃网格）、Electrical Grid（电气网格）和 Visible Grid（可视网格）。Altium Presets 表示 Altium 建议预设值。

第 3 章　绘制电路原理图

绘制原理图是电路设计的首要工作。本章首先介绍原理图中的图元对象、放置和删除元件、编辑元件属性、调整元件的位置，然后介绍实现原理图电气连接的方法（原理图的布线、放置文本图元和其他电气图元）和编译操作，最后通过两个实例介绍绘制原理图的完整过程。

3.1　原理图中的图元对象

在原理图编辑环境中，可以根据电气特性将原理图中的图元对象归纳为电气图元和非电气图元。电气图元包括元件、导线、节点、网络标号、电源和地、端口等，部分图元对象如图 3-1 所示。非电气图元包括总线、总线入口、文本图元（字符串和文本框）和一些几何对象，例如直线、弧线、曲线、矩形、椭圆形等。非电气图元可以对原理图进行进一步地修饰，达到美化原理图的目的。

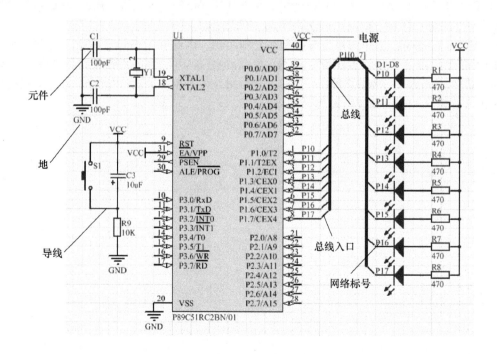

图 3-1　原理图中的部分图元对象

原理图中的图元对象可以从菜单命令 Place 下找到。为简便快速绘制原理图，从 Wiring（布线）工具栏和 Utilities（实用）工具栏即可获得常用的图元对象，如图 3-2、图 3-3 所示。非电气图元（如各种图形和字符串等）主要通过 Utilities（实用）工具栏的实用工具放置。

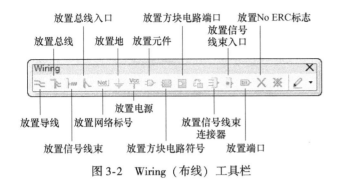

图 3-2　Wiring（布线）工具栏

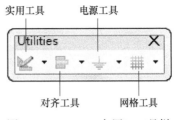

图 3-3　Utilities（实用）工具栏

3.2　放置和删除元件

Altium Designer 17 采用元件库的方式存放元件。系统自带集成元件库（.IntLib）。用户在使用时尽可能选择集成元件库的元件。所谓集成元件库是指将元件的许多模型整合在一起，将这些集成元件放在一起形成的一个库。元件除了在原理图中用到外，还会出现在 PCB 设计、电路仿真设计、信号完整性分析中。在不同的编辑器中元件有不同的表现形式。例如，在绘制原理图时，所看到的"元件"是指元件的电路符号；在 PCB 设计中，"元件"是指元件的封装。

在设计电路图时，首先要学会元件操作，如加载元件库和寻找元件。在绘制原理图时，需要完成的关键操作之一是如何找到所需的各种元件。元件是原理图中的主要图元对象。放置元件的方法有三种：一是使用 Libraries 面板；二是利用菜单命令或工具按钮；三是快速放置。

3.2.1　使用 Libraries 面板放置元件

1. Libraries 面板

在 Altium Designer 17 中，执行菜单命令 Design→Browse Library，或将光标放在编辑区右侧的 Libraries 面板标签上，可以打开 Libraries 面板，如图 3-4 所示。单击面板右上角的×按钮，可以关闭 Libraries 面板和右侧的 Libraries 面板显示标签。若要启动 Libraries 面板，鼠标左键单击编辑区右下方的 System 标签，在弹出的快捷菜单中选择 Libraries 即可。

Libraries 面板主要由命令按钮、元件库列表、快速搜索栏、元件列表、元件符号、模型列表和模型显示区组成。单击面板右侧的收缩按钮 ▲ 可以不显示某一部分。

1）Libraries 按钮：主要用于管理元件库。

2）Search 按钮：主要用于搜索元件。

3）Place 按钮：用于放置元件。在元件列表中选中元件后，单击该按钮，或者鼠标左键双击该元件，则元件悬挂在鼠标上，移动鼠标将其放在图纸上。

4）元件库列表：单击后方的下拉按钮，弹出元件库下拉列表。列表中是已经加载的元件库。单击…按钮，弹出如图 3-5 所示的下拉列表。在该列表中显示元件库的表现形式。Components 表示显示元件信息，Footprints 表示只显示元件封装信息，3D Models 表示显示元件的 3D 模型信息。列表栏的元件库的表现形式取决于该列表中的勾选项。

5）快速搜索栏：在该栏中输入字段后，元件列表将显示属性中包含该字段的元件。通过它可以在当前元件库中缩小查询范围。默认状态下快速搜索栏里显示" * "，它是通配符，表示显

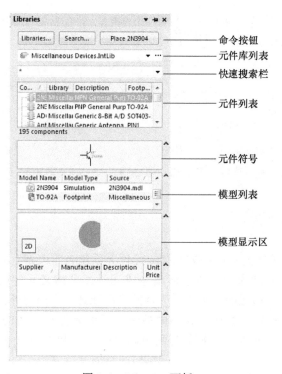

图 3-4　Libraries 面板

示所有元件。

6）元件列表：显示当前设置下的元件列表。如果元件库列表栏中显示 Miscellaneous Devices. IntLib，在快速搜索栏中键入 res，这表示在 Miscellaneous Devices. IntLib 集成元件库中找到含有 res 字段的元件，如图 3-6 所示。

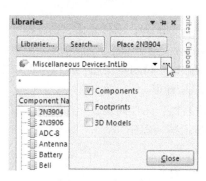

图 3-5　下拉列表

图 3-6　寻找含有 res 字段的元件

7）元件符号：该区域显示元件列表中当前选中元件的原理图符号。

8）模型列表：该区域显示当前元件的模型，如封装模型（Footprint）、仿真模型（Simulation）和信号完整性分析模型（Signal Integrity）。

9）模型显示区：该区域显示元件的 2D 或 3D 模型。

2. 加载、卸载、移动元件库

Altium Designer 17 在 Altium\AD17\Library 文件夹中提供了集成元件库，但并未都加载上，只有加载上的元件库才能为系统所用。这里面有两个常用的元件库，即 Miscellaneous Devices. IntLib

元件库和 Miscellaneous Devices. IntLib 元件库。前者存放电容、电阻、电感、二极管、晶体管和开关等常用元件，后者存放接插件。

下面以 Motorola Analog Comparator. IntLib 为例，讲述加载元件库的方法。

1）单击 Libraries 面板上的 Libraries 按钮，或者直接执行菜单命令 Design→Add/Remove Library，弹出如图 3-7 所示的对话框。Project 标签用于列出当前项目下元件库列表。在该对话框中选择 Installed 标签，该标签显示了已经加载的元件库文件，如图 3-8 所示。

图 3-7 加载/卸载元件库对话框

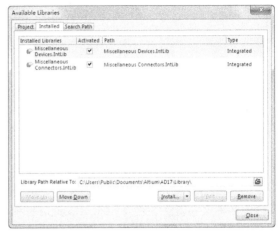

图 3-8 已加载的元件库文件

2）单击 Install 按钮，在如图 3-9 所示的下拉列表中选择 Install from file，弹出打开对话框，选择文件夹 Altium\AD17\Library\Altera 中的库文件 Altera Cyclone III. IntLib，如图 3-10 所示。

图 3-9 Available Libraries 对话框   图 3-10 添加元件库

3）单击打开按钮，库文件会出现在 Installed 标签的列表中，此时即完成了元件库的加载，如图 3-11 所示。单击 Close 按钮，跳转回 Libraries 面板，新加载的元件库自动出现在元件库列表栏中。

如果需要卸载某个元件库，可以在图 3-11 的列表中选中要卸载的库文件，然后单击 Remove 按钮即可。在 Installed 标签中单击 Move Up 按钮，将向上移动当前选定的库文件；单击 Move Down 按钮，将向下移动当前选定的库文件。

3. 搜索元件

很多情况下，用户只知道元件名称而不知道它所在的元件库名称。此时可以通过 Libraries 面板搜索元件。单击 Libraries 面板上的 Search 按钮，或在原理图编辑区中单击鼠标右键，从出现的快捷菜单中选择 Find Component 命令，弹出如图 3-12 所示的搜索元件对话框。

图 3-11　加载元件库　　　　　　　　　　　图 3-12　搜索元件对话框

1）Filters 区域用于设置搜索的关键词。默认下的搜索项 Field 是 Name（元件名称），表示在元件的名称这一属性中搜索元件。Operator 一列用于设置关键词的位置，单击下拉按钮，弹出如图 3-13 所示的对话框，其中 equals 表示搜索完全和关键词相符合的元件，contains 表示搜索包含关键词的元件，starts with 表示搜索以关键词开始的元件，ends with 表示搜索以关键词结尾的元件。Value 一列用于输入搜索项对应的具体关键词。系统默认有两行搜索条件，单击 Add Row 或 Remove Row 可以添加或删除搜索行。

2）Scope 区域用于设置搜索类型和搜索范围，在 Search in 后方的下拉列表中有四种类型可供用户选择，如图 3-14 所示。Components 表示通过元件名称搜索元件，Footprints 表示通过元件封装名称搜索元件，3D Models 表示通过元件 3D 模型名称搜索元件，Database Components 表示搜索数据库元件。Available Libraries 表示在已加载的元件库中搜索，如果勾选该项，Path 区域处于灰色的不可编辑状态。Libraries On Path 表示在指定的路径中搜索，通常勾选该项，激活 Path 区域。Refine last search 表示在上一次的查找结果中搜索。

3）Path 区域用于设置搜索路径。单击 Path 后的文件夹图标，在打开的如图 3-15 所示的浏览文件夹对话框中选择搜索路径。默认状态下的路径是 Altium \ AD17 \ Library，这样，系统将在整个元件库中搜索所需要的元件。要搜索指定路径下的子目录，还应选中 Include Subdirectories。

图 3-13　设置关键词的位置　　　　图 3-14　搜索类型列表　　　　图 3-15　浏览文件夹对话框

搜索参数设置后，单击对话框左下方的 Search 按钮，执行搜索元件操作。搜索的结果会在 Libraries 面板中显示。例如，查找元件 EP3C5E144A7，参数设置如图 3-16 所示，单击 Search 按钮。搜索结束后 Libraries 面板如图 3-17 所示。

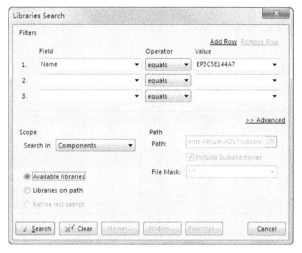

图 3-16　查找元件 EP3C5E144A7

图 3-17　搜索结束后的 Libraries 面板

3.2.2　利用菜单命令或工具按钮放置元件

如果已经确切知道元件的名称和来源，也可以直接使用菜单命令或工具按钮进行放置。

1. 元件的直接放置

在原理图编辑环境中，执行菜单命令 Place→Part，或选择 Wring 工具栏中的 按钮，或在原理图编辑区单击鼠标右键，在出现的如图 3-18 所示的放置元件菜单中执行 Place→Part 命令，弹出如图 3-19 所示的放置元件对话框。单击对话框中 Physical Component 编辑框右侧的 History 按钮，系统弹出如图 3-20 所示的放置元件历史操作对话框，该对话框记录了已经放置过的所有元件信息，供用户查询。选中某一元件后单击 OK 按钮，返回到 Place Part 对话框，该对话框显示元件的来源、名称、封装等有关属性。单击 OK 按钮，相应的原理图符号就会自动出现在原理图编辑窗口内，并随光标移动。到达选定位置后，单击鼠标左键即可完成该元件的一次放置，同时自动保持下一个相同元件的放置状态。连续操作，可以放置多个相同的元件，单击鼠标右键后退回到 Place Part 对话框。

图 3-18　放置元件菜单

图 3-19　放置元件对话框

2. 浏览选择元件并放置

在 Place Part 对话框中，单击 Choose 按钮，系统弹出浏览元件库对话框。在该对话框中，用户可以浏览系统当前可用的元件库中所有元件的名称、原理图符号及各种模型等，从而选择需要的元件。例如，在元件库 Miscellaneous Devices. IntLib 中选择了 2N3904，如图 3-21 所示。单击 OK 按钮，返回 Place Part 对话框，此时元件的编号已经自动填写在 Physical Component 文本编辑栏中。进行适当设置，单击 OK 按钮，即可进入编辑窗口，进行元件的放置操作。

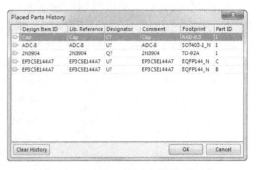

图 3-20　放置元件历史操作对话框

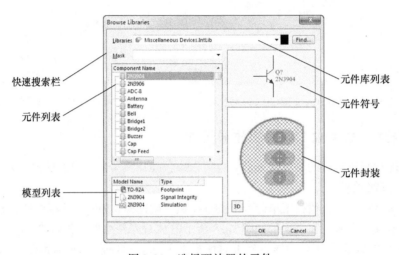

图 3-21　选择要放置的元件

3.3　编辑元件属性

在原理图上放置的所有元件都具有自身的特定属性，放置好每一个元件后，应该对其属性进行正确的编辑和设置，以免影响后面 PCB 的制作。

要设置元件属性，既可以在放置元件时进行，也可以在放置完成后统一进行。放置元件过程中，当元件处于浮动状态时，只需按下 Tab 键，在弹出的元件属性对话框中即可进行设置。放置元件后，双击该元件或执行菜单命令 Edit→Change，光标变成"十"字形，单击该元件，也会弹出元件属性对话框，如图 3-22 所示。

1. 设置元件基本特性

在 Properties 区域中可以设置当前元件的基本电气特性。

① Designator：设置元件编号。大多数情况下，只需更改？即可。比如，将 C？更改为 C3，表示编号为 3 的电容器。Visible 表示勾选该项后，编号将在原理图中显示。Locked 表示勾选该项后该元件不参加系统的自动编号。

② Comment：该编辑框用于设置元件注释。Visible 表示勾选该项后，注释将在原理图中显示。

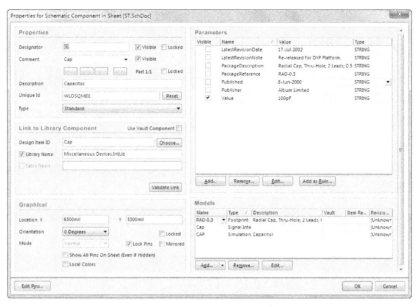

图 3-22　元件属性对话框

③ <kbd><<</kbd> <kbd><</kbd> <kbd>></kbd> <kbd>>></kbd> Part 1/1：如果当前元件是多部件元件，则该部分按钮将被激活。Part 1/1 中第一个数字表示子部件的序号，第二个数字表示该元件含有子部件的数目。例如 Part1/2 表示该元件有两个子部件，当前为第一个子部件。

④ Description：元件的描述信息。

⑤ Unique Id：设置区别于其他元件的唯一编号。

⑥ Type：选择元件的类型。

2. 设置关联库

在 Link to Library Component 区域中，可以设置当前元件所属库的相关信息。

① Design Item ID：设计序号。

② Library Name：元件所属的元件库名称。

3. 设置图形属性

Graphical 区域主要用来设置元件的图形属性。

① Location X、Y：设置元件位置坐标。

② Orientation：该下拉列表用于选择元件的摆放方向，可供选择的选项有 0 Degrees、90 Degrees、180 Degrees 和 270 Degrees。

③ Mode：模式。

④ Locked：锁定元件，勾选后则不能移动该元件。

⑤ Mirrored：设置元件是否镜像翻转，勾选后元件将会左右翻转。

⑥ Lock Pins：设置是否锁定引脚，取消勾选后，引脚可作为单独的对象而进行编辑。

⑦ Show All Pins On Sheet（Even if Hidden）：设置是否显示事先隐藏的引脚。选中该项后，将显示出隐藏的引脚。

⑧ Local Colors：勾选该项后，Graphical 区域如图 3-23 所示。单击 Fills、Lines 和 Pins 后的颜色块，在弹出的 Choose Color 对话框中可以更改元件的填充底色（Fills）、边框颜色

图 3-23　Graphical 区域

（Lines）和元件引脚颜色（Pins）。

4. 设置参数

Parameters for…区域用于显示和设置元件的制造商、参数值等，不同种的元件有不同的参数，主要包括以下几类参数：

① Visible：设置参数是否出现在原理图中。

② Name：设置参数的名称。

③ Value：设置参数的具体数值，如电阻元件的阻值等。

④ Type：设置参数的类型，可供选择的选项有 STRING、BOOLEAN、INTEGER、FLOAT。

参数设置区除了以上参数外还包括几个工具按钮：

① Add：单击该按钮，弹出如图 3-24 所示的参数特性设置对话框，利用该对话框来设置自定义的参数。

② Remove：删除当前选定的参数。

③ Edit：在参数设置区中选中要编辑的参数后，单击该按钮，将出现该参数特性设置对话框，可以修改参数的值。

④ Add as Rule：将当前参数设置成为一个固定的规则。

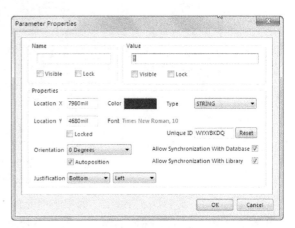

图 3-24　参数特性设置对话框

5. 设置模型

Models for…区域列出了系统提供的元件模型参数，包括 Footprint（封装）模型、Simulation（仿真）模型、Signal Integrity（信号完整性）模型，各个模型的设置选项如下：

① Name：模型的名称。

② Type：模型的具体类型。

③ Description：当前模型的描述信息。

参数设置区除了以上参数外还包括几个工具按钮：

① Add：添加模型。单击该按钮后，弹出如图 3-25 所示的添加模型对话框。在 Model Type 中单击 Footprint 后方的下拉按钮，在弹出如图 3-26 所示的下拉菜单中可以选择添加模型的种类，如封装模型（Footprint）、PCB3D 模型（PCB3D）、仿真模型（Simulation）、Ibis 模型（Ibis Model）、信号完整性模型（Signal Integrity）等。

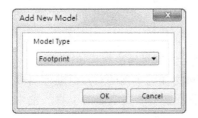

图 3-25　添加模型对话框

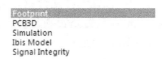

图 3-26　模型列表

② Remove：删除模型。选中模型区列表中的某一模型，单击该按钮可以删除选中的模型。

③ Edit：编辑模型。如果该元件已有模型，选中某一模型，单击该按钮可以编辑选中的模

型。例如修改当前元件的封装模型，在列表区选中封装模型，单击该按钮，在弹出如图 3-27 所示的对话框中可以修改。

6. 设置引脚属性

单击对话框左下方的 Edit Pins 按钮，打开如图 3-28 所示的元件引脚编辑器对话框，对元件引脚名称和引脚编号的显示等信息进行编辑设置。

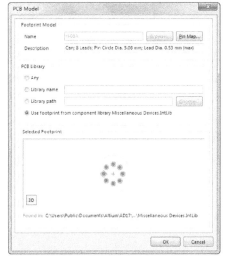

图 3-27　元件模型属性对话框

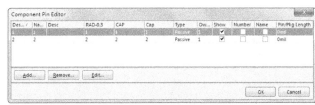

图 3-28　元件引脚编辑器对话框

① Designator：引脚编号。

② Name：引脚名称。

③ Desc：引脚描述。

④ Type：引脚类型。

⑤ Show：是否显示引脚。勾选该项，表示显示对应的引脚。

⑥ Number：是否显示引脚编号。勾选该项，表示显示引脚编号。

⑦ Name：是否显示引脚名称。勾选该项，表示显示引脚名称。

参数设置区除了以上参数外还包括几个工具按钮：

① Add：添加引脚。

② Remove：删除选中的引脚。

③ Edit：编辑选中的元件。单击该按钮，在弹出如图 3-29 所示的引脚属性设置对话框中可以修改引脚属性。

以电阻元件为例，修改其属性。当电阻悬浮在光标上时，单击 Tab 键，系统都会弹出设置电阻属性对话框。在该对话框中设置元件的编号（Designator）为 R1，勾选其后的 Visible，取消 Comment 后面的 Visible 选项。在 Parameters 区域中设置 Value 为 10K，其余均采用系统的默认设置，如图 3-30 所示。单击 OK 按钮关闭 Component Properties 对话框，设置属性后的元件如图 3-31 所示。放置 R1 后，光标上自动悬浮着编号为 R2 的下一个电阻，R2 和 R1 除了编号外其余属性完全一致。使用该方法设置可以使元件的编号自动增加，至于增量值可以在第 2 章所讲的原理图编辑器常规参数中设置。

在元件属性对话框中将可以编辑元件所有属性，此外还有两种方法修改属性。一是在原理图中直接双击元件的编号或其他标注，会弹出如图 3-32 所示的参数设置对话框。在该对

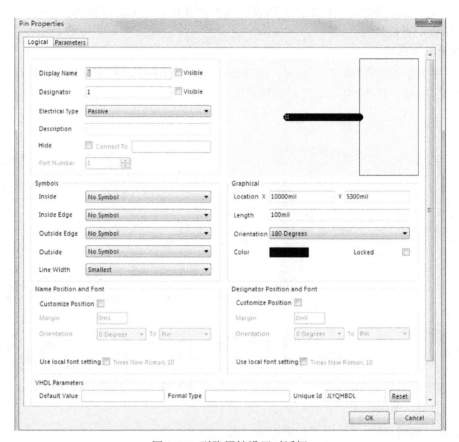

图 3-29　引脚属性设置对话框

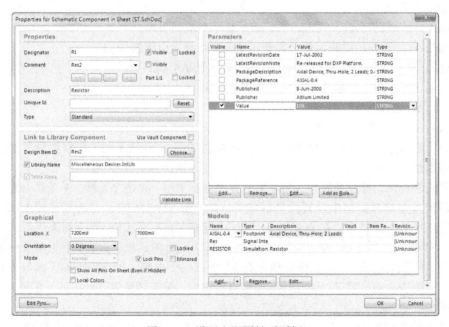

图 3-30　设置电阻属性对话框

话框中可以对所选参数的数值、显示、锁定、位置坐标、颜色等加以修改。二是直接在原理图上修改。鼠标左键单击元件参数，停留几秒后再次单击该参数，使其进入可编辑状态。第二种方法的前提条件是在原理图编辑器的常规参数设置中勾选 Options 区域中的 Enable In-Place Editing 选项，如图 3-33 所示。

图 3-31　设置属性后的元件

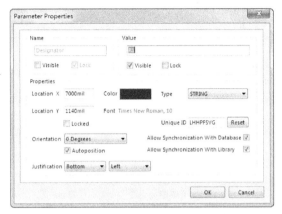

图 3-32　参数设置对话框

图 3-33　原理图编辑器的常规参数设置对话框

3.4　调整元件的位置

元件在开始放置时，其位置一般是大体估计的，并不太准确。在进行连线之前，根据原理图的整体布局，对元件的位置进行一定的调整，这样便于连线，同时也会使所绘制的电路原理图更为清晰、美观。元件位置的调整主要包括元件的移动、元件方向的设定、元件的排列等操作。

1. 移动元件

移动元件的方法有以下几种。

1）移动元件最常用的方法是用光标移动到元件上，按住鼠标左键不放，移动鼠标，拖拽元件放置到某一位置，松开左键即可。

2）通过菜单命令 Edit→Move 移动元件。执行命令 Edit→Move→Move，光标变成十字形，单击元件，元件跟随光标移动到目的地，再单击左键，放下元件即可。如果被移动的元件原来是和其他元件连接的，则移动后连线会断开，与直接用鼠标左键移动效果一样。

3）移动多个元件时，先选取要移动的元件。执行菜单命令 Edit→Move→Move Selection，光标变成十字形，在选中的元件上单击鼠标左键，则元件悬浮在光标上，在目的位置再单击鼠标左键即可实现多个元件的移动操作。移动后，所有被选中的元件之间的位置关系不会发生任何改变。

4）在菜单命令 Edit→Move 中还有 Drag 命令，这个命令是拖动元件。拖动元件时会保持被拖动元件与其他元件之间的电气连接，从而确保原理图的完整性。不过，这个命令移动的元件是否断线，要看当时设定的参数。

在菜单命令 Edit→Move 中还有其他移动命令，用户可以自行尝试。

2. 旋转元件

元件的旋转键有 Space 键、X 键和 Y 键。具体做法是用鼠标左键单击所要旋转的元件，按住鼠标左键不放，然后按旋转键，即可完成元件的旋转。也可在元件浮动在光标上时，按下旋转键使浮动元件旋转。这三个旋转键的作用如下：

① Space 键：逆时针旋转 90°。

② X 键：水平翻转。

③ Y 键：垂直翻转。

3. 对齐元件

在原理图编辑器中，执行菜单命令 Edit→Align，如图 3-34 所示。这些命令可以完成元件的对齐操作。或者，也可以通过 Utilities 工具栏上的对齐工具 来完成，如图 3-35 所示。进行对齐操作时首先要选中需要调整的元件。选取元件时可以直接按住鼠标左键，在编辑区拖出一个矩形框，将需调整的元件包围在其中；也可按住 Shift 键，鼠标指向要选取的元件，逐一单击鼠标，将所需调整的多个元件选中。选取元件后执行相应的对齐命令即可。各项对齐操作的功能见表 3-1。

	Align...	
	Align Left	Shift+Ctrl+L
	Align Right	Shift+Ctrl+R
	Align Horizontal Centers	
	Distribute Horizontally	Shift+Ctrl+H
	Align Top	Shift+Ctrl+T
	Align Bottom	Shift+Ctrl+B
	Align Vertical Centers	
	Distribute Vertically	Shift+Ctrl+V
	Align To Grid	Shift+Ctrl+D

图 3-34　菜单命令 Edit→Align

表 3-1　各项对齐操作的功能

对应 Edit→Align 菜单中的命令	功能
Align Left	左端对齐
Align Right	右端对齐
Align Horizontal Centers	水平居中
Distribute Horizontally	横向均匀分布
Align Top	顶端对齐
Align Bottom	底端对齐
Align Vertical Centers	垂直居中
Distribute Vertically	纵向均匀分布
Align To Grid	对齐到网格

图 3-35　Utilities 工具栏上的对齐工具

4. 移动元件到格点

调整元件位置时，执行菜单命令 Edit→Align→Align To Grid，可使选中的元件对齐在网格点上，这样连线时，便于捕捉到元件的电气热点。

3.5　原理图的布线

原理图的布线不单指连接导线，还包括在原理图中放置导线、总线、总线入口、网络标号、电源和地、电气节点等其他图元对象。

1. 放置导线

导线用于连接各个电气元件。导线和直线不同，导线具有电气连接特性，而使用绘图工具绘制的直线是一种非电气对象。在将原理图向 PCB 更新时，原理图中的导线会转化为 PCB 文件中的飞线来连接原理图中元件的引脚对应的焊盘。绘制导线、修改属性的方法如下：

1）在原理图编辑环境中，执行菜单命令 Place→Wire，或选择布线工具栏中的 按钮，或在原理图编辑区单击鼠标右键，在出现的如图 3-18 所示的快捷菜单中选择 Wire 命令，此时光标出现十字形。

2）将光标移动到元件引脚处，在十字交叉点处会出现红色的叉号，说明导线起点和引脚连接上，如图 3-36 所示。单击鼠标左键，便确定了导线的起点位置。

图 3-36　绘制导线状态

3）移动鼠标，将光标移动到导线折点处，单击鼠标左键确定一个折点。当光标移动到下一个引脚处，十字交叉点处再次出现红色叉号时单击鼠标左键确定导线的终点位置。

4）绘制一段导线后，光标还处于绘制导线状态，按 Esc 键或单击鼠标右键，都将退出绘制导线状态。

在导线绘制状态下，窗口下方的状态栏中间会显示当前的导线转角的方式，并提示按 Space + Shift 键可以切换转角方式。导线转角的方式有 90Degree（90°）、45Degree（45°）、Any Angle（任意角度）和 Auto Wire（自动布线）。自动布线方式下只需单击鼠标左键确定导线的起点和终点，系统自动会在两点之间以 90°转角绘制导线。前两种转角方式又分为 start（开始）和 end（结束）两种模式，使用 Space 键可以在这两种模式间切换。

5）设置导线属性。导线绘制完成后双击导线，弹出如图 3-37 所示的导线属性设置对话框。Wire Width 表示导线宽度，可以从下拉列表中选择适当的导线宽度。系统提供了 Smallest（最小）、Small（小）、Medium（中）、Large（大）四种宽度的导线。Color 用于设置导线的颜色。只需单击该颜色块，即可打开颜色设置对话框，以便选择合适的导线颜色。Vertices 标签页用于设置导线起点和终点的坐标值，如图 3-38 所示。

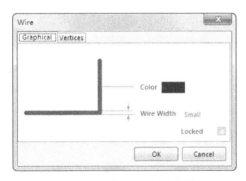

图 3-37　导线属性设置对话框

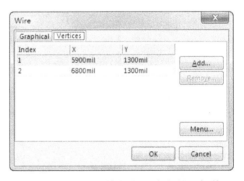

图 3-38　设置导线起点和终点的坐标值

2. 放置总线

电路原理图中有时会遇到大量具有相同电气特性的数据线和地址线并行布线的情况。为了使走线不至于凌乱，可以用一根总线来进行连接。但这里需要提醒一下，总线和总线入口没有电气特性，它是指示性的图元，表示一组导线的走向。总线必须配合网络标号使用才能实现电气连接。绘制总线的方法和绘制普通导线的方法相似，但总线比普通导线的宽度稍大。绘制总线、修改属性的具体方法如下：

1）执行菜单命令 Place→Bus，或选择布线工具栏中的 按钮进入总线绘制状态，此时光标变为十字形。

2）将光标移动到需要放置总线的起点位置，单击鼠标左键即可确定起点。

3）将光标移向总线绘制方向上的任意一点，再单击鼠标左键即可确定总线的方向。

4）移动光标到总线的终点位置，单击鼠标左键便可绘制好一段总线。

5）单击鼠标右键，可以退出该段总线的绘制。但系统仍处于总线绘制状态，再次单击鼠标右键才能退出总线的绘制状态。

6）设置总线的属性。总线具有宽度、颜色、走线方向等属性，双击绘制完成的总线，将出现总线属性设置对话框，该对话框与导线基本相同，不再赘述。

3. 放置总线入口

总线入口是总线与普通导线或引脚进行联系的连接线，其绘制、修改属性方法如下：

1）执行菜单命令 Place→Bus Entry，或选择布线工具栏中的 按钮，都可以进入总线入口绘制状态，此时光标处悬浮着总线入口。

2）在导线端点处或元件引脚处单击鼠标，即可为导线或元件在总线上建立一条总线入口。当总线入口处于浮动状态时，可以通过按下 Space 键调整入口的方向。

3）继续单击鼠标，可以为总线绘制更多的入口，绘制效果如图 3-39 所示。

4）单击鼠标右键或按下 Esc 键可退出绘制总线入口状态。

5）设置总线入口属性。双击绘制完成的总线入口，通过如图 3-40 所示的总线入口属性对话框进行设置。Location X1、Y1 用于设置总线入口的起点坐标，Color 用于设置总线入口的颜色，Location X2、Y2 用于设置总线入口的终点坐标，Line Width 用于设置入口的宽度。

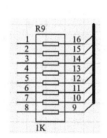

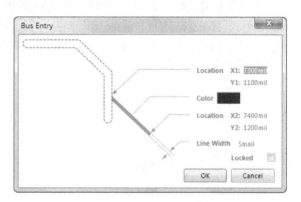

图 3-39　绘制完成的总线入口　　　　图 3-40　总线入口属性设置对话框

4. 放置网络标号

为了便于复杂原理图的编辑，Altium Designer 17 还提供功能相当强大的网络标号来代替导线连接。凡是具有相同网络标号的导线或元件引脚都可以等同于用一根导线来直接连接，从而构成实际的电气连接。如前所述，总线没有电气特性，所以总线会和网络标号配合使用。放置网络标号、修改属性的方法如下：

1）在需要放置网络标号的引脚上画出一段导线，以便系统识别网络标号所对应的元件引脚。

2）执行 Place→Net Label 命令，或选择工具栏中的 Net 按钮，进入网络标号放置状态，此时光标上悬浮着网络标号。

3）将光标移动到引脚引出的导线处，当光标出现红色的斜十字叉时，表示可以放置网络标号。单击鼠标左键，即可为该引脚放置一个网络标号。要退出放置网络标号的命令状态，只需单击鼠标右键即可。一些用户习惯在引脚上放置网络标号。此时要注意，导线任意一点都有电气特性，而元件引脚只有其最外端才有电气特性。所以，网络标号可以放置在导线的任意一点，但只能放置在引脚最外端。如图 3-41 所示，网络标号 B 放置在晶体管引脚的内侧而不是最外端，这是错误的放置。

4）放置完成后，双击网络标号，打开属性设置对话框，如图 3-42 所示。网络标号是一种电气连接对象，其主要选项的含义如下：

① Color：设置网络标号文字的颜色。

② Location X、Y：设置网络标号位置坐标。

③ Orientation：设置网络标号的方向。

④ Net：设置网络标号的名称。

⑤ Font：用于修改字体和字号等。

图 3-41　错误放置的网络标号 B

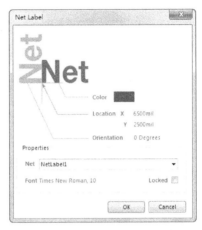

图 3-42　网络标号属性设置对话框

当总线和网络标号配合使用时，网络标号需要打在与总线相连的一组导线或引脚上。这样的网络标号名称类似，通常以数字结尾，数字以 1 为增量递增，例如 AD0 ~ AD7。放置这样一组网络标号，可以按如下步骤快速放置：

1）选择布线工具栏中的 图标 按钮，进入网络标号放置状态，此时光标上悬浮着网络标号。单击 Tab 键，打开 Net Label 属性设置对话框。

2）在 Net 编辑栏中修改网络标号为 AD0，其他选项采用默认设置，单击 OK 按钮，返回到原理图编辑环境中。

3）将网络标号 AD0 放置好后，网络标号 AD1 又会悬浮在光标上。以此类推，完成网络标号的放置。

5. 放置电源和地

电源和地都是特殊的网络对象，它们分别使用不同的符号来标识。电源和地的种类很多，可以从图 3-43 所示的实用工具栏的电源工具组中选择。

放置电源和地、修改属性的方法是：

1）从电源工具组中选择需要的电源或地，进入电源放置状态。此时电源或地按钮悬浮在光标上。

2）将光标移动到需要放置电源或地的位置，单击鼠标左键即可放置好一个电源或地，如图 3-44 所示。

3）要退出放置状态，只需单击鼠标右键即可。

4）电源和地都是标准的电气对象，双击电源或地，将出现如图 3-45 所示的电源和地属性设置对话框，其主要选项的含义如下：

① Net：设置电源或地对应的电气连接网络的网络标号名称。

② Style：设置电源或地的样式。单击其后的下拉按钮，弹出如图 3-46 所示的下拉列表，可以选择适合的样式。

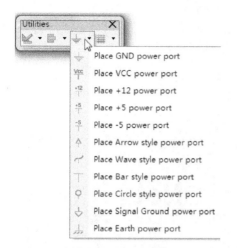

图 3-43　电源工具组

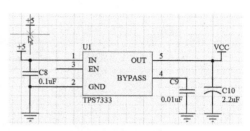

图 3-44　放置电源或地

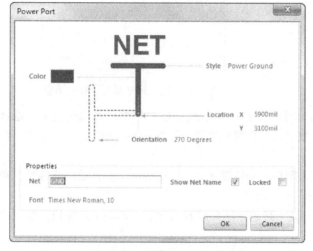

图 3-45　电源和地属性设置对话框

图 3-46　电源或地的样式

③ Location X、Y：设置电源或地的位置坐标。

④ Orientation：设置电源或地的放置方向。

⑤ Color：单击颜色块，在弹出的 Color 对话框中设置电源或地的颜色。

6. 放置电气节点

在原理图设计中，如果导线交叉处没有形成电气节点，则可以手动放置。放置节点、修改属性的方法如下：

1）执行命令 Place→Manual Junction，进入节点放置状态。

2）将光标移动到需要放置节点的导线交叉处，单击鼠标即可在交叉点处放置一个节点，使相交的两条导线形成电气连接。

3）单击鼠标右键，退出节点放置状态。

4）双击已放置完成的节点，出现如图 3-47 所示的节点属性设置对话框。该对话框的主要选项有：

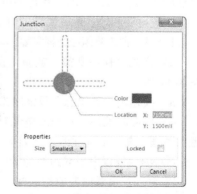

图 3-47　节点属性设置对话框

① Color：设置节点的颜色。

② Location X、Y：设置节点的位置坐标。

③ Size：设置节点的大小。系统提供了 Smallest（最小）、Small（小）、Medium（中）、Large（大）四种节点。

3.6 放置文本图元

文本图元是电路原理图中的非电气对象，尽管它不会影响电路的电气特性，也不会对网络表文件和 PCB 文件产生影响，但是在电路中添加适当的文本图元可以极大地增强电路的可读性。

3.6.1 文本的添加和编辑

Altium Designer 17 的文本分为字符串和文本框两种类型。字符串用于文字数量较少的场合，文本框则用于注释文字较多的场合。

1. 放置字符串

在原理图中放置字符串、修改属性的方法如下：

1）执行菜单命令 Place→Text String，或从实用工具栏的绘图工具 中选择放置字符串工具 A，进入如图 3-48 所示的添加字符串状态，此时字符串会悬浮在十字形光标上且随光标一起移动。

2）单击鼠标左键，把字符串添加到适当的位置。放置一个字符串后，光标上仍然悬浮着字符串，在其他位置单击鼠标，可以继续添加文字。单击鼠标右键或按 Esc 键退出放置字符串状态。

3）双击字符串，弹出如图 3-49 所示的字符串属性设置对话框，设置字符串的内容、字体和颜色等。该对话框的主要选项有：

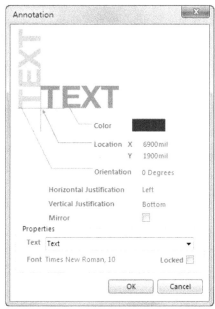

Text

图 3-48 字符串悬浮在光标上   图 3-49 字符串属性设置对话框

① Color：设置字符串的颜色，单击颜色块，在弹出的 Color 对话框中修改颜色。

② Location X、Y：设置字符串的位置坐标。

③ Orientation：设置字符串的方向。

④ Horizontal Justification：水平调整字符串的位置，系统提供有 Left（左）、Center（中间）和 Right（右）。

⑤ Vertical Justification：垂直调整字符串的位置，系统提供有 Bottom（底部）、Center（中间）和 Top（顶部）。

⑥ Text：设置字符串的内容。

⑦ Font：用于修改字体和字号等。

2. 放置文本框

通常在文字较少的情况下使用字符串。如果要添加的文字较多，可以通过文本框来实现。放置文本框、修改属性的方法如下：

1）执行菜单命令 Place→Text Frame，或者从实用工具栏的绘图工具组中选择放置文本框工具▨，进入文本框放置状态，此时光标悬浮着一个虚框，如图 3-50 所示。

2）单击鼠标左键，确定文本框的一个端点。拖动鼠标，画出一个默认内容为 Text 的文本框，如图 3-51 所示。单击鼠标右键或 Esc 键退出文本框放置状态。

图 3-50　文本框放置状态　　　　　　　　　　　图 3-51　文本框

3）鼠标左键双击文本框，弹出如图 3-52 所示的文本框属性设置对话框，该对话框的主要选项有：

① Border Width：设置文本框的边框宽度，即 Smallest（最小）、Small（小）、Medium（中）、Large（大）。

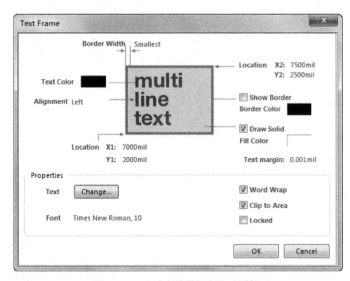

图 3-52　文本框属性设置对话框

② Text Color：设置文字颜色。

③ Alignment：设置文字对齐方式，有 Center（中心对齐）、Left（左对齐）、Right（右对齐）三种方式。

④ Location X1、Y1 和 Location X2、Y2：设置文本框对角顶点的位置坐标。

⑤ Show Border：设置是否显示边框，勾选该项后将显示出边框。

⑥ Border Color：设置文本框的边框颜色。

⑦ Draw Solid：设置是否填充文本框，如不勾选该项文本框内部是透明的，它只有边框。

⑧ Fill Color：设置文本框的填充颜色。

⑨ Text：添加文本内容。单击右侧的 Change 按钮，弹出如图 3-53 所示的文本编辑器，在其中输入文字信息。

⑩ Font：用于修改字体和字号等。

⑪ Word Wrap：设置是否自动换行，勾选该项后文字将自动以文本框为边界进行换行；如果取消勾选，则文字不会进行换行，如图 3-54 所示。

图 3-53　文本编辑器　　　　　　　　　图 3-54　自动换行（左）和不换行（右）

⑫ Clip to Area：设置当文字超出边界时是否显示，勾选该项后不显示超出边界的内容。

3.6.2　查找与替换文本

Altium Designer 17 也具备文本的查找和替换功能。这项功能和 Word 等通用文字处理软件相同，能够对原理图中所有的文本（包括网络标号和元件引脚名称）进行查找和替换。

1. 查找文本

执行菜单命令 Edit→Find Text，弹出如图 3-55 所示的查找文本对话框，在该对话框中设置好查找内容、查找范围和查找方式后，即可进行查找。其中主要的选项如下：

① Text To Find：输入要查找的文本信息。

② Sheet Scope：设置需要查找的原理图范围。

③ Selection：设置在选定的原理图中需要查找的范围。

④ Identifiers：设置查找的标号范围。

⑤ Case sensitive：设置查找时是否区分大小写，勾选该项表示区分。

⑥ Whole Words Only：设置是否完全匹配。

⑦ Jump to Results：设置是否跳转到查找结果。

设置好查找选项后，单击 OK 按钮，弹出如图 3-56 所示的查找文本结果对话框。单击 Next 按钮，可以查找下一个。

图 3-55　查找文本对话框

图 3-56　查找文本结果对话框

2. 替换文本

执行菜单命令 Edit→Replace Text，弹出如图 3-57 所示的替换文本对话框。该对话框中主要选项的含义如下：

① Text To Find：输入被替换的文本信息。

② Replace With：输入替换的文本信息。

③ Prompt On Replace：提示替换复选项，用于设置是否在替换前给出提示信息。勾选该项后，会在每次替换前出现是否替换的提示信息。

Scope 和 Options 区域中的其他选项和文本对话框的相同，这里不再赘述。

3.7　放置其他电气图元

图 3-57　替换文本对话框

在电路原理图中，除了导线、网络标号、端口、电源和地等常用的电气对象外，有时还会用到 No ERC 标志和 PCB 布线指示等电气对象。

3.7.1　放置 No ERC 标志

在绘制电路图的过程中，有时需要对已完成的部分电路进行编译。而后续电路没有绘制的元件引脚或导线容易产生错误，这时可以用到 No ERC 标志（忽略 ERC 标志）。ERC，即 Electrical Rule Check，意为电气规则检查。No ERC 标志一般放在导线或引脚的最外端上，表示不进行电气规则检查，不给出任何错误或警告信息。添加 No ERC 标志、设置属性的方法如下：

1）执行菜单命令 Place→Directives→Generic No ERC，进入绘制 No ERC 标志状态，此时一个红色的斜十字叉悬浮在光标上。

2）在元件引脚外端点或导线位置单击鼠标左键添加 No ERC 标志。

3）移动光标到其他位置，还可以继续添加其他 No ERC 标志，如图 3-58 所示。

4）要退出 No ERC 标志绘制状态，只需单击鼠标右键或者按 Esc 键即可。

5）No ERC 标志具有一些非电气属性。双击 No ERC 标志，弹出如图 3-59 所示的 No ERC 属性设置对话框。该对话框中各选项的含义如下：

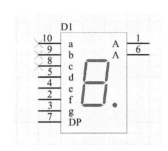

图 3-58　添加多个 No ERC 标志

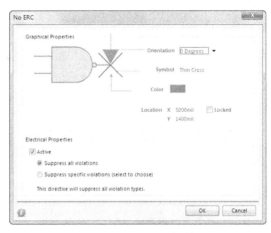

图 3-59　No ERC 对话框

① Orientation：设置 No ERC 标志的方向。

② Symbol：设置 No ERC 标志的样式，如图 3-60 所示。

③ Color：设置 No ERC 标志的颜色。

④ Location X、Y：设置 No ERC 标志的位置坐标。

⑤ Active：勾选该项表示激活 No ERC 标志，不进行电气规则检查。如果取消勾选，原理图上的 No ERC 标志会变成黑色。

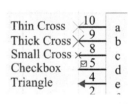

图 3-60　No ERC 标志的样式

3.7.2　添加 PCB 布线指示

PCB 布线指示是在原理图文件和 PCB 文件之间进行联系的对象，使用 PCB 布线指示，可以在原理图文件中标注出在后续 PCB 文件设计过程中一些值得注意的事项，如走线宽度和策略等。

1. 添加 PCB 布线指示、设置属性

1）执行 Place→Directives→PCB Layout 命令，进入 PCB 布线指示放置状态，如图 3-61 所示。在需要放置 PCB 布线指示的位置单击鼠标，即可放置一个 PCB 布线指示，如图 3-62 所示。

图 3-61　PCB 布线指示放置状态

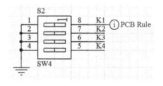

图 3-62　放置一个 PCB 布线指示

2）放置一个 PCB 布线指示后，光标仍处于 PCB 布线指示放置状态，可以继续放置其他 PCB 布线指示。要退出放置状态，可单击鼠标右键或 Esc 键。

3）双击 PCB 布线指示，弹出如图 3-63 所示的参数属性设置对话框。PCB 布线指示的主要属性有走线宽度、过孔大小等。

单击 Add 按钮，将出现如图 3-64 所示的添加参数对话框，在该对话框中可以设置新增变量的属性，设置完成后，新增的变量就会自动添加到变量列表栏中。

在图 3-63 所示的对话框中选定某个变量后单击 Edit 按钮，也将出现 Parameter Properties 对话框，但其中的 Name 和 Value 区域的内容不能进行修改，如图 3-65 所示。

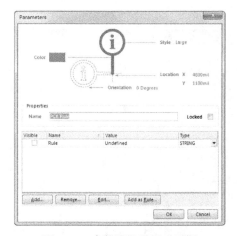

图 3-63　参数属性设置对话框

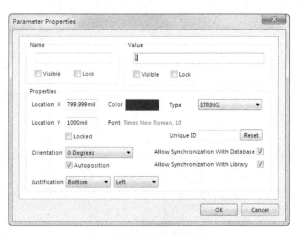

图 3-64　添加参数对话框

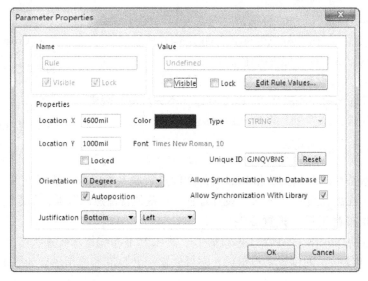

图 3-65　Parameter Properties 对话框

2. 放置布线规则

放置 PCB 布线指示的目的是为电路板设计提供提示信息，因此需要放置相应的布线规则，具体方法如下：

1）在图 3-65 所示的对话框中单击 Edit Rule Values 按钮，出现如图 3-66 所示的选择设计规则类型对话框。

2）双击要编辑的规则对象，如 Width Constraint 选项，将出现如图 3-67 所示的编辑 PCB 规则（最大、最小宽度）对话框。

3）定义其中的各项参数后，单击 OK 按钮，完成定义其规则。

在原理图中还可以绘制各种图形，利用 Utilities（实用）工具栏中的绘图工具 ✏️· 下的相关命令可以绘制圆形、椭圆等。在第 5 章中的新建元件时经常用到这些命令，而且两个编辑器中的绘制图形的方法基本一致，所以将在第 5 章中详细介绍绘制方法。

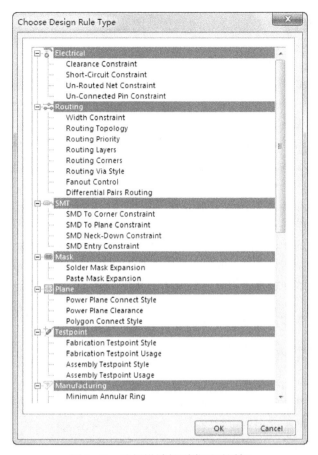

图 3-66　选择设计规则类型对话框

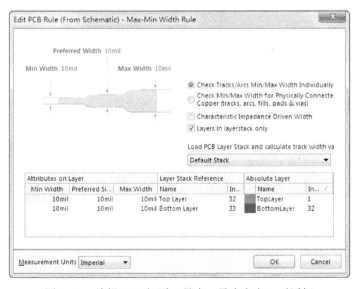

图 3-67　编辑 PCB 规则（最大、最小宽度）对话框

3.8　原理图的编译

在使用 Altium Designer 17 进行设计的过程中，需要对工程进行编译。前面几章重点讲述了电路原理图的绘制及编辑。实际上，在整个 PCB 项目设计的过程中原理图的构建仅仅是第一步，并不是最终的设计目的。我们还需要把设计好的原理图传送到后面的 PCB 编辑器中，以获得可用于生产的 PCB 文件，从而形成真正可用的实际电子产品。

一般来说，由于电路系统的复杂性，在设计好的电路原理图中或多或少都会存在一些错误或疏漏之处。因此，为了后续设计工作的顺利进行，在把原理图传送到 PCB 编辑器之前，应该对整个原理图进行相关的检测，尽可能排除掉错误。为了实时维护原理图的正确性，系统在设计过程的任何阶段都可以根据用户的设置对原理图项目进行编译，以验证项目的等级和连接性、校验项目的电气绘制和绘制错误等。同时，会生成丰富的报表文件，便于用户查看、掌握项目中的各种关联信息及潜在的设计问题，尽可能地避免错误的发生，达到完善设计的目的。

项目编译是用来检查用户所设计的电路原理图是否符合 Altium Designer 17 规则的重要手段。编译和 Protel 99 的电气规则检查很相似。所谓电气规则检查，就是要查看电路原理图的电气特性是否一致。例如，如果一个输出引脚与另一个输出引脚连接在一起，就会造成信号的冲突；若一个元器件的编号与另一个元器件的编号相同，就会使系统无法进行区分；而若一个回路连接不完整，则会造成信号开路，所有这些都是不符合电气规则的现象。由于在电路原理图中各种元器件之间的连接直接代表了实际电路系统中的电气连接，因此电路原理图应遵守实际的电气规则，否则就失去了实际的价值和指导意义。但编译的范围较电气规则检查要更广一些。

Altium Designer 17 系统按照用户的设置进行项目编译后，会根据问题的严重性分别以警告、错误、致命错误等信息来提醒用户注意。

3.8.1　项目编译设置

在编译前首先要对项目选项进行设置，以确定在编译时系统所需要的工作和编译后系统的各种报告类型。

打开任意一个 PCB 项目下的原理图文件，执行菜单命令 Project→Project Options，弹出如图 3-68 所示的项目编译设置对话框。在此对话框中设置项目选项，主要对错误报告（Error Reporting）、电气连接矩阵（Connection Matrix）、差别比较器（Comparator）进行设置。若原理图是自由文件，则 Project→Project Options 命令处于非可选状态。

1. 错误报告（Error Reporting）设置

单击项目对话框中的 Error Reporting 标签，进入错误报告设置，可以设置所有可能出现的报告类型。该标签中各选项的意义如下：

① Violations Associated with Buses：与总线有关的违规，包括总线标号超出了范围、不合法的总线定义、总线宽度不匹配等。

② Violations Associated with Code Symbols：与符号有关的违规。

③ Violations Associated with Components：与元件有关的违规，包括元件引脚重复使用、元件模型的参数错误等。

④ Violations Associated with Configuration Constraints：与配置约束有关的违规。

⑤ Violations Associated with Documents：与文件有关的违规。主要是与层次原理图有关的违规类型，如重复的方块电路符号名称、缺少与方块电路符号对应的子原理图、方块电路端口没有

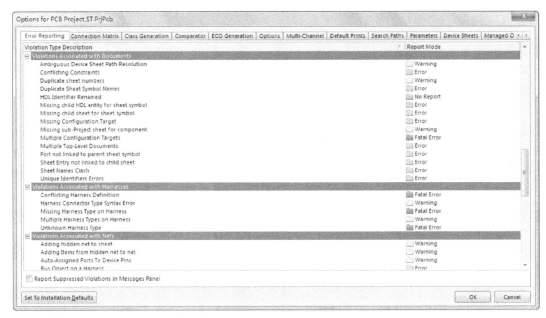

图 3-68 项目编译设置对话框

连接到方块电路符号等。

⑥ Violations Associated with Harnesses：与信号线束有关的违规。

⑦ Violations Associated with Nets：与网络有关的违规，包括网络名称重复、网络标号悬空、网络参数没有赋值等。

⑧ Violations Associated with Others：其他违规检查，包括原理图中的对象超出了图纸范围、图元偏离了网格等。

⑨ Violations Associated with Parameters：与参数有关的违规，包括同一参数具有不同的类型以及同一参数具有不同的数值等。

在右边的 Report Mode 中列出了对应的报告模式，当有违规项出现后，根据其对应的报告模式予以提醒。报告模式共有四种，即 Warning（警告）、Error（错误）、Fatal Error（严重错误）和 No Report（不报告）。单击某个报告模式，在弹出的下拉列表中可以对其进行更改，例如将 Components with duplicate pins 的报告模式改为 Error，如图 3-69 所示。

2. 电气连接矩阵（Connection Matrix）设置

单击项目对话框中的 Connection Matrix 标签，进入电气连接矩阵对话框，如图 3-70 所示。

电气连接矩阵对话框主要是在设置检查各种引脚、输入/输出端口间的连接状态时系统给出的报告。根据该对话框的默认设置，如果电路图中有严重违反电子电路原理的连线情况时，系统会给出 Error 报告；而当电路中有轻微违反电子电路原理的连线情况时，系统会给出 Warning 报告。

在 Connection Matrix 标签中，各种引脚、输入/输出端口的连接状态用一个矩阵表示。横坐标和纵坐标都是各种引脚和输入/输出端口，矩阵中的单元格代表将其所处的横坐标和纵坐标相连时系统给出的报告。系统在进行编译时，将根据该连接矩阵设置的错误等级生成报告。错误报告的模式同样用四种颜色表示，其中绿色代表不报告，黄色代表警告，橙色代表错误，红色代表严重错误。例如，在矩阵行中找到 Output Pin，在矩阵列中找到 Unconnected，两者的交叉点处显示了一个绿色方块，表示当一个输出引脚被发现未连接时，系统将不给出任何报告；又如，在

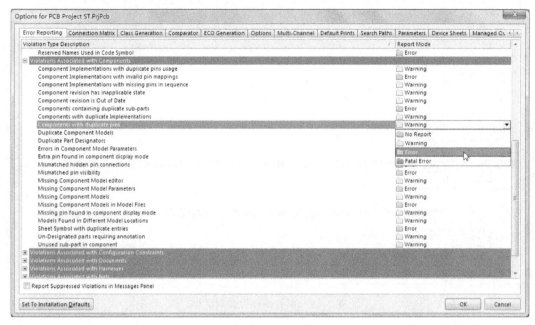

图 3-69　修改报告模式

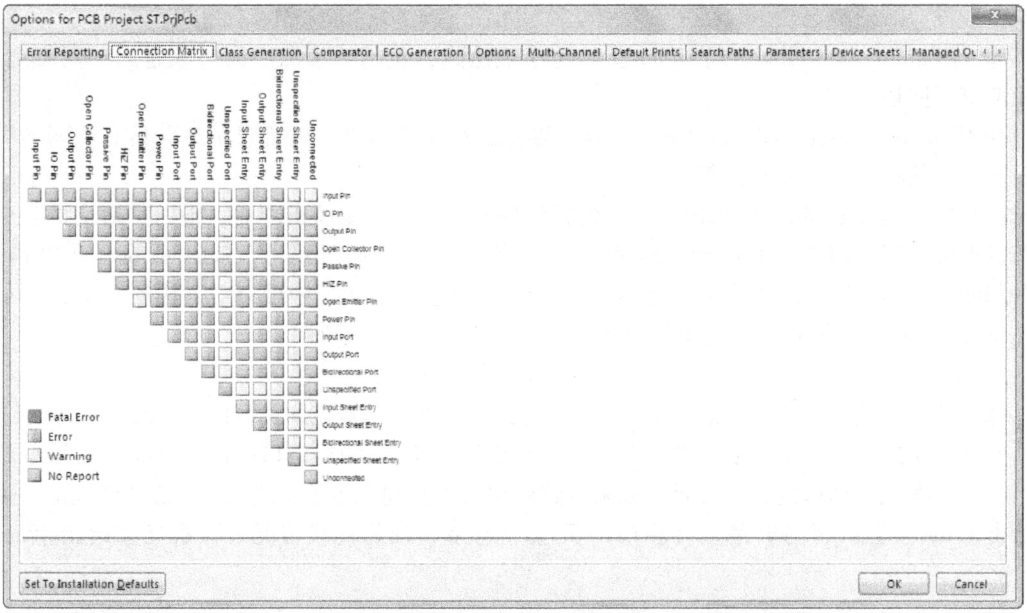

图 3-70　Connection Matrix 标签

Output Port 与 Output Port 的交叉点处，显示的是一个橙色方块，表示如果两个输出端口相连，系统将给出 Error 报告。对于各种连接的违规等级，可以直接使用系统的默认设置，也可以根据具体情况自行设置。要修改报告模式时，只需将光标移动到该单元格上，此时光标变成小手形状，单击即可改变报告模式。

3. 差别比较器（Comparator）设置

单击对话框中的 Comparator 标签，进入差别比较器设置对话框，如图 3-71 所示。在对话框中可以设置比较器的作用范围。

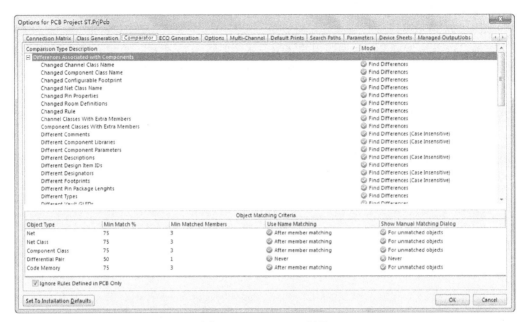

图 3-71　Comparator 标签

该标签页所列出的参数共有四类。

① Differences Associated with Components：与元件有关的变化。

② Differences Associated with Nets：与网络有关的变化。

③ Differences Associated with Parameters：与参数有关的变化。

④ Differences Associated with Physical：与图元有关的变化。

在每一类中列出了若干具体选项，对于每一选项在项目编译时发生的变化，用户可以选择设置 Ignore Differences（忽略变化），或是 Find Differences（显示变化），如图 3-72 所示。

在以上的三个标签中，如若想恢复系统默认设置，可以单击左下角 Set To Installation Defaults 按钮，弹出如图 3-73 所示的确认恢复设置对话框，单击 Yes 按钮。

图 3-72　设置 Different Footprints 为忽略变化

图 3-73　确认恢复设置对话框

3.8.2　执行编译

项目选项设置完成后可以进行编译。编译时系统按照用户设定的规则对原理图或整个项目进行检查，并给出提示信息。打开一个项目及项目下的原理图文件，执行菜单命令 Project→Compile ＊ Document（＊代表原理图名称），或在 Project 面板中的原理图文件上单击右键，在弹出的子菜单中选择 Compile ＊ Document 命令对原理图进行编译。编译的结果保存于 Messages 面板中。若原理图中的违规只有 Warning 而没有 Error 或 Fatal Error，那么 Messages 面板不会自动弹出来。此时若想查看 Messages 面板，单击原理图编辑区右下方的 System 标签，在弹出的菜单中选择 Messages。

在如图 3-74 所示编译后的 Messages 面板中，双击第一个警告信息 Floating Net Label CE，则面板下方的 Details 区域会显示此项违规的详细说明，如图 3-75 所示。同时原理图编辑器的编辑区会高亮放大显示违规的图元，如图 3-76 所示。产生这个警告的原因是网络标号 CE 放置位置错误，它没有和元件的引脚产生实际的电气连接。引脚只有最外端有电气特性，因此网络标号一定要放置在引脚的最外端，当产生红色的斜十字时表示放置正确，如图 3-77 所示。

Messages							
Class	Document	Source	Message	Time	Date	No.
[Warning]	ST.SchDoc	Com...	Floating Net Label CE at (720,460)	15:02:58	2017/12/6	1
[Warning]	ST.SchDoc	Com...	Floating Net Label CSN at (720,450)	15:02:58	2017/12/6	2
[Warning]	ST.SchDoc	Com...	Floating Net Label SCK at (720,440)	15:02:58	2017/12/6	3
[Warning]	ST.SchDoc	Com...	Floating Net Label MOSI at (720,430)	15:02:58	2017/12/6	4
[Warning]	ST.SchDoc	Com...	Floating Net Label MISO at (720,420)	15:02:58	2017/12/6	5
[Info]	ST.PrjPcb	Com...	Compile successful, no errors found.	15:02:58	2017/12/6	6

图 3-74　编译后的 Messages 面板

Messages							
Class	Document	Source	Message	Time	Date	No.
[Warning]	ST.SchDoc	Com...	Floating Net Label CE at (720,460)	15:02:58	2017/12/6	1
[Warning]	ST.SchDoc	Com...	Floating Net Label CSN at (720,450)	15:02:58	2017/12/6	2
[Warning]	ST.SchDoc	Com...	Floating Net Label SCK at (720,440)	15:02:58	2017/12/6	3
[Warning]	ST.SchDoc	Com...	Floating Net Label MOSI at (720,430)	15:02:58	2017/12/6	4
[Warning]	ST.SchDoc	Com...	Floating Net Label MISO at (720,420)	15:02:58	2017/12/6	5
[Info]	ST.PrjPcb	Com...	Compile successful, no errors found.	15:02:58	2017/12/6	6

Details
Floating Net Label CE at (720,460)
　Net Label CE

图 3-75　显示违规的详细说明

图 3-76　高亮放大显示违规的图元

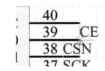

图 3-77　正确放置的网络标号

编译后系统给出的出错信息并不意味着原理图一定有错误，也并不一定都需要修改，用户应根据自己的设计理念进行具体判断。另外，对于违反了设定的电气规则但实际上是正确的设计部分，为了避免系统显示出错信息，可以放置忽略检查标志 No ERC。编译的结果中不能有 Error（错误）等级，否则在由原理图更新 PCB 的过程中会出现问题。

3.9　绘制电路图实例

3.9.1　简易无线传声器电路

设计一个如图 3-78 所示的简易无线传声器电路原理图，并对其进行编译操作。

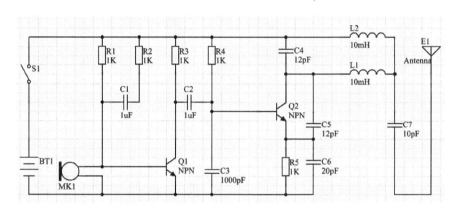

图 3-78　简易无线传声器电路原理图

1. 新建项目并添加原理图文件

1）启动 Altium Designer 17，执行菜单命令 File→New→Project，弹出设置项目名称和项目文件保存位置对话框。其中，Project Types（项目类型）选择 PCB Project，Project Templates（项目模板）选择 Default，Name（项目名称）编辑框输入"实例一"，Location（文件位置）可以自行选择，如图 3-79 所示。单击 OK 按钮，在 Projects 面板中显示建立的项目"实例一"，如图 3-80 所示。

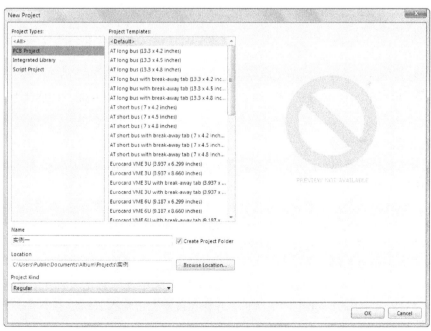

图 3-79　新建项目对话框

2）在 Projects 面板中，右键单击项目"实例一"，在弹出的菜单中选择 Add New to Project→Schematic 命令，如图 3-81 所示，系统会打开并跳转到原理图编辑器。在原理图编辑器中执行菜单命令 File→Save，弹出的设置文件名称和保存位置的对话框。文件名设置为"简易无线传声器"，建议保存位置和项目文件相同，如图 3-82 所示。单击保存按钮，在 Projects 面板中显示建立的原理图，如图 3-83 所示。

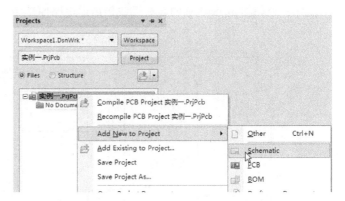

图 3-80　建立项目后的 Projects 面板　　　　图 3-81　利用 Projects 面板在项目中新建原理图

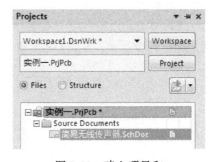

图 3-82　保存原理图文件　　　　　　图 3-83　建立项目和
原理图后的 Projects 面板

2. 设置原理图文档参数

1）在简易无线传声器原理图中，执行菜单命令 Design→Document Options，打开原理图文档参数设置对话框。

2）选择 Template 标签页，在 Template from File 的下拉列表中选择 A4，如图 3-84 所示。

3）选择 Parameters 标签页，在 Title 一行中输入无线简易传声器设计，如图 3-85 所示。单击 OK 按钮，返回到原理图中，页面右下角如图 3-86 所示。

3. 放置元件并设置属性

1）找到电阻。打开 Libraries 面板，在元件库下拉列表中选择常用元件所在的集成元件库 Miscellaneous Devices. IntLib，如图 3-87 所示。在快速搜索栏中输入 Res2，在元件列表中显示电阻元件，如图 3-88 所示。

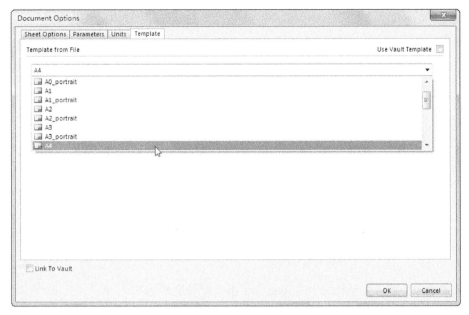

图 3-84　选择 A4 图纸

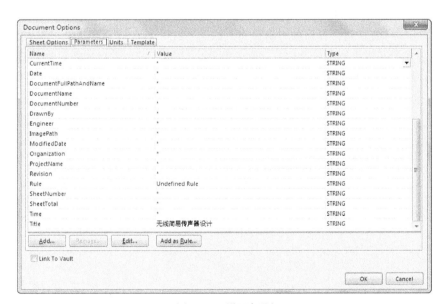

图 3-85　设置标题

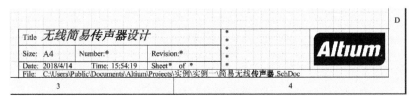

图 3-86　设置后的图纸标题栏

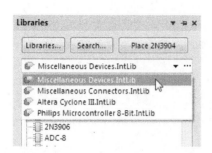

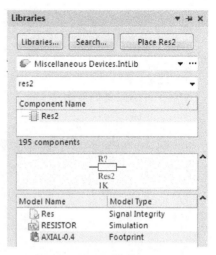

图 3-87　Libraries 面板中的元件库下拉列表　　　　图 3-88　快速搜索栏中输入 Res2

2）放置电阻。选中元件列表中的 Res2，单击面板右上角的 Place Res2 按钮，或者双击元件列表中的 Res2，电阻元件悬挂在光标上。单击 Tab 键，打开电阻属性设置对话框。在 Properties 区域中，Designator（元件编号）设置为 R1，取消 Comment（注释）后面 Visible 的勾选，表示不显示元件的注释，如图 3-89 所示。在 Parameters（参数）区域中，Value（阻值）设置为 1K，如图 3-90 所示。单击 OK 按钮，返回到编辑界面，如图 3-91 所示。按一下 Space 键，旋转元件，如图 3-92 所示。单击左键放置元件 R1 后，编号为 R2 且阻值为 1K 的电阻继续悬挂在光标上，如图 3-93 所示，单击鼠标左键放置在原理图上。依次放置 R2、R3、R4 和 R5。

图 3-89　电阻的编号和注释设置　　　　　　　　　图 3-90　电阻的阻值设置

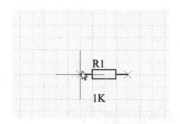

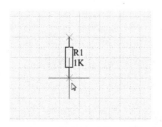

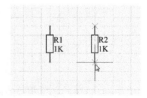

图 3-91　设置参数后的电阻　　　图 3-92　旋转放置的电阻　　　图 3-93　放置 R2

3）放置其他元件以及修改属性。按照放置电阻的方法，在集成元件库 Miscellaneous Devices. IntLib 中找到电容（Cap）、晶体管（PNP）、电感（Inductor）、传声器（Mic2）、电池（Battery）、开关（SW-SPST）和天线（Antenna），放置结果如图 3-94 所示。

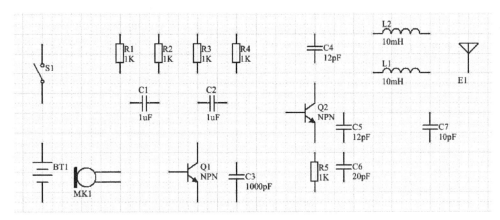

图 3-94　放置元件结果

4. 连线

执行菜单命令 Place→Wire，光标携带十字。移动光标到一个元件的引脚上，当斜十字叉变成红色，单击确定导线的一个端点。移动光标到其他引脚，当斜十字叉变成红色，再次单击确定一个端点。单击鼠标右键退出当前导线的绘制状态，但仍处于绘制导线状态，可以继续绘制。导线绘制完成，如图 3-95 所示。

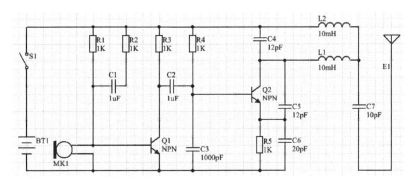

图 3-95　完成绘制导线

5. 编译原理图

在原理图中执行菜单命令 Project→Compile Document 简易无线传声器 .SchDoc，对原理图进行编译。如果编译结果中存在错误或致命错误，Messages 面板会自动打开。否则，鼠标左键单击编辑区右下方的 System 面板管理标签，单击打开 Messages 面板，如图 3-96 所示。编译后的 Messages 面板，如图 3-97 所示，编译结果显示原理图没有违反规则之处。

在原理图中，人为制造一个错误，如删除天线元件 E1，原理图如图 3-98 所示。编译后的 Messages 面板如图 3-99 所示。根据编译结果，原理图中有一个违反规则之处，等级是 Error（错误）。具体显示 Net Net C7_1 has only one pin，表示元件 C7 只有一个引脚有导线连接。在 Detail 区域会列出具体的违反规则的网络或元件引脚，双击可以在编辑区跳转到这些网络或引脚。如双击 Wire Net C7_1，原理图中会放大显示该网络，如图 3-100 所示。或者双击 Pin C7_1，编辑区会放大显示电容 C7 的 1 引脚。

编译是依据项目设置的规则来检查电路图或项目有无违反规则之处。在原理图中执行菜单命令 Project→Project Options，打开项目设置对话框。在 Error Reporting 标签页中，找到 Violations

Associated with Nets（与网络有关的违规）类，其下有一项 Nets with only one pin（网络只有一个引脚），如图 3-101 所示。该项对应的报告模式是 Error，表示当某一网络只有一个引脚时报告是错误。所以在原理图中删除天线后，元件 C7 的一个引脚没有连线，编译时才会有如图 3-99 所示的报告结果。

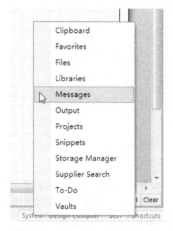

图 3-96　找到 Messages 面板

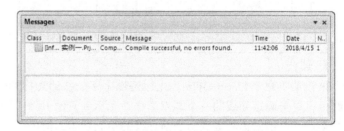

图 3-97　编译后的 Messages 面板

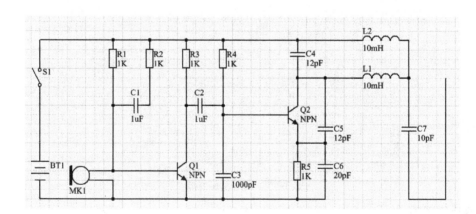

图 3-98　删除天线元件 E1 后的简易无线传声器原理图

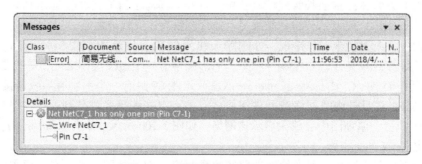

图 3-99　编译后的 Messages 面板

图 3-100 原理图中放大显示违规之处

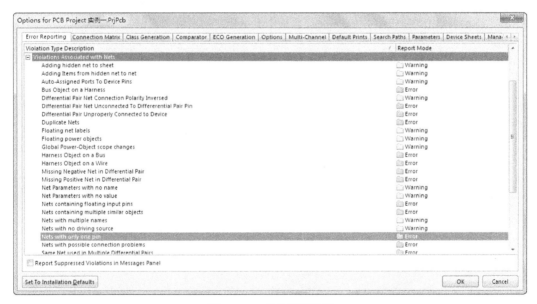

图 3-101 项目规则设置

3.9.2 单片机流水灯电路

设计一个如图 3-102 所示的单片机流水灯电路原理图，并对其进行编译操作。

1. 新建项目并添加原理图文件

1）启动 Altium Designer 17，执行菜单命令 File→New→Project，弹出设置项目名称和项目文件保存位置对话框。其中，Project Types（项目类型）选择 PCB Project，Project Templates（项目模板）选择 Default，Name（项目名称）编辑框输入实例二，Location（文件位置）可以自行选择，

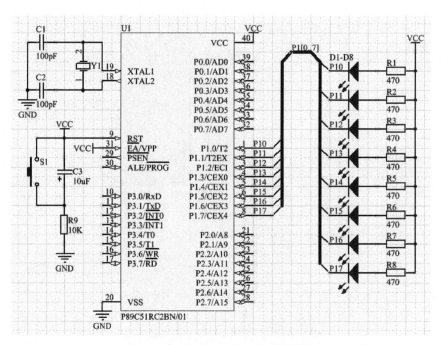

图 3-102   单片机流水灯电路原理图

如图 3-103 所示。单击 OK 按钮，在 Projects 面板中显示建立的项目"实例二"。

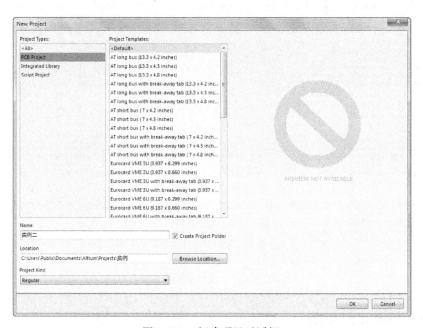

图 3-103   新建项目对话框

2）在 Projects 面板中，右键单击项目"实例二"，在弹出的菜单中选择 Add New to Project→Schematic 命令，系统会打开并跳转到原理图编辑器。在原理图编辑器中执行菜单命令 File→Save，弹出设置文件名称和保存位置的对话框。文件名设置为"单片机流水灯"，建议保存位置和项目文件相同。单击保存按钮，在 Projects 面板中显示建立的原理图，如图 3-104 所示。

2. 设置原理图文档参数

设置方法同实例一，这里不再赘述。

3. 搜索、放置元件以及修改属性

1）寻找和放置单片机 P89C51。打开 Libraries 面板，单击 Search 按钮，打开搜索元件设置对话框。在 Filters 区域，Field 中第 1 项默认为 Name（名称），Operator 选择 contains（包含），Value 中输入 P89C51；在 Scope 区域中设置搜索范围为 Libraries on path（指定搜索路径），如图 3-105 所示。单击 Search 按钮，系统展开 Libraries 面板开始搜索，其结果如图 3-106 所示。选

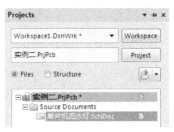

图 3-104　建立项目和原理图后的 Projects 面板

择列表中的第一个元件，单击 Place 按钮，在原理图中放置该元件。双击该元件，打开属性对话框，修改 Designator 为 U1。

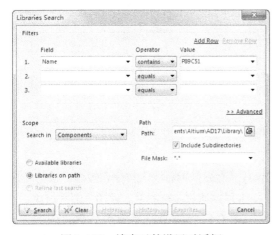

图 3-105　搜索元件设置对话框

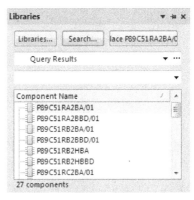

图 3-106　搜索元件后的 Projects 面板

2）放置其他元件并修改属性。在 Libraries 面板中的元件库列表中选择 Miscellaneous Devices.IntLib 集成元件库，快速搜索栏中输入元件的名称，如电阻（Res2）、电容（Cap）、有极性电容（Cap Pol2）、晶振（XTAL）、发光二极管（LED0）、开关（SW – SPST）等。选中并放置元件并修改属性，结果如图 3-107 所示。

4. 连接导线，放置地和电源

1）连接导线。执行菜单命令 Place→Wire，光标携带十字。移动光标到一个元件的引脚上，当斜十字叉变成红色，单击确定导线的一

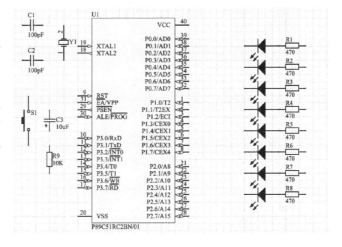

图 3-107　放置元件并修改属性

个端点。移动光标到其他引脚，当斜十字叉变成红色，再次单击确定一个端点。单击鼠标右键退出当前导线的绘制状态，但仍处于绘制导线状态，可以继续绘制。

2）放置地和电源。单击布线工具栏中的 ⏚ ⏛ 按钮，分别放置地和电源，结果如图 3-108 所示。

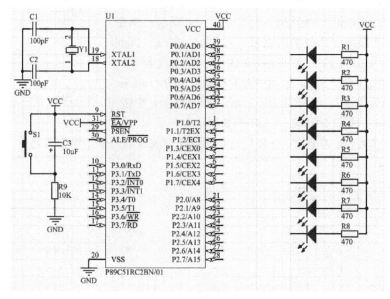

图 3-108 放置地和电源

5. 放置总线入口和总线

1）放置总线入口。执行菜单命令 Place→Bus Entry，光标携带总线入口标志短线。移动光标分别到单片机的 1~8 引脚以及发光二极管的引脚上，单击鼠标放置总线入口，如图 3-109 所示。

2）放置总线。执行菜单命令 Place→Bus，和绘制导线同样的方法绘制总线，如图 3-110 所示。

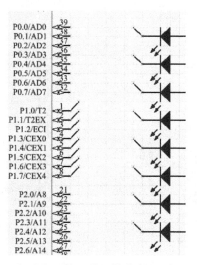

图 3-109 放置总线入口

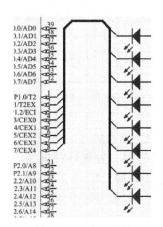

图 3-110 放置总线

6. 放置网络标号

如前所述，总线不具有电气特性，只是表示一组导线的走向，因此需要配合网络标号使用来实现电气连接特性。执行菜单命令 Place→Net Label，光标携带网络标号，此时单击 Tab 键，打开网络标号属性对话框。在 Properties 区域中的 Net 编辑框中输入 P10，如图 3-111 所示。单击 OK 按钮，光标携带着 P10 网络标号，移动光标到单片机的 1 引脚的最外端，单击鼠标左键放置网络标号。放置后，P11 网络标号会自动悬挂在光标上，可以继续放置，直到放置好 P17。按照上述方法放置另一组网络标号，如图 3-112 所示。

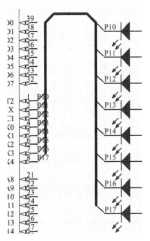

图 3-111　修改网络标号的网络名称　　　　　　　图 3-112　放置网络标号

从图中可以看出，单片机 1 引脚至 8 引脚上的总线和总线入口遮挡了网络标号。但是，不能为了避免被遮挡就将网络标号按照图 3-113 所示来进行放置，这是因为图 3-113 中网络标号没有放置在引脚最外端，网络标号和引脚没有对接上，这会导致发光二极管和单片机并没有产生电气连接，意味着它们之间缺少导线。在这种情况下可以在单片机的引脚上加一段导线，如图 3-114 所示。

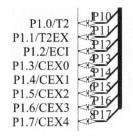　　　　　　　　　　　　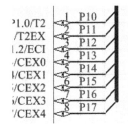

图 3-113　错误放置的网络标号　　　　　　　　图 3-114　在引脚放置一段导线

7. 添加文字说明

在原理图中没有显示发光二极管的编号，可以在图中通过放置字符串来加以说明。执行菜单命令 Place→Text String，单击 Tab 键打开字符串属性对话框，在 Properties 区域中的 Text 编辑框中输入 D1-D8，如图 3-115 所示。如果字符串有字体和字号要求，可以单击 Font 后面的字体和字号来进行修改。单击 OK 按钮，放置字符串。

图 3-115　设置字符串

8. 编译原理图

在原理图中执行菜单命令 Project→Compile Document 单片机流水灯.SchDoc，对原理图进行编译。单击编辑区右下方的 System 面板管理标签，选择 Messages，打开 Messages 面板，如图 3-116 所示。编译的结果中有六个 Warning（警告），没有 Error（错误）等级，可以认为原理图通过了编译，可以进行下一步操作了。Unconnected line 表示存在未连接的线，这是由于系统认为总线是未连接的线，可以在总线上添加网络标号 P1［0..7］，如图 3-117 所示。再次编译后，不会出现 Unconnected line，如图 3-118 所示。

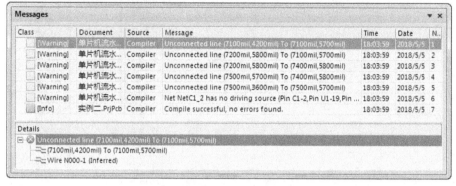

图 3-116　编译后的 Messages 面板

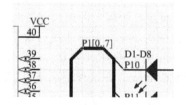

图 3-117　在总线上添加网络标号

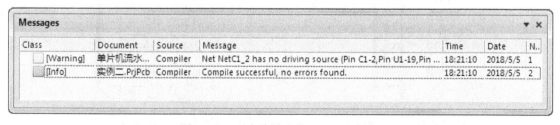

图 3-118　再次编译后的 Messages 面板

第4章 原理图的其他操作

上一章中介绍了原理图设计中的主要操作，通过上一章的学习可以完成绘制电路图。本章将介绍原理图设计中的其他一些操作方法，如对图元对象的编辑操作、元件自动编号、窗口显示设置、画面管理、层次原理图设计等。此外，还介绍了原理图报表和原理图输出。

4.1 图元对象的编辑操作

在原理图编辑环境中，图元对象的编辑主要是指图元的选取、复制、剪切、粘贴、删除等各种操作。

4.1.1 选取图元

1. 直接选取

在 Altium Designer 17 中使用鼠标是最简单实用的方法。鼠标左键单击需要选择的图元，图元四周将出现控制点，如图 4-1 所示。如果需要选取多个图元，则按住 Shift 键依次单击要选取的图元即可。如果需要选取编辑区内的全部图元，其快捷操作方式为 Ctrl + A。

2. 通过菜单命令选取

除了用鼠标选取图元外，还可以使用菜单命令进行精确的选取。执行菜单命令 Edit→Select，弹出如图 4-2 所示的下拉菜单。

图 4-1 选取单个图元

图 4-2 Edit→Select 下拉菜单

（1）选取光标划过范围内的图元对象

执行 Lasso Select 命令后光标变成十字形，单击鼠标左键确定起点，移动光标，在光标划过的痕迹上出现虚线，同时起点和光标之间会出现直虚线，再次单击左键确定终点。在起点和终点出现的直虚线和鼠标滑过形成的虚线组合成闭合框。该框内的图元对象会被选中，如图 4-3 所示。

（2）选取矩形区域内的图元

执行 Inside Area 命令后光标变成十字形，先在适当位置单击鼠标，确定区域的一个端点，拖动鼠标，画出一个矩形框，在区域的另一个对角端点处单击鼠标，即可选中该区域内的所有图元。如图 4-4 所示。

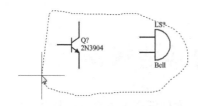

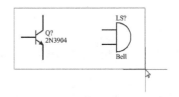

图 4-3　选取光标划过范围内的图元对象　　　　　图 4-4　选取矩形区域内的图元

（3）选取矩形区域外的图元

执行 Outside Area 命令后光标变成十字形，按照上面的方法拖出一个矩形框。与上面的命令相反，该操作的结果是选中矩形区域之外的图元。

（4）选取连线

执行 Connection 命令后光标变成十字形，将光标移动到导线或元件（如图 4-5 中的 Q2）上，单击鼠标左键即可选中与该导线或元件相连的全部导线，如图 4-5 所示。没有选中的图元处于锁定状态，通过按 Shift + c 键可以解除锁定状态。

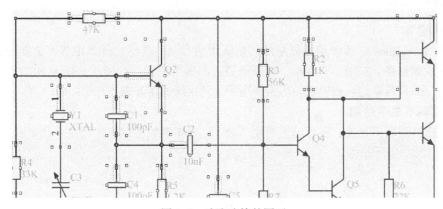

图 4-5　选取连接的图元

（5）反转选取

通常情况下，在选取某些图元后，若用单击鼠标左键选取其他图元时，会在选中该图元的同时取消该图元之外的选取。而反转选取的优点是单击该图元时，只改变它的选取状态并不影响其他图元的选取。执行 Toggle Selection 命令后，光标将携带十字形状，单击图元即可使其由选取变为不选取或由不选取变为选取状态。

（6）所有图元对象

执行 All 命令后当前原理图中的所有图元对象均会被选取上。

（7）选取矩形框内图元及相连的导线

执行 Touching Rectangle 命令后，光标携带十字形，单击鼠标左键确定顶点，移动光标会出现矩形框，单击鼠标左键确定矩形框的另一个斜对角顶点，如图 4-6 所示。该矩形框内的所有图元以及和矩形框相连的导线均被选取上，如图 4-7 所示。

（8）选取光标划过的直线上图元对象

执行 Touching Line 命令后，光标携带十字形，单击鼠标左键确定起点，移动光标再次单击鼠标左键确定终点，如图 4-8 所示，在直线上的图元会被选取上，如图 4-9 所示。

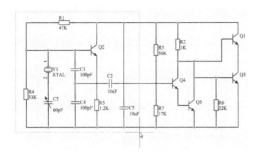

图 4-6　画出矩形框

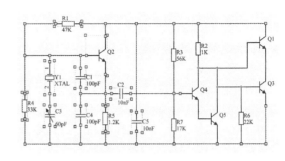

图 4-7　选取矩形框内图元及相连的导线

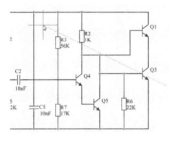

图 4-8　画出直线

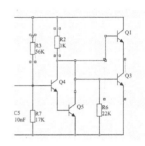

图 4-9　选取光标划过的直线上图元对象

4.1.2　取消选取图元

取消选取的最简单方法是在编辑区空白处单击鼠标左键。之前所讲的反转选取也是取消选取的一种，此外系统还提供了菜单命令 Edit→DeSelect，如图 4-10 所示。这些命令的操作方法和选取命令基本相同，这里只介绍不同的。

（1）取消当前文档的选取图元

执行菜单命令 Edit→DeSelect→All On Current Document，可以取消当前文档中所有图元的选取状态。

（2）取消所有文档中的选取图元

执行菜单命令 Edit→DeSelect→All Open Documents，可以取消所有文档中图元的选取状态。

图 4-10　Edit→DeSelect
下拉菜单

4.1.3　图元的复制、剪切、粘贴与删除

Altium Designer 17 中使用了 Windows 操作系统的共用粘贴板，所以复制、剪切和粘贴图元的方法与其他应用程序相似，便于使用者在不同的应用程序之间进行图元的各种操作，极大地提高了设计效率。

1. 复制与粘贴

在原理图编辑环境中，选取需要复制的图元，执行菜单命令 Edit→Copy 或单击 Schematic Standard 工具栏中的 图标，将选中图元复制到剪贴板上。执行菜单命令 Edit→Paste 或单击 Schematic Standard 工具栏中的粘贴图标 ，则之前复制的图元会悬浮在光标上。移动光标到确定位置上，单击鼠标左键完成粘贴操作。

复制和粘贴操作可以集中在一次操作中完成。选取图元，单击 Schematic Standard 工具栏中的 ⬚ 图标，选取的图元悬浮在光标上。单击鼠标左键，放置该图元。放置后，光标上仍然悬浮着该图元，可以继续放置。

2. 智能粘贴

智能粘贴允许用户在 Altium Designer 17 系统或其他的应用程序中选择一组图元，如 Excel 数据、VHDL 文本文件中的实体说明等，将其粘贴在 Windows 剪贴板上，根据设置，再将其转换为不同类型的其他图元，并最终粘贴在目标原理图中。智能粘贴有效地实现了不同文档之间的信号连接及不同应用中项目信息的转换。

首先选中图元，执行菜单命令 Edit→Copy，将选取图元复制到剪贴板上。执行菜单命令 Edit→Smart Paste，则系统弹出图 4-11 所示的智能粘贴设置对话框。

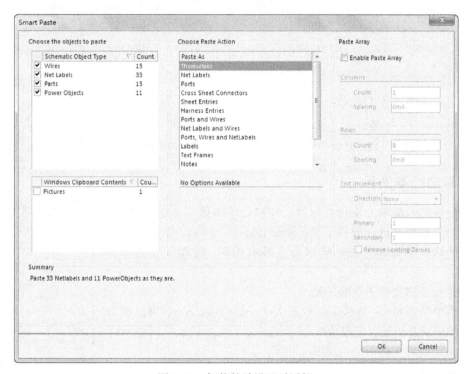

图 4-11　智能粘贴设置对话框

在该对话框中，可以完成将粘贴图元进行类型转换的相关设置。

（1）Choose the objects to paste 区域

该区域用来设置、显示所选定的复制图元的类型及数量。该区域的内容取决于粘贴板上图元对象，粘贴板上有不同的图元对象，该区域的显示内容也不同。

① Schematic Object Type：该列用于显示上一次复制操作的图元对象类型，如端口、连线、网络标签、元件、总线、节点等。

② Count：该列用于显示上一次复制操作的每一种图元对象的数量。

③ Windows Clipboard Contents：该列用于设置 Windows 粘贴板上的复制内容类型，可以是图片、文本等。

④ Count：用于显示 Windows 粘贴板上的复制内容数量。

（2）Choose Paste Action 区域

该区域用来选择设置需要粘贴成的图元类型，例如把电源图元粘贴为网络标号。在 Paste As 列表框中，列出了 12 种类型，如 Themselves（本身类型，即粘贴时不需要类型转换）、Net Labels（粘贴时转换为网络标签）、Ports（粘贴时转换为端口）等。对于选定的每一种类型，在下面的区域中都提供了相应的文本编辑栏，供用户按照需要进行详细的设置。下面以电源转换为网络标号为例进行讲解。在原理图中放置一个电源 VCC，利用 Ctrl + C 复制，执行菜单命令 Edit→Smart Paste，弹出如图 4-12 所示对话框，在 Choose Paste Action 区域中选取 Net Labels。在 Options 区域中 Sort Order 用来设置分类顺序，有两种选择，即 By Location（按照空间位置）和 Alphanumeric（按照字母顺序）。Signal Names 用来设置信号名称，包括 Keep（保持原来的名称）、Expand Buses（扩张总线到连线）、Group Nets-Lower First（网络信号名称分组，从最低的位置开始）、Group Nets-Higher First（网络信号名称分组，从最高的位置开始）和 Inverse Bus Indices（粘贴时反转总线索引）。Sort Order 选择 By Location（按照空间位置），Signal Names 选择 Keep（保持原来的名称），单击 OK 按钮，操作结果如图 4-13 所示。

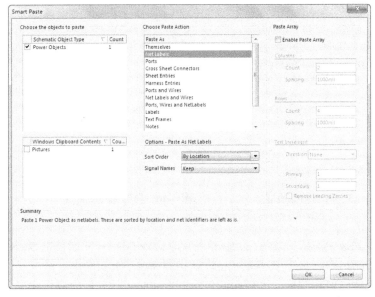

图 4-12　智能粘贴对话框

图 4-13　将电源转换为网络标号

由于智能粘贴的功能强大，实际操作中在对需要粘贴的图元进行复制之后、智能粘贴之前，应避免其他的复制操作，以免将不需要的内容粘贴到原理图中，从而造成不必要的麻烦。

3. 阵列粘贴

在系统提供的智能粘贴中，也包含了阵列粘贴的功能。阵列粘贴能够一次性地按照设定参数，将某一个图元或一组图元重复地粘贴到图纸中形成 m 行 n 列排列。阵列粘贴在原理图中需要放置多个相同图元时很有用。在 Smart Paste 对话框的右侧 Paste Array 区域中，选中 Enable Paste Array 复选框，则阵列粘贴功能被激活，如图 4-14 所示。

（1）Columns 区域用于设置列参数

① Count：表示需要阵列粘贴的列数。

② Spacing：表示相邻两列之间的距离。

（2）Rows 区域用于设置行参数

① Count：表示需要阵列粘贴的行数。

② Spacing：表示相邻两行之间的距离。

（3）Text Increment 区域用于文本增量设置

Direction 表示增量方向设置。有三种选择，即 None（无增量），Horizontal First（水平增量），Vertical First（垂直增量）。选中后两项时，下面的文本编辑栏被激活，需要输入具体增量数值，其中 Primary 用来指定阵列粘贴的元件编号的数字递增。

例如，在原理图中放置一个电阻，选中后执行菜单命令 Edit→Copy，将选取图元复制到剪贴板上。执行菜单命令 Edit→Smart Paste，设置参数如图 4-15 所示，图中的参数表示粘贴为 4 行 2 列，每行间距 500mil，每列间距 2000mil，编号初始按照水平方向递增，编号递增量为 2。单击 OK 按钮后，将图元放置在图纸上，结果如图 4-16 所示。

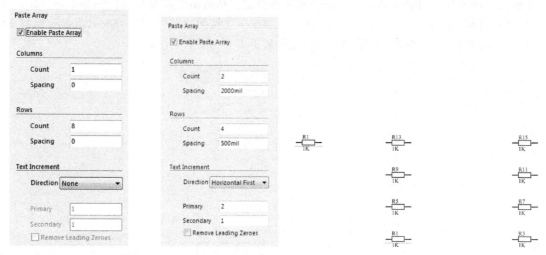

图 4-14　激活阵列粘贴功能　　图 4-15　阵列粘贴设置　　图 4-16　阵列粘贴的结果

4. 剪切与删除

剪切与复制的操作过程一样，先选中需要剪切的图元，执行菜单命令 Edit→Cut 或单击 Schematic Standard 工具栏中的 ✂ 图标将选中图元剪切到剪贴板上，这样就完成了剪切操作。

删除操作分为连续删除和单个删除两种情况。执行菜单命令 Edit→Delete，光标变成十字形，在需要删除的图元上单击即可删除该图元，再次单击其他图元，便可实现连续删除。当需要单个删除图元时，首先选中需要删除的图元，然后执行菜单命令 Edit→Clear 或者直接按下键盘上的 Delete 键。

4.2　元件自动编号

在电路原理图比较复杂即有很多元件的情况下，如果用手工方式逐个编辑元件的编号，不仅效率低而且容易出现编号遗漏、跳号等现象。此时，可以使用系统所提供的自动编号功能来轻松完成对元件的编号设置。

执行菜单命令 Tools→Annotation→Annotate Schematics，系统弹出自动编号设置对话框，如图 4-17 所示。

对话框的 Schematic Annotation Configuration 区域用来设置元件编号的处理顺序，主要包括三部分：

（1）Order of Processing 列表框

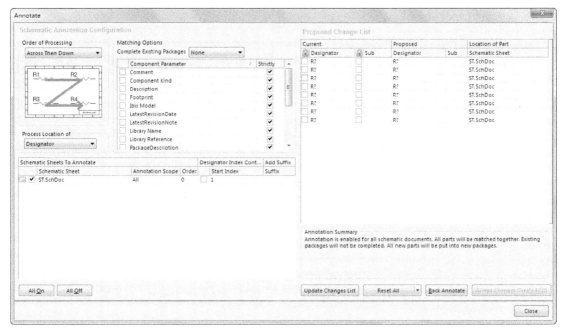

图 4-17　自动编号设置对话框

单击其右侧的下拉按钮，有四种编号排序选择方案，如图 4-18 所示。

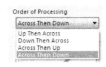

图 4-18　四种编号排序选择方案

① Up Then Across：按照元件在原理图上的排列位置，先按自下而上、再按自左到右的顺序自动编号。

② Down Then Across：按照元件在原理图上的排列位置，先按自上而下、再按自左到右的顺序自动编号。

③ Across Then Up：按照元件在原理图上的排列位置，先按自左到右、再按自下而上的顺序自动编号。

④ Across Then Down：按照元件在原理图上的排列位置，先按自左到右、再按自上而下的顺序自动编号。

（2）Matching Options 区域

该区域用于选择元件的匹配参数，在下面的列表框中列出了多种元件参数供用户选择。

（3）Schematic Sheets to Annotate 区域

该区域用于选择要编号的原理图并确定注释范围、起始索引值及后缀字符等。

① Schematic Sheet：用来选择要编号的原理图文件。单击 All On 按钮可以选中所列出的所有文件，也可以单击所需的文件前面的选项进行单项选中。单击 All Off 按钮，则所有的文件都不选。

② Annotation Scope：用来设置选中的原理图中要编号的元件范围，有三种选择，即 All（全部元件），Ignore Selected Parts（不编号选中的元件），Only Selected Parts（只编号选中的元件）。

③ Order：用来设置同种类型的元件编号序号的增量数。

④ Start Index：用来设置起始索引值和编号的后缀。

（4）Proposed Change List 区域

该区域用于显示元件编号在改变前后的情况，并指明元件所属的原理图文件。

① Current：当前所有元件的编号信息。

② Proposed：执行自动编号操作后的编号信息。

③ Location of Part：元件所属的原理图文件。

④ Update Changes List：自动编号按钮。单击该按钮后，弹出如图 4-19 所示对话框，提示编号发生改变，单击 OK 按钮，返回到 Annotate 对话框。Proposed Change List 区域发生变化，如图 4-20 所示。

Proposed Change List

Current		Proposed		Location of Part
Designator	Sub	Designator	Sub	Schematic Sheet
R?		R1		ST.SchDoc
R?		R4		ST.SchDoc
R?		R2		ST.SchDoc
R?		R6		ST.SchDoc
R?		R3		ST.SchDoc
R?		R7		ST.SchDoc
R?		R5		ST.SchDoc
R?		R8		ST.SchDoc

图 4-19　编号变化信息对话框　　　　　图 4-20　Proposed Change List 区域

⑤ Reset All 按钮：单击该按钮后，清除 Proposed 中的编号。如果原理图中某些元件的编号在自动编号前已经修改，如图 4-21 所示（Current 中 Designator 一列的 R1 和 R2），此时单击 Update Changes List 按钮，修改过的编号不在自动编号范围内，如图 4-22 所示。Proposed 一列中将 Current 一列中以？结尾的元件进行编号，而已经存在的 R1 和 R2 没有

Proposed Change List

Current		Proposed		Location of Part
Designator	Sub	Designator	Sub	Schematic Sheet
R1		R1		ST.SchDoc
R2		R2		ST.SchDoc
R?		R?		ST.SchDoc
R?		R?		ST.SchDoc
R?		R?		ST.SchDoc
R?		R?		ST.SchDoc
R?		R?		ST.SchDoc
R?		R?		ST.SchDoc

图 4-21　原理图中的某些元件已经编号

重新编号。单击 Reset All 按钮，将 Proposed 一列中已有的编号还原为默认的以？结尾的状态，如图 4-23 所示。

Proposed Change List

Current		Proposed		Location of Part
Designator	Sub	Designator	Sub	Schematic Sheet
R1		R1		ST.SchDoc
R2		R2		ST.SchDoc
R?		R4		ST.SchDoc
R?		R6		ST.SchDoc
R?		R3		ST.SchDoc
R?		R7		ST.SchDoc
R?		R5		ST.SchDoc
R?		R8		ST.SchDoc

Proposed Change List

Current		Proposed		Location of Part
Designator	Sub	Designator	Sub	Schematic Sheet
R1		R?		ST.SchDoc
R2		R?		ST.SchDoc
R?		R?		ST.SchDoc
R?		R?		ST.SchDoc
R?		R?		ST.SchDoc
R?		R?		ST.SchDoc
R?		R?		ST.SchDoc
R?		R?		ST.SchDoc

图 4-22　单击 Update Changes List 按钮的结果　　　图 4-23　单击 Reset All 按钮的结果

⑥ Reset Duplicates：单击 Reset All 按钮右侧的下拉箭头，在弹出的下拉菜单中选择 Reset Duplicates 选项，Reset All 按钮变成 Reset Duplicates 按钮。单击该按钮后将 Proposed 一列中重复元件的编号只保留一个，其余重复的元件编号还原为以？结尾的状态，单击 Reset Duplicates 按钮前后的比较图如图 4-24 所示。

⑦ Accept Changes（Create ECO）：如果满意 Proposed 一列中的编号结果，单击该按钮，执行更新编号的操作。单击该按钮后，弹出如图 4-25 所示的工程变动对话框。其中 Validate Changes 按钮用于检验更新编号是否有效，单击该按钮后在 Check 中出现结果，如图 4-26 所示，出现符号表示

Proposed Change List

Current		Proposed		Location of Part
Designator	Sub	Designator	Sub	Schematic Sheet
R1		R1		ST.SchDoc
R1		R1		ST.SchDoc
R1		R1		ST.SchDoc
R2		R2		ST.SchDoc
R3		R3		ST.SchDoc
R?		R?		ST.SchDoc
R?		R?		ST.SchDoc
R?		R?		ST.SchDoc

a) 单击按钮前

Proposed Change List

Current		Proposed		Location of Part
Designator	Sub	Designator	Sub	Schematic Sheet
R1		R1		ST.SchDoc
R1		R?		ST.SchDoc
R1		R?		ST.SchDoc
R2		R2		ST.SchDoc
R3		R3		ST.SchDoc
R?		R?		ST.SchDoc
R?		R?		ST.SchDoc
R?		R?		ST.SchDoc

b) 单击按钮后

图 4-24　单击 Reset Duplicates 按钮前后的比较

变化有效，出现⊗符号表示变动无效。如果所有的编号更新均有效，单击 Execute Changes 按钮，执行编号更新，结果如图 4-27 所示。最后关闭对话框，返回到原理图中。

图 4-25　工程变动对话框

图 4-26　单击 Validate Changes 按钮后的结果

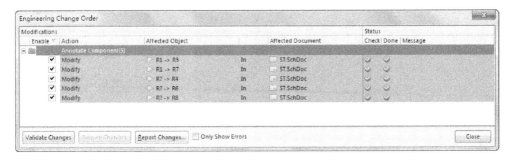

图 4-27　单击 Execute Changes 按钮后的结果

4.3 窗口显示设置

在 Altium Designer 17 的设计环境中可以打开多个文件，默认状态下当前窗口只显示一个
文件。如果需要显示其他文件，需要单击编辑区上方的文件
名标签。单击菜单命令 Windows，如图 4-28 所示，其下拉列表
中的命令可以实现多个文件的同时显示。

1. 混合平铺窗口

选择命令 Title，则当前打开的所有文件均会被平铺显示。
虽然所有文件均能显示，但只有一个是活动窗口，此时命令
栏、工具栏和工作面板等是对应当前的活动窗口。如图 4-29
所示，PCB1. PcbDoc 是活动窗口。单击其他窗口的任意位置，
对应的窗口切换为活动窗口。

2. 水平平铺窗口

选择命令 Title Horizontally，当前打开的所有文件会水平平
铺，如图 4-30 所示。

3. 垂直平铺窗口

选择命令 Title Vertically，当前打开的所有文件会垂直平铺，如图 4-31 所示。

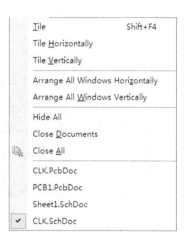

图 4-28 菜单命令 Windows

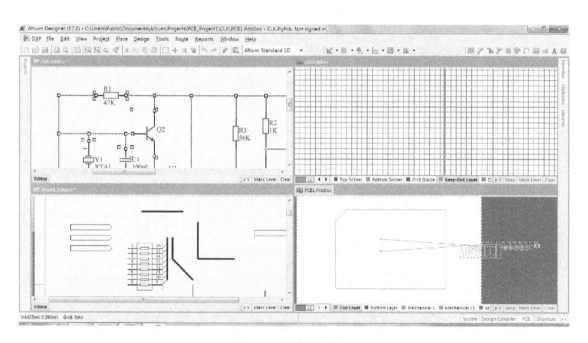

图 4-29 混合平铺窗口

4. 恢复窗口的默认层叠显示状态

将光标移动到文件名标签处，单击右键，选择命令 Merge All，窗口会切换成默认的层叠显
示状态。

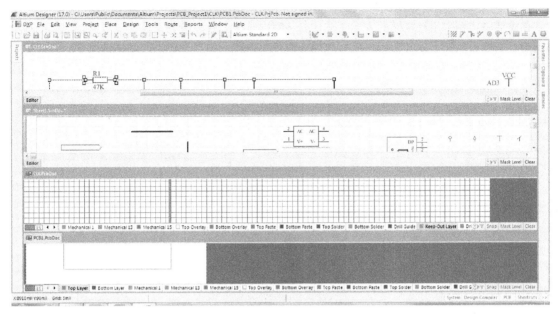

图 4-30　水平平铺窗口

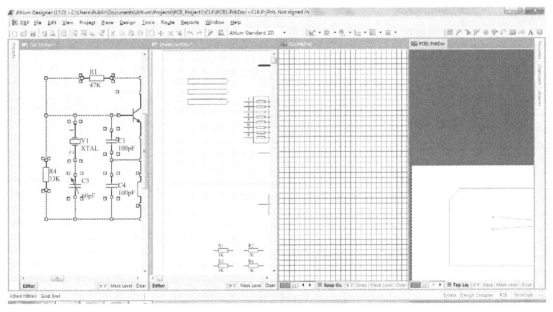

图 4-31　垂直平铺窗口

4.4　画面管理

用户在原理图绘制过程中，有时需要缩小整个画面以便查看原理图的全貌，有时则需要放大整个画面来清晰地观察某一个局部模块，有时还需要移动画面来对原理图分步查看。在 Altium Designer 17 中提供了相应的操作工具，便于用户对原理图画面进行放大、缩小、移动等操作。

1. 放大和缩小电路原理图

在设计中比较常用且快捷的方式是按住 Ctrl 键同时滚动鼠标滚轮，这样可以实现连续的放大或缩小。系统还提供了原理图的多项缩放操作命令，以便于用户进行不同角度的观察。

1）在原理图编辑环境中，执行菜单命令 View→Fit Document，编辑窗口内将显示整张原理图的内容，包括图纸边框等，如图 4-32 所示。该状态下，用户可以观察并调整整张原理图的布局。

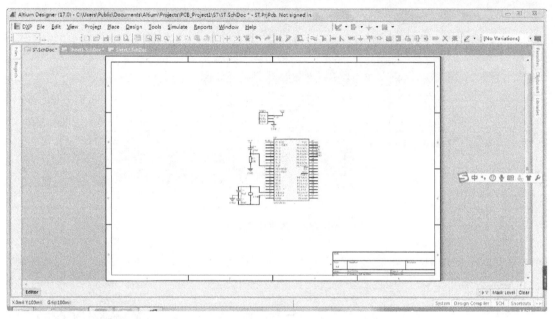

图 4-32　显示整个文件

2）执行菜单命令 View→Fit All Objects，编辑窗口内以最大比例显示出原理图上的所有图元，使用户更容易观察原理图本身的组成概况，如图 4-33 所示。

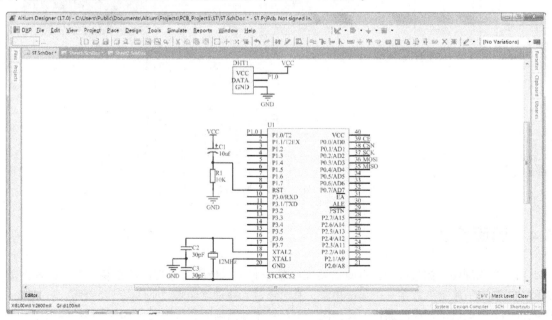

图 4-33　显示原理图中的全部图元

3）执行菜单命令 View→Area 后，光标变成十字形状，单击鼠标确定矩形区域的一个顶点，拉开一个矩形区域后再次单击鼠标确定区域的对角顶点，该区域将在整个编辑窗口内放大显示，如图 4-34 所示。

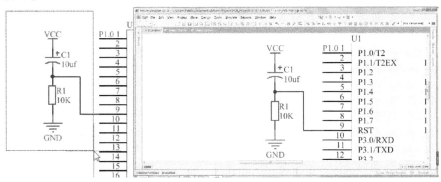

图 4-34 放大显示选中的区域

4）执行菜单命令 View→Around Point 后，在要放大的区域单击鼠标，以该点为中心拉开一个矩形区域，再次单击确定半径后，该区域将被放大显示。

5）选中图元，执行菜单命令 View→Selected Objects，选中的图元以最大比例显示在原理图图纸上。

此外，Page Up 和 Page Down 键表示以光标为中心进行放大和缩小。

2. 移动和刷新电路原理图

在电路设计中移动图纸是常用操作，系统提供了许多方法。

（1）利用鼠标移动

最简单的移动图纸的方法是按住鼠标右键移动鼠标，图纸会随着鼠标移动，此时鼠标会变成小手型。按住 Shift 键，滚动鼠标滚轮可以对编辑窗口进行横向滑动。鼠标滚轮和 Ctrl、Shift 以及 Alt 键组合可以有不同的效果。

（2）利用滚动条

按住编辑区下方和右侧的滚动条并拖动，就可以在编辑窗口内上、下、左、右地移动画面。在右侧滚动条的上下或在下侧滚动条的左右空白位置单击鼠标左键可以大幅度移动画面。单击滚动条两头的 ∧、∨、＜、＞ 按钮可以小幅度移动当前的画面。

（3）使用系统所提供的自动平移功能

如果开启了自动平移功能，在鼠标上悬挂着图元对象时，移动鼠标到编辑区的边界，图纸会随之移动。

另外，由于在电路图的绘制过程中很多操作不断重复进行，如放大或缩小原理图、移动画面、放置元件等会使画面上残留一些图案或斑点，变得模糊不清。此时，可以执行 View→Refresh 命令或按下 End 键刷新画面。

4.5 层次原理图设计

之前介绍的电路原理图是将整个电路设计在一张原理图上，这种设计适合于规模较小、逻辑相对简单的电路。对于规模较大的电路来说，由于电路元件较多，如果将整个电路绘制在一张原理图上，会造成电路难以阅读和分析，也不易于查错。因此，对于较大规模的电路适合进行层次结构设计。

4.5.1 层次原理图的结构

层次电路原理图是将整体电路图根据功能划分成不同的模块，不同的模块绘制在不同的电路原理图文件中。模块划分应遵循的原则是每一个功能模块应该有明确的功能特征和相对独立的结构，而且还要有简单、统一的接口便于模块彼此之间的连接。每一个分电路图能够完成一定的独立功能，具有相对独立性，可以由不同的设计者同时进行绘制。将一个复杂的大规模原理图设计分解为多个、相对简单的小型原理图设计，整体结构清晰、功能明确，且多人可以同时绘制电路图也提高了设计的效率。

模块划分后，将每个模块绘制在不同的分电路图文件中，这种分电路图可以称为子原理图。每一个子原理图虽然能完成一个功能，但是还需要一个能够体现各个子原理图之间电气连接关系的总图，一般称之为顶层原理图。

在层次设计中，子原理图可以再进行功能划分，将其分解成下一级的若干子原理图。在一个二级、三级甚至更高级的层次设计中，中间级别的电路图既是它上一级原理图的子原理图，又是它下一级原理图的顶层原理图。

1. 顶层原理图

顶层原理图一般不会有具体的电路元件，而是由图纸符号（Sheet Symbol）、图纸入口（Sheet Entry）和其他图元对象组成，如图 4-35 所示。其中图纸符号代表各个子原理图，它是子原理图在顶层原理图中的表示形式。不同的子原理图之间是存在电气连接关系的，这就需要图纸符号有自己的"出入口"，即为图纸入口。如果将图纸

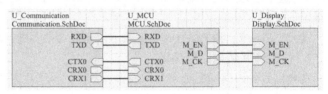

图 4-35　顶层原理图的组成

符号比喻成元件，图纸入口就是它的引脚。在图 4-35 中，顶层原理图共有三个图纸，表示有三个子原理图。

2. 子原理图

子原理图是用来描述某一模块具体功能的电路原理图。最底层的子原理图一般就和前几章的电路图类似，主要由各种具体的元件、导线等组成，只不过增加了一些输入/输出端口（Port）作为与其他电路图进行电气连接的通道口。同一个项目的层次原理图中，相同名称的输入/输出端口和图纸入口之间在电气意义上都是相互连接的。

3. 层次原理图的设计方法

层次原理图中根据顶层原理图和子原理图绘制的先后顺可以分为两种设计方法，即自下而上设计和自上而下设计。自下而上的设计就是先绘制完成各个子原理图，再由子原理图产生顶层原理图来完成整体设计。反之，自上而下设计是先绘制顶层原理图，再绘制子原理图。

4.5.2 层次原理图中的图元对象

Altium Designer 17 为层次原理图提供了四个图元对象，分别是图纸符号（Sheet Symbol）、图纸入口（Sheet Entry）、端口（Port）和网络标号（NetLabel），其中网络标号在第 2 章中做过介绍，下面主要讲述前三个图元对象。

1. 端口

对于较复杂的电路，往往需要绘制多张原理图。此时，需要用端口来实现各张原理图之间的

电气连接。放置端口、修改属性的具体方法如下：

1）执行菜单命令 Place→Port，或选择布线工具栏中的 按钮，都将进入端口放置状态。

2）将光标移动到适当的位置后单击鼠标左键，设置端口的起点。

3）将光标移动到端口的终点位置，再次单击鼠标左键，完成端口的放置，如图 4-36 所示。

4）设置端口属性。端口也是一种电气对象，其主要属性有端口名称、显示类型等。双击端口，弹出如图 4-37 所示的端口属性设置对话框。

图 4-36　端口放置效果

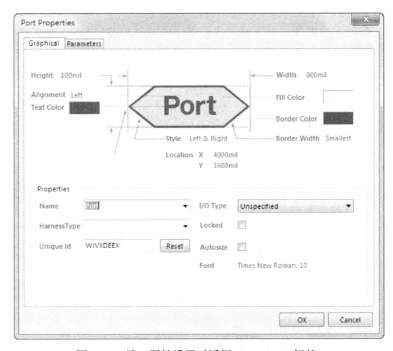

图 4-37　端口属性设置对话框（Graphical 标签）

端口属性设置对话框主要有两个标签页。

（1）Graphical 标签

Graphical 标签中的主要设置选项有：

① Height：端口高度。

② Alignment：该下拉列表用于设置端口名称的位置，有三种方式，即 Center（中心对齐）、Left（左对齐）、Right（右对齐），如图 4-38 所示。

③ Text Color：设置端口内部文字的颜色。

④ Style：该下拉列表用于设置端口的显示方向，如图 4-39 所示。方向有 None（无端口方向）、Left（左方向）、Right（右方向）和 Left &Right（双端口方向）等。

图 4-38　端口名称的三种位置

图 4-39　端口的显示方向

⑤ Location X、Y：设置端口的位置坐标。

⑥ Width：设置端口左右边界的长度。

⑦ Fill Color：设置端口的填充颜色。

⑧ Border Color：设置端口的边框颜色。

⑨ Border Width：设置端口的边框宽度。

⑩ Name：设置端口名称。具有相同名称的端口是电气连通的。

⑪ HarnessType：设置信号束类型。

⑫ Unique Id：设置端口的唯一编码。

⑬ I/O Type：该下拉列表框用于设置端口的 I/O 类型。I/O 类型定义了经过该端口的信号的输入和输出方式，具体描述该端口的数据方向。系统提供了 Unspecified（无方向）、Output（输出方向）、Input（输入方向）、Bidirectional（双向方向）四种端口数据流方向，只有正确设置 I/O 类型才能通过电气检查。

⑭ Locked：勾选该项表示锁定端口，不能移动。

⑮ Autosize：勾选该项表示端口自动设置尺寸。

⑯ Font：字体。后方显示的是当前端口名称的字体和字号，左键单击可以打开字体设置对话框，如图 4-40 所示。

（2）Parameters 标签

该标签用于设置端口参数，如图 4-41 所示。单击对话框左下方的 Add 按钮，打开如图 4-42 所示的参数设置对话框。

图 4-40　字体设置对话框

2. 图纸符号

1）执行菜单命令 Place→Sheet Symbol，或者单击布线工具栏中的放置图纸符号图标 ，光标携带十字形和一个方块形状的图纸符号。

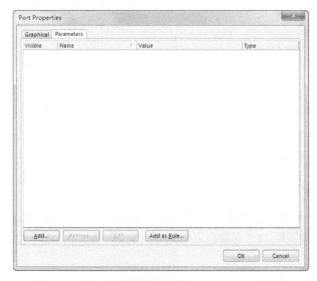

图 4-41　端口属性设置对话框（Parameters 标签）

图 4-42　参数设置对话框

2）单击鼠标左键确定方块的一个顶点后，移动光标到适当位置，再次单击鼠标左键确定方块的另一个顶点，完成图纸符号的放置，如图 4-43 所示。

3) 双击所放置的图纸符号,系统将弹出如图 4-44 所示的图纸符号属性设置对话框,在对话框内可以设置图纸符号的相关属性。

图 4-43　图纸符号

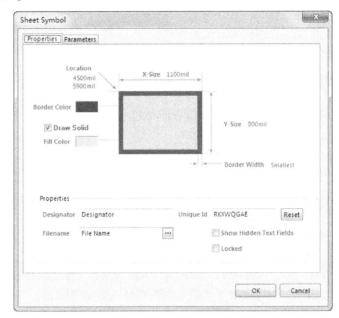

图 4-44　图纸符号属性设置对话框

一般情况下,需要设置的属性主要有:

① Location:图纸符号位置坐标。

② X-Size/Y-Size:图纸符号横向、纵向尺寸。

③ Border Color:图纸符号边框颜色。

④ Border Width:图纸符号边框宽度。

⑤ Draw Solid:勾选该项表示图纸符号内部有填充。

⑥ Fill Color:图纸符号填充颜色。

⑦ Designator:图纸符号的名称。与普通电路原理图中的元件编号相似,是层次电路图中用来标志图纸符号的唯一标志,不同的图纸符号应该有不同的标志符,不能相同。

⑧ Filename:图纸符号所代表的子原理图的文件名。

3. 图纸入口

图纸入口是图纸符号之间进行电气连接的重要通道,应放置在图纸符号的边缘内侧。

1) 执行菜单命令 Place→Add Sheet Entry 命令或者单击布线工具栏中的放置图纸入口图标，结果如图 4-45 所示。

2) 移动光标到图纸符号的内部会出现一个图纸入口,沿着图纸符号内部的边框随光标的移动而移动,在适当的位置再单击鼠标左键完成图纸入口的放置。连续操作,可以放置多个图纸入口,如图 4-46 所示。

图 4-45　放置图纸入口

图 4-46　图纸入口的放置

3）双击所放置的图纸入口，系统将弹出如图 4-47 所示的图纸入口属性设置对话框，在该对话框中可以设置图纸入口的相关属性。

① Fill Color：图纸入口填充颜色。

② Text Color：图纸入口中的文字颜色。

③ Text Style：图纸入口中的文字类型。

④ Text Font：图纸入口文字的字体、字号等设置。

⑤ Side：用于设置图纸入口在图纸符号上的放置位置。

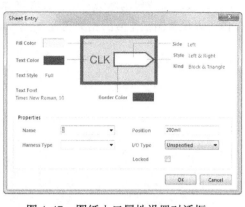

图 4-47　图纸入口属性设置对话框

⑥ Style：图纸入口的箭头方向。

⑦ Kind：图纸入口的样式。

⑧ Name：输入图纸入口的名称，该名称应该与子原理图中相应的端口名称一致。

⑨ Harness Type：信号束类型。

⑩ Position：位置。

⑪ I/O Type：设置图纸入口的输入/输出类型，表示信号的流向。

⑫ Locked：勾选该项表示锁定图纸入口，不能移动。

4.5.3　层次原理图的设计

1. 自下而上的设计

采用自下而上绘制层次原理图时要先绘制子原理图，再绘制顶层原理图。

1）新建项目，在项目下新建三个原理图，完成电路图的绘制（这里以框图替代）。三个原理图的具体内容分别如图 4-48MCU. SchDoc、图 4-49Communication. SchDoc 和图 4-50Display. SchDoc 所示。这三个原理图是子原理图。

图 4-48　MCU. SchDoc　　　　图 4-49　Communication. SchDoc　　　　图 4-50　Display. SchDoc

2）在项目下添加一个原理图文件作为顶层原理图。顶层原理图主要是由对应于各个子原理图的图纸符号构成。执行菜单命令 Design→Create Sheet Symbol from Sheet，弹出如图 4-51 所示的创建

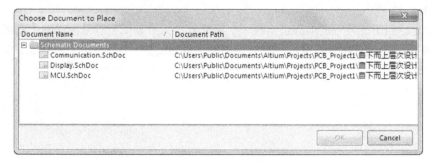

图 4-51　创建项目与电路原理图文件

项目与电路原理图文件对话框。在该对话框中，列出了当前项目下除当前原理图以外的所有原理图文件名。选择一个原理图，激活 OK 按钮，单击 OK 按钮可以在光标上附带一个所选原理图对应的图纸符号（Sheet Symbol），将它放置在当前的顶层原理图中的合适位置。例如选择 Communication. SchDoc，单击 OK 按钮，并放置在合适位置，如图 4-52 所示。

3）重复上述方法，继续放置其他两个图纸符号。由系统自动生成的图纸符号和图纸入口不一定完全符合要求，可以进一步编辑、修改。调整图纸符号的尺寸以及图纸入口的属性和位置，结果如图 4-53 所示。

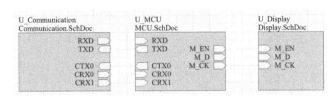

图 4-52　在顶层原理图中生成并放置图纸符号　　图 4-53　在顶层原理图中生成并放置所有图纸符号

4）执行菜单命令 Place→Wire，将图纸符号的图纸入口进行连线，完成层次原理图的设计，如图 4-54 所示。

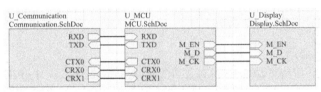

图 4-54　在顶层原理图中放置导线

2. 自上而下的设计

自上而下的层次原理图设计恰好与自下而上的设计方式相反，即先绘制出顶层原理图，然后再按照顶层原理图中的图纸符号来分别创建与之相对应的子原理图，在子原理图中具体去实现各个电路模块的功能。下面仍以层次电路图为例，先绘制顶层原理图（见图 4-54），再绘制子原理图（见图 4-48、图 4-49 和图 4-50）。

1）新建项目，在项目下添加一个原理图作为顶层原理图。

2）打开顶层原理图，放置图纸符号。执行菜单命令 Place→Sheet Symbol，依次放置三个图纸符号。双击图纸符号，打开属性设置对话框。Designator 编辑栏用于输入相应图纸符号的名称，分别是 MCU、Display 和 Communication。Filename 编辑栏用于输入该图纸符号所代表的下层子原理图的文件名，分别是 MCU. SchDoc、Display. SchDoc 和 Communication. SchDoc。

3）按照图 4-54，放置图纸入口，并完成连线。

4）执行菜单命令 Design→Create Sheet from Sheet Symbol，光标携带十字形，单击图纸符号，创建其对应子原理图。例如单击 MCU 图纸符号，系统自动建立文件名为 MCU 的子原理图文件（MCU. SchDoc）。在该子原理图中会自动出现对应的端口，如图 4-55 所示。

5）重复上述步骤，完成其他两张子原理图的生成。

6）完成三个子原理图的具体绘制。

一般来说，自下而上和自上而下的层次电路设计方式都是切实可行的，用户可以根据自己的习惯和具体的系统需求选择使用。

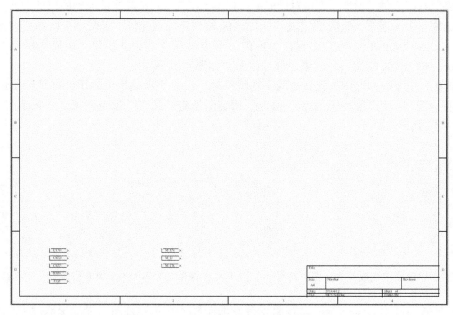

图 4-55　系统由顶层原理图生成的子原理图

4.5.4　层次原理图的编译和切换

1. 层次原理图的编译

在层次原理图中，执行菜单命令 Project→Compile PCB Project *. PrjPcb，对项目进行编译。项目编译前，在 Projects 面板中不同层次的原理图之间的关系体现不出来，如图 4-56 所示。而编译之后的 Projects 面板如图 4-57 所示。从 Projects 面板中可以看出 MCU. SchDoc、Display. SchDoc 和 Communication. SchDoc 是同一级别的子原理图，而 Sheet1. SchDoc 是高一级别的顶层原理图。

图 4-56　项目编译前的 Projects 面板

图 4-57　项目编译后的 Projects 面板

2. 层次原理图之间的切换

层次原理图中，整个设计电路图被分块设计有许多优点，但同时也导致不能一目了然看到整个电路设计，因此用户在编辑时需要在不同的原理图中进行切换。层次原理图之间的切换有多种方法。

（1）利用 Projects 面板

在如图 4-57 所示的 Projects 面板中，可以单击文件名而打开原理图。

（2）利用菜单命令

在层次原理图中，通过菜单命令 Tools→Up/Down Hierarchy 可以在顶层原理图和子原理图中进行切换。

1）在顶层原理图中，执行菜单命令 Tools→Up/Down Hierarchy，光标携带十字形，单击图纸符号，系统会打开并跳转到该图纸符号对应的子原理图。

2）在子原理图中，执行菜单命令 Tools→Up/Down Hierarchy，光标携带十字形，单击端口，系统会打开并跳转到顶层原理图中，之前单击的端口对应的图纸入口会放大显示在编辑区。

3. 利用 Navigator 面板

在如图 4-58 所示的 Navigator 面板中，提供了当前层次原理图的文件列表，双击文件名可以打开原理图。如果单击选中子原理图，在面板下方区域会显示当前子原理图中的端口列表，如图 4-59 所示。双击某一端口，系统会打开其所在的原理图并使该端口放大显示在编辑区，如图 4-60 所示。

图 4-58　Navigator 面板

图 4-59　Navigator 面板中的端口列表

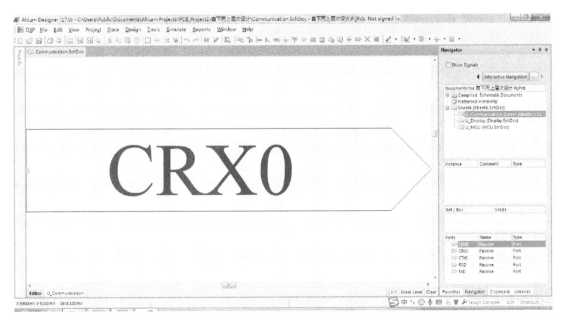

图 4-60　编辑区放大显示端口

4.6　原理图报表

原理图设计完成后，可以根据需要生成各种原理图文件的报表。常用的报表有网络表、元件清单报表、元件交叉参照报表、原理图文件层次结构报表、简明元件清单报表，本节介绍其中三种。

4.6.1　网络表

网络表是原理图和印制电路板之间的桥梁，网络表文件用文本的形式表示原理图文件中所有的网络连接信息和元件的电气信息。

1. 创建网络表文件

打开一个项目及项目下的原理图文件，执行菜单命令 Design→Netlist For Document→Protel，即可进入从原理图文档自动创建网络表文件的状态。创建完成后，将在 Projects 面板中看到如图 4-61 所示的文档结构。在项目中由原理图衍生而来的文件一般放在 Generated 下。在 Projects 面板中单击 Generated 前的＋符号，在其下的 Netlist Files 下存放着与原理图同名的网络表文件，扩展名是 .NET，如图 4-62 所示。双击网络表文件，可以看到网络表文件的内容，如图 4-63 所示。

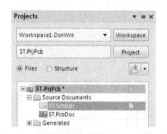

图 4-61　创建网络表后的 Projects 面板

图 4-62　Projects 面板中与原理图同名的网络表文件

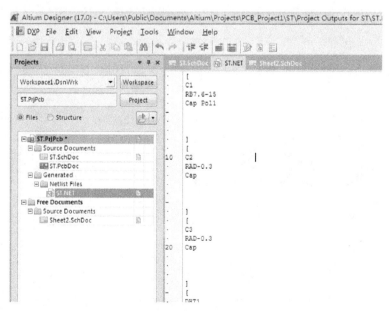

图 4-63　网络表文件的内容

2. 网络表文件的内容

网络表文件中定义了元件信息和网络连接信息,它们分别用不同的语句来描述。

元件信息描述语句定义了元件封装、元件标号以及元件注释等信息,以〔 〕作为分隔符。图 4-64 中的语句具体描述了一个元件编号为 C1 的电容,其元件封装为 RB7.6-15,注释内容为 Cap Pol1。

```
[
C1                    /*元件编号*/
RB7.6-15              /*元件封装*/
Cap Pol1              /*元件注释*/
                      /*系统保留*/
                      /*系统保留*/
                      /*系统保留*/

]
```

图 4-64 元件信息描述语句

网络连接信息描述语句以 ( ) 作为分隔符,其中定义了网络的所有元件引脚编号以及网络名称。图 4-65 描述了一个网络表名称为 GND 的网络,在这个网络中包含元件 C2 的 2 引脚 (C2-2)、元件 C3 的 1 引脚 (C3-1)、元件 DHT1 的 1 引脚 (DHT1-1) 和元件 R1 的 1 引脚 (R1-1)。

```
(
GND                   /*网络名称*/
C2-2                  /*元件引脚编号*/
C3-1                  /*元件引脚编号*/
DHT1-1                /*元件引脚编号*/
R1-1                  /*元件引脚编号*/
)
```

图 4-65 网络连接信息描述语句

4.6.2 元件清单报表

元件清单报表是指当前原理图中用到的所有元件的清单,该报表可以作为采购元件的依据。创建元件清单报表文件的方法如下:

1) 打开一个项目文件以及其下的原理图文件,在原理图中执行菜单命令 Reports→Bill of Materials,出现如图 4-66 所示的项目元件清单对话框。

2) 在该对话框中选择需要输出的选项。对于元件的所有描述项都体现在对话框左侧的 All Columns 一列中,其中 Show 一列的复选框用于设置是否显示该描述项,如默认下会勾选 Comment (注释)、Description (描述)、Designator (编号)、Footprint (封装) 和 Quantity (数量) 等。元件清单作为购买元件的依据需要把同类元件合并数量,用鼠标左键按住 All Columns 一列中依据合并的描述项,移动鼠标拖拽到上方的 Grouped Columns 一列中,则系统会根据这些描述项把元件进行分类。例如,Grouped Columns 一列中默认下有描述项 Comment (注释) 和 Footprint (封装),这表示注释和封装都完全相同的元件会合并显示,如图 4-66 中的 C2 和 C3 元件。从 Grouped Columns 一列中用鼠标左键按住取消合并的描述项,移动鼠标拖拽到下方的 All Columns 一列中,即可取消列表中的合并。

3) 在图 4-66 所示的对话框中的元件列表区中,每一个描述项后方都有一个下拉按钮,单击

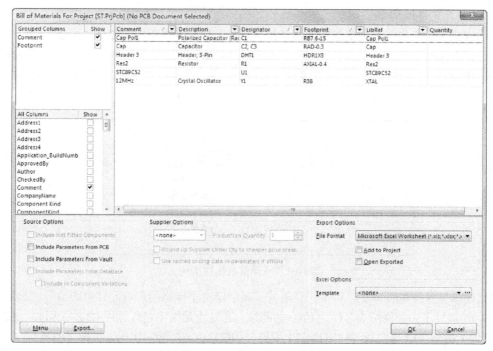

图 4-66　项目元件清单对话框

该按钮可以设置列表的显示内容。例如单击 Comment 的下拉按钮，会弹出如图 4-67 所示的列表，其中 All 表示显示所有元件，Custom 表示按照设置显示。单击 Custom 命令，弹出如图 4-68 所示的对话框，用于设置显示的过滤条件。在图 4-67 中 Custom 命令下面显示的是当前原理图中元件的具体的注释，例如选择其中的 12MHz，结果如图 4-69 所示。

图 4-67　单击 Comment 的下拉按钮

图 4-68　设置显示的过滤条件

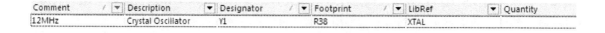

图 4-69　单击 Comment 的下拉按钮并选择 12MHz 的结果

4）在图 4-66 所示的对话框中可以设置输出报表的格式，单击 Export Options 区域中 File Format 后方的下拉按钮，弹出如图 4-70 所示的列表，系统提供了 Excel 表格、PDF 格式、txt 格式、网页格式等。默认情况下，元件清单报表采用 Excel 表格。

5）在图 4-66 所示的对话框中单击 Menu 按钮，在弹出的菜单中选择 Report 选项，将出现针对当前元件列表区的报告视图对话框，如图 4-71 所示，在其中可以查看到需要输出的报表文件内容。

CSV (Comma Delimited) (*.csv)
Microsoft Excel Worksheet (*.xls;*.xlsx;*.xlt;*.xltx)
Portable Document Format (*.pdf)
Tab Delimited Text (*.txt)
Web Page (*.htm; *.html)
XML Spreadsheet (*.xml)

图 4-70　设置输出报表的格式

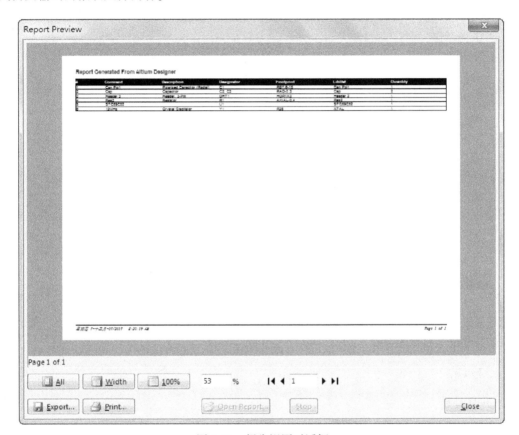

图 4-71　报告视图对话框

6）在图 4-66 所示的对话框中单击 Export 按钮，出现如图 4-72 所示的保存报表文件对话框，文件名默认与项目文件名相同。设置好保存位置和文件名后单击保存按钮。

4.6.3　原理图文件层次结构报表

在层次原理图设计中，系统提供了层次结构报表功能。打开任一层次原理图文件，执行菜单命令 Reports→Report Project Hierarchy，系统会在该层次原理图文件所属的同一项目下建立后缀为"ERP"的层次结构报表，如图 4-73 所示。由图中可以看出，生成的层次结构表中使用缩进的格式明确地列出了项目中的各个原理图之间的层次关系，原理图

图 4-72　保存对话框

文件名越靠左，说明该文件的层次越高。该项目中有四个原理图，层次最高的是 Sheet4. SchDoc，而 Communication. SchDoc、Display. SchDoc 和 MCU. SchDoc 则是下一层的子原理图。

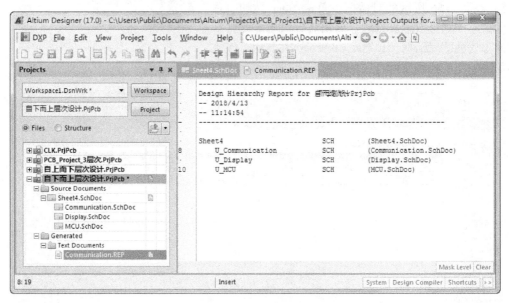

图 4-73　原理图文件层次结构报表

4.7　原理图输出

原理图设计完成后，可以直接使用 Altium Designer 17 将其打印输出为标准图纸。在进行打印输出前需要进行相应的设置。

4.7.1　打印

1. 页面设置

在 Altium Designer 17 中打印原理图前需要进行一些必要的参数设置。在原理图文件中执行菜单命令 File→Page Setup，出现如图 4-74 所示的原理图打印属性设置对话框。在该对话框中可以设置打印页面大小（Size）、横版（Landscape）或竖版（Portrait）、输出比例（Scale）、打印颜色（Color Set）等参数。

2. 打印预览和打印输出

在实际打印输出之前，最好先进行预览，以便在正式输出前纠正可能的打印错误。在原理图文件中执行菜单命令 File → Print Preview...，出现如图 4-75 所示的原理图打印预览对话框，在其中可以预览到图纸的边界、图元位置等效果。

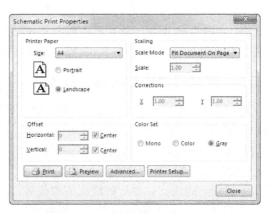

图 4-74　原理图打印属性设置对话框

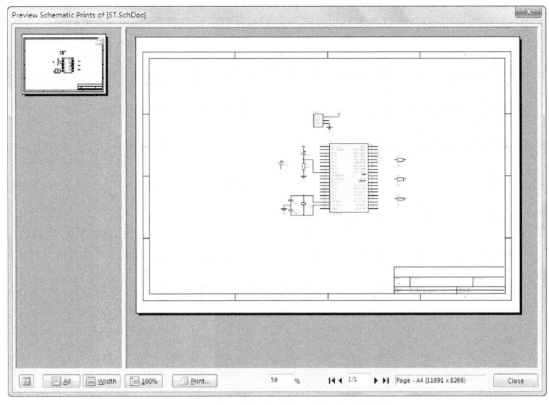

图 4-75　原理图打印预览对话框及预览效果

预览效果满意后，单击预览窗口下方的 Print 按钮，或者退出预览状态后执行 File→Print 命令，都将出现如图 4-76 所示的文档打印输出设置对话框，该对话框中的选项和 Windows 环境下其他软件的打印选项相似，只需设置好打印机名、打印范围、打印页数等参数后单击 OK 按钮即可打印输出原理图图样。

4.7.2　转化为 PDF 文档

Altium Designer 17 提供了将原理图转化为 PDF 文档的功能。具体操作功能如下所述。

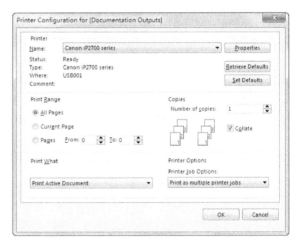

图 4-76　文档打印输出设置对话框

1）执行菜单命令 File→Smart PDF，启动 PDF 生成器，如图 4-77 所示。

2）单击 Next 按钮，进入如图 4-78 所示的选择输出目标对话框。该对话框中可以选择将当前项目（Current Project）或是当前文档（Current Document）转化为 PDF 文档。Output File Name 用于设置 PDF 文档的保存路径和文件名。单击后方的文件夹按钮，弹出如图 4-79 所示的对话框，在该对话框中可以设置路径和文件名。

3）单击 Next 按钮，进入如图 4-80 所示的选择文件对话框。该对话框中用于选择需要转化为 PDF 的文件。在选择时可以按住 Ctrl 键或 Shift 键来选择多个文件。

图 4-77　转化为 PDF 文档操作起始对话框

图 4-78　选择输出目标对话框

图 4-79　设置路径和文件名对话框

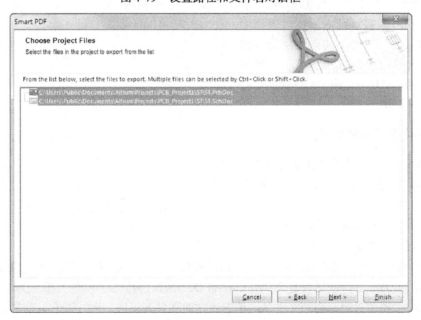

图 4-80　选择文件对话框

4）单击 Next 按钮，进入如图 4-81 所示的设置报表和模板对话框。勾选 Export a Bill of Materials 表示生成元件报表。Template 用于设置报表模板。

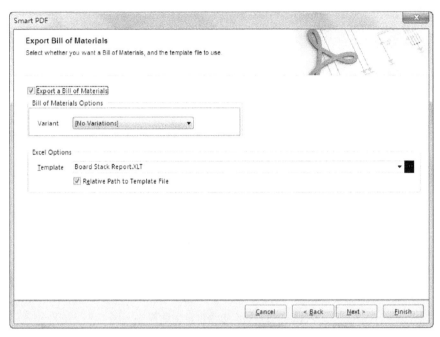

图 4-81　设置报表和模板对话框

5）单击 Next 按钮，进入如图 4-82 所示的对话框。该对话框可以设置转化到 PDF 文档中是否包含 No-ERC 标志，原理图是彩色、灰色还是单色等。

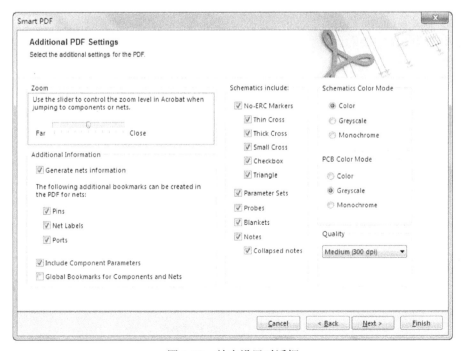

图 4-82　补充设置对话框

6）单击 Next 按钮，进入如图 4-83 所示的层次电路设置对话框。该对话框用于对层次电路进行设置。

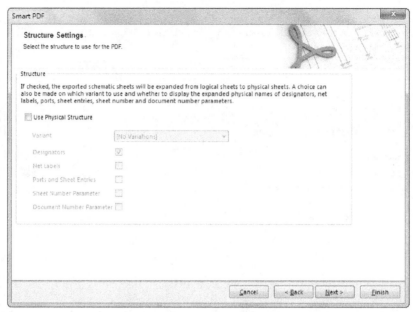

图 4-83　层次电路设置对话框

7）单击 Next 按钮，进入如图 4-84 所示的保存路径设置对话框。勾选 Open PDF file after export 表示结束后系统会自动打开 PDF 文件，File Name of Output Job Document 区域用于设置保存路径。

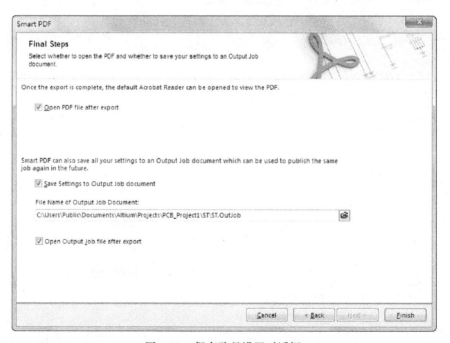

图 4-84　保存路径设置对话框

8）单击 Finish 按钮，完成 PDF 的转化。

第 5 章 创建原理图元件库

在电子产品设计的各级流程中，能否快速找到所需要的特定元件对于设计效率的提高是至关重要的。但对于某些比较特殊的、非标准化的元件，或者新开发出来的元件可能一时无法找到。另外，某些现有元件的原理图符号外形及其模型形式有可能不符合具体电路的设计要求。在这些情况下，就要求用户自己能够对库元件进行创建或编辑以满足自己的设计需要。

5.1 原理图元件库编辑器

1. 元件库概述

Altium Designer 17 系统为用户提供了多功能的元件库编辑器，使用户能够创建符合自己要求的元件、建立相应的元件库文件并将其加入到项目中使得项目自成一体，便于项目数据的统一管理，也增加了安全性和可移植性。使用 Altium Designer 17 系统的库文件编辑器可以创建多种库文件，执行菜单命令 File→New→Library，如图 5-1 所示。

通过该菜单命令可以创建的库文件类型有原理图元件库、PCB 封装库、VHDL库、PCB3D 库以及标准数据库，其扩展名分别是 SchLib、PcbLib、VHDLIB、PCB3DLib、DbLib。本章主要介绍原理图元件库的创建和管理。

元件的原理图符号本身并没有任何实际的意义，只不过是一种代表了引脚电气分布

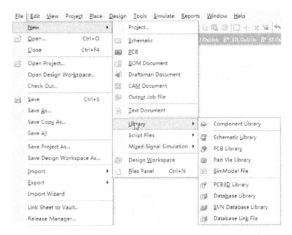

图 5-1 菜单命令 File→New→Library

关系的符号而已。因此，同一个元件的原理图符号可以具有多种形式，只要保证其所包含的引脚信息正确即可。但是，为了便于交流和统一管理，用户在设计原理图符号时，应尽量符合标准的要求，以便与系统元件库中所提供的库元件原理图符号做到形式上、结构上的一致。

2. 启动原理图元件库编辑器

启动原理图元件库编辑器有多种方法，通过新建一个原理图元件或者打开一个已有的原理图元件库，都可以进入元件库的编辑环境中。

执行菜单命令 File→New→Library→Schematic Library，新建一个原理图元件库，同时系统启动原理图元件库编辑器，如图 5-2 所示。

3. 原理图元件库编辑环境

原理图元件库编辑环境与原理图编辑环境界面非常相似，主要由菜单栏、工具栏、编辑窗口等组成。不同之处在于元件库编辑窗口内不再有图纸框，编辑区有一个十字坐标轴，它将工作区划分为四个象限，坐标轴的交点即为该窗口的原点。一般在绘制元件时，其原点就放置在编辑窗口原点处，在第四象限进行元件的绘制工作。

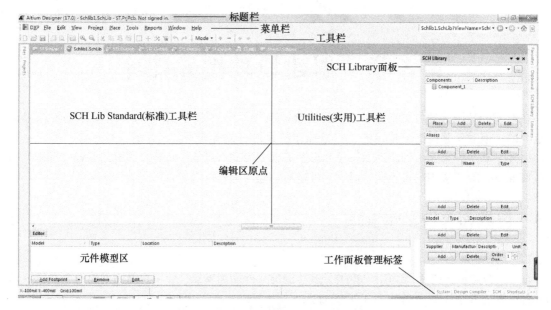

图 5-2　原理图元件库编辑器

原理图元件库编辑环境中的菜单栏及标准工具栏的功能和使用方法与原理图编辑环境中的基本一致。除了标准工具栏之外，在启动原理图元件库的同时，系统会启动元件库特有的 SCH Library 面板，用于管理元件库。单击窗口右侧的伸缩按钮，可以伸出或缩回元件模型区和模型预览区。原理图元件库编辑器除了系统面板外还有它特有的编辑器面板，在界面右下角的工作面板启动管理标签 SCH，如图 5-3 所示。

在原理图元件库编辑器的工具栏，单击鼠标右键，弹出如图 5-4 所示的菜单，用于启动和隐藏各个工具栏。原理图元件库编辑器共有四个工具栏，分别是 Sch Lib Standard（原理图元件库标准工具栏）、Utilities（实用工具栏）、Mode（模式工具栏）和 Navigation（导航工具栏），如图 5-5 所示。Sch Lib Standard（原理图元件库标准工具栏）主要用于实现文件的新建、打开、保存以及视图的放大与缩小等操作。Utilities（实用工具栏）在绘制原理图元件符号时经常用到，它主要提供绘制各种图形命令（如矩形、多边形、线条等）。

图 5-3　工作面板启动
管理标签 SCH

图 5-4　工具栏右键菜单

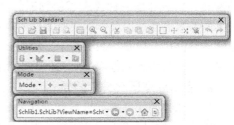

图 5-5　四个工具栏

5.2　绘图工具

单击 Utilities（实用工具栏）中的绘图工具，弹出如图 5-6 所示的下拉按钮列表。绘图工具栏上多数按钮与 Place 菜单上各命令相对应，如图 5-7 所示。绘图工具中各个按钮的功能见表 5-1。

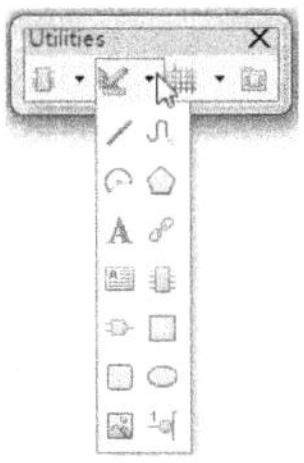

图 5-6　Utilities（实用）工具栏中的绘图工具

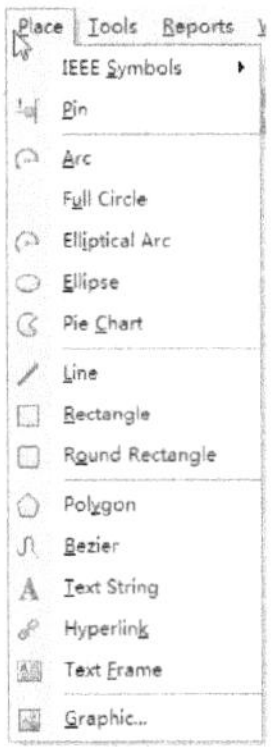

图 5-7　Place 菜单

表 5-1　绘图工具栏上的各按钮功能表

按钮	对应菜单命令	功能
	Place→Line	绘制线段
	Place→Bezier	绘制贝塞尔曲线
	Place→Elliptical Arc	绘制椭圆弧
	Place→Polygon	绘制多边形
	Place→Text String	放置字符串
	Place→Hyperlink	放置超链接
	Place→Text Frame	放置文本框
	Tools→New Component	新建元件
	Tools→New Part	新建子部件
	Place→Rectangle	绘制直角矩形
	Place→Round Rectangle	绘制圆角矩形
	Place→Ellipse	绘制椭圆形
	Place→Graphic...	插入图片
	Place→Pin	绘制引脚

1. 线段

线段的绘制和设置属性方法如下：

1）执行菜单命令 Place→Line 或者单击 Utilities 中绘图工具下的按钮，光标携带十字形状，单击鼠标左键确定线段的起点。

2）移动光标开始绘制，需要拐弯时单击鼠标左键可确定拐弯的位置，按下 Space 键可在 45°、90°和任意角度间切换拐弯的模式。

3）在适当位置处，单击鼠标左键确定线的终点。单击鼠标右键，完成该段线段的绘制。但此时光标仍处在绘制线段状态，再次单击鼠标右键或按 Esc 键完全退出绘制状态。

4）在绘制过程中，当直线处于浮动状态时按 Tab 键或双击已经绘制完成的线段都可以打开如图 5-8 所示的线段属性设置对话框。利用该对话框，可以全面设置直线的属性。线段属性设置

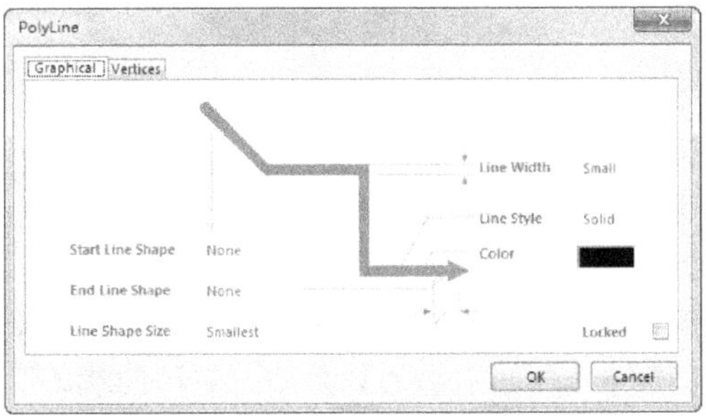

图 5-8　线段属性设置对话框

对话框主要有两个标签页，即 Graphical 和 Vertices。Graphical 标签页中各项参数如下：

① Line Width：设置线宽，将光标移动到 Line Width，单击出现的下拉按钮，如图 5-9 所示。系统提供的宽度有 Smallest（最细）、Small（细）、Medium（中等）和 Large（粗）四种。

② Line Style：设置线型，将光标移动到 Line Style，单击出现的下拉按钮，如图 5-10 所示。系统提供的线型有 Solid（实线）、Dashed（虚线）、Dotted（点线）和 Dash dotted（点虚线）四种。

图 5-9　四种线宽

图 5-10　四种线型

③ Color：设置线段的颜色，单击其后的色块，在弹出的 Choose Color 对话框可以修改线段颜色。

④ Start Line Shape：设置起始端线段的形状，将光标移动到 Start Line Shape，单击出现的下拉按钮，如图 5-11 所示。

⑤ End Line Shape：设置结束端线段的形状。

⑥ Line Shape Size：设置线段端点形状的大小，将光标移动到 Line Shape Size，单击出现的下拉按钮，如图 5-12 所示。

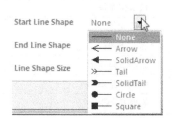

图 5-11　线条形状选项

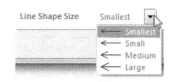

图 5-12　端点形状的大小

线段属性设置的对话框的 Vertices 标签页用于设置线的起点和终点位置坐标，其选项如图 5-13 所示。

2. 贝塞尔曲线

曲线的绘制和属性设置方法如下：

1）执行菜单命令 Place→Bezier 或者单击 Utilities 中绘图工具 🖊 ▾ 下的 ⌒ 按钮，进入曲线绘制状态，此时光标携带十字形状。

2）移动光标到曲线起点的位置，单击鼠标左键设置曲线的起点，之后每

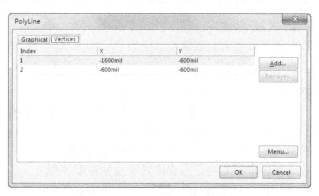

图 5-13　Vertices 标签页

单击一次鼠标左键就可以确定一个控制点。确定最后一个控制点后单击鼠标右键，绘制完毕。光标仍携带十字形状，可以开始下一段曲线的绘制。注意，一段贝塞尔曲线是由多个小段曲线构成的，上一小段曲线的最后一个控制点既是它自身的终点又是下一小段曲线的起点。选中曲线，通

过移动控制点和改变曲线，如图 5-14 所示。

3）双击绘制完成的贝塞尔曲线或在浮动状态时按 Tab 键，弹出如图 5-15 所示的曲线属性设置对话框，各选项的功能如下：

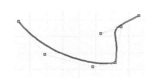

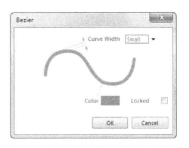

图 5-14 贝塞尔曲线 　　　　图 5-15 贝塞尔曲线属性设置对话框

① Curve Width：设置曲线的宽度。

② Color：设置曲线的颜色。单击其后的颜色块，在弹出的 Choose Color 对话框中设置颜色。

3. 椭圆弧

圆弧与椭圆弧的绘制是同一个过程，圆弧实际上是椭圆弧的一种特殊形式。椭圆弧的绘制和设置属性方法如下：

1）执行菜单命令 Place→Elliptical Arc 或者单击 Utilities 中绘图工具 ⬕ · 下的 ⌒ 按钮，光标携带十字形状。移动光标到合适的位置，单击鼠标左键确定椭圆弧的中心。

2）拖动光标沿横向移动，单击鼠标左键确定椭圆弧的横向轴长。拖动光标沿纵向移动，单击鼠标左键确定椭圆弧的纵向轴长。确定 X 和 Y 方向轴长后，光标会自动移到椭圆弧的起始点处。

3）移动光标可以改变椭圆弧的起始角度。单击鼠标左键确定椭圆弧的起始角度，此时光标自动移到椭圆弧的终止角处。单击鼠标左键确定椭圆弧的终止角度，完成了椭圆弧的绘制。

4）此时光标仍处于绘制椭圆弧状态，可以继续绘制。单击鼠标右键或按 Esc 键可完全退出绘制状态。

5）选中绘制完成的椭圆弧，如图 5-16 所示。移动椭圆弧上的控制点可以改变椭圆弧形状。

6）双击所绘制的椭圆弧，打开如图 5-17 所示的椭圆弧属性设置对话框，各选项的功能如下：

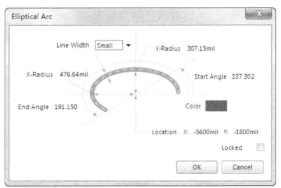

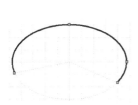

图 5-16 椭圆弧 　　　　　图 5-17 椭圆弧属性设置对话框

① Line Width：设置椭圆弧线宽度。

② X-Radius、Y-Radius：设置横向（X 方向）和纵向（Y 方向）方向的椭圆弧轴长。如果两者数值相等，则绘制的椭圆弧就成为圆弧。执行菜单命令 Place→Arc，可以直接绘制圆弧，具体操作与上面的过程类似。

③ Start Angle：设置圆弧起点和中心的连线与 X 轴正向间的角度。

④ End Angle：设置圆弧终点和中心的连线与 X 轴正向间的角度。

⑤ Location X、Y：设置椭圆弧中心点位置坐标。

⑥ Color：设置椭圆弧线颜色。单击其后的颜色块，在弹出的 Choose Color 对话框可以设置颜色。

4. 多边形

多边形的绘制和属性设置方法如下：

1）执行菜单命令 Place→Polygon 或者单击 Utilities 中绘图工具 ✐ ▾ 下的 ⬠ 按钮，光标携带十字形状。单击鼠标左键，确定多边形的一个顶点。依次单击鼠标左键，确定多边形的其他顶点。

2）单击鼠标右键，绘制完该多边形，此时光标仍携带十字形状，可以继续绘制。再次单击鼠标右键或按 Esc 键可退出绘制状态。绘制完的多边形如图 5-18 所示。

3）双击绘制完成的多边形，将出现如图 5-19 所示的多边形属性设置对话框，各选项功能如下：

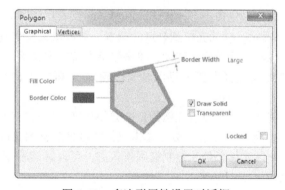

图 5-18　多边形　　　　　　　　图 5-19　多边形属性设置对话框

① Fill Color：设置多边形填充颜色。

② Border Color：设置多边形边框颜色。

③ Border Width：设置多边形边框宽度。

④ Draw Solid：设置多边形是否有填充。勾选该项后，表示多边形有填充。

⑤ Transparent：设置多边形的填充是否透明。勾选该项后，表示多边形的填充为透明状态。

5. 直角矩形

直角矩形的绘制和属性设置方法如下：

1）执行菜单命令 Place→Rectangle 或者单击 Utilities 中绘图工具 ✐ ▾ 下的 ▢ 按钮，光标携带十字形。单击鼠标左键，确定矩形的一个顶点。移动光标，再次单击鼠标左键，确定矩形的对角顶点。绘制完成的矩形如图 5-20 所示。

2）双击绘制完成的矩形，弹出如图 5-21 所示的矩形属性设置对话框。利用该对话框，可以设置线宽、填充颜色、边框颜色和两个顶点坐标等属性。该对话框的内容和之前的图元属性设置很相似，这里不再赘述。

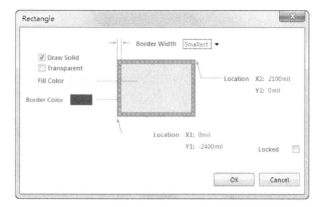

图 5-20　直角矩形　　　　　图 5-21　矩形属性设置对话框

6. 圆角矩形

执行菜单命令 Place→Round Rectangle 或者单击 Utilities 中绘图工具▨·下的▢按钮，按照绘制直角矩形的方法可以绘制出圆角矩形，如图 5-22 所示。双击绘制完成的矩形，弹出如图 5-23 所示的圆角矩形属性设置对话框。利用该对话框，可以设置圆角半径、线宽、填充颜色、边框颜色和两个定位点等属性。

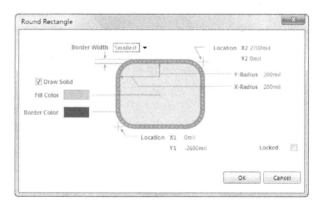

图 5-22　圆角矩形　　　　　图 5-23　圆角矩形属性设置对话框

7. 图片

除了以上的绘图工具外，还可以在原理图元件库中添加各种图片，方法如下：

1）执行菜单命令 Place→Graphic 或者单击 Utilities 工具栏中绘图工具▨·下的▨按钮，进入放置图片状态。此时，光标携带着一个黑色框体，如图 5-24 所示。

2）移动光标到适当的位置，单击鼠标左键，确定矩形框的一个顶点。拖动鼠标到对角顶点的位置，再次单击鼠标左键以确定图片　图 5-24　设置矩形图像区域所占区域，此时自动弹出如图 5-25 所示的打开对话框。

3）选择要添加的图片文件，单击打开按钮返回到原理图元件库编辑环境，矩形区域仍然悬浮在光标上。单击鼠标左键，放置矩形区域，指定的图片便出现在该矩形区域中。

4）双击添加完成的图片，弹出如图 5-26 所示的图片属性设置对话框。利用该对话框，可以设置矩形图形的边框线宽、颜色和位置坐标等属性，也可以单击 FileName 后的 Browse 按钮，在弹出的打开对话框重新选择要添加的图像。

图 5-25　打开对话框

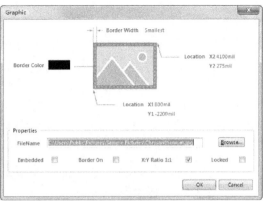

图 5-26　图片属性设置对话框

8. 引脚

元件的电气特性和连接特性都集中在元件的引脚上，因此需要根据具体情况为元件添加引脚并定义其引脚属性。添加元件引脚、设置其属性的具体方法如下：

1）进入原理图元件库编辑环境，绘制好元件的外形。

2）执行菜单命令 Place→Pin 或者单击 Utilities 中绘图工具　下的　按钮，光标携带十字形，并悬挂着引脚，如图 5-27 所示。单击 Space 键，以 90°为间隔逆时针旋转引脚。

3）将光标移动到需要放置引脚的位置，单击鼠标左键即可为此元件添加一个引脚。引脚有两个端点，具有 × 号的一端称为电气热点。在放置引脚时一定要让电气热点朝外，引脚编号将按放置顺序依次递增，如图 5-28 所示。

图 5-27　引脚悬浮在光标上

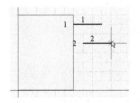

图 5-28　引脚编号依次递增

4）单击鼠标右键，退出引脚放置状态。

5）双击已经放置的元件引脚或者在放置引脚过程中，当引脚处于浮动状态时按 Tab 键，弹出如图 5-29 所示的引脚属性设置对话框，利用该对话框可以编辑元件的引脚属性。引脚属性定义了元件引脚的电气特性，这些特性将在电路仿真、PCB 设计中发挥重要作用。

引脚属性设置对话框的 Logical 标签中主要选项如下：

① Display Name：设置引脚名称。引脚名称通常代表引脚的功能，勾选其后的 Visible 选项后，可以显示引脚名称。

② Designator：设置引脚编号。勾选其后的 Visible 选项后，可以显示引脚编号。

③ Electrical Type：设置引脚电气类型。系统提供的电气类型如图 5-30 所示，分别是 Input（输入），I/O（双向）、Output（输出）、Open Collector（集电极开路）、Passive（不设置电气特性）、HiZ（高阻）、Open Emitter（发射极开路）、Power（电源）。

④ Hide：设置隐藏引脚。勾选该项后，表示不显示引脚。勾选的同时激活 Connect 编辑框，

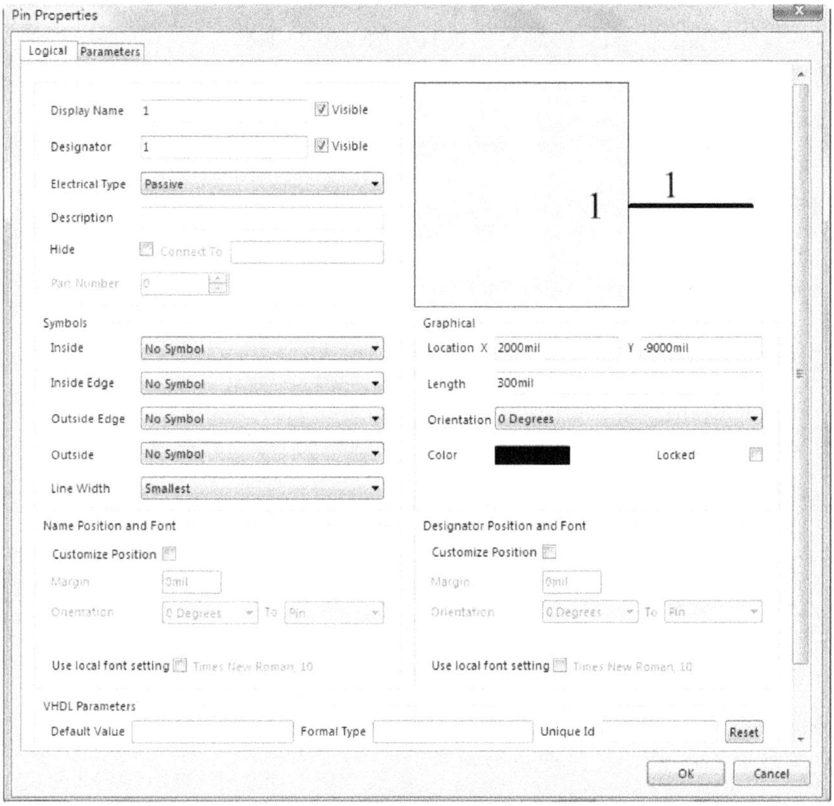

图 5-29　引脚属性设置对话框

在其中输入与该引脚连接的网络名称。对于隐藏的引脚需要定义其默认网络连接，一般情况下指电源和地。放置完引脚后，在 SCH Library 面板中可以体现引脚放置情况，如图 5-31 所示。引脚 4 是隐藏的，所以在编辑区是看不到的。如要编辑该引脚，在 SCH Library 面板中选中该引脚，单击其右下方的 Edit 按钮，可以弹出它的属性设置对话框。

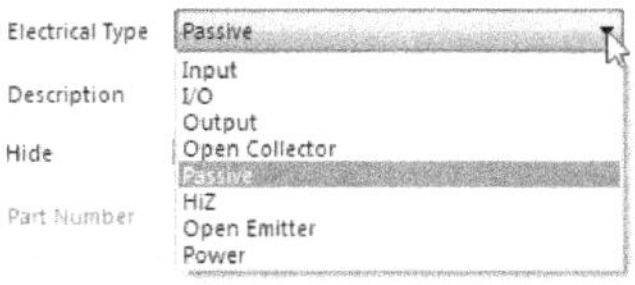

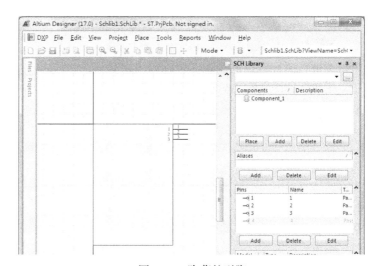

图 5-30　引脚电气类型　　　　　　　　　　　　图 5-31　隐藏的引脚

Symbols 区域用于定义元件引脚的内部、外部、内边缘、外边缘符号。VHDL Parameters 区域设置用于 VHDL 设计的元件，该引脚需要设置对应的 VHDL 参数。

Graphical 区域用于设置元件引脚的图形参数，该区域的选项如下：

① Location X、Y：设置引脚的位置坐标。

② Length：设置引脚长度。

③ Orientation：设置引脚放置方向。

④ Color：设置引脚颜色。单击 Color 后的颜色块，在弹出的 Choose color 对话框中可以设置颜色。

5.3 原理图元件库的管理

在原理图元件库编辑环境中，主要通过 SCH Library 元件库面板来管理元件库。

5.3.1 SCH Library 面板

SCH Library 面板主要用于浏览库中元件、设置元件属性等，面板上还提供了一些用于进行原理图元件信息设置的工具按钮。在原理图元件库编辑环境下，执行菜单命令 View→Workspace Panels→SCH→SCH Library 或者单击编辑区右下角的 SCH 面板开启标签，可以展开 SCH Library 面板。SCH Library 面板如图 5-32 所示，该面板的主要组成部分如下。

图 5-32　SCH Library 面板

1. 快速搜索栏

快速搜索栏主要用于进行元件名称的过滤。在快速搜索栏中输入要查找的元件名或关键字，便能自动在元件列表栏中列出与关键字匹配的所有元件，以便快速查找到元件。

2. 元件列表栏

元件列表栏列出当前原理图元件库中的元件，包括元件名称及相应的描述等。选中某一库元件后，就可以对其进行属性编辑等操作，也可以使用其下方的工具按钮来进行放置、添加、删除元件。

3. 元件别名列表栏

元件别名列表栏列出当前选定元件的别名。在该栏中可以为同一个元件的原理图符号设定另外的名称。例如，有些元件的功能、封装和引脚形式完全相同，但由于产自不同的厂家，其元件型号并不完全一致。对于这样的元件，没有必要再单独创建一个原理图符号，只需为已经创建好的原理图符号添加一个或多个别名。

4. 引脚列表栏

引脚列表栏列出了元件的所有引脚及其属性，如名称、类型等。通过其下方的工具按钮，可以添加、编辑引脚属性。

5. 模型列表栏

模型列表栏列出元件的模型，如 PCB 封装模型、信号完整性分析模型、VHDL 模型等。通过其下方的工具按钮可以添加元件模型、编辑模型属性和删除元件模型。

5.3.2　元件的管理

　　元件的管理工作主要包括浏览元件、修改元件属性、放置元件等内容。为便于讲解，需要一个现成的原理图元件库。但原理图元件库是由用户创建的，所以系统并不提供这类文件。现简单讲述由集成元件库分解为原理图元件库的步骤。在文件夹 Altium＼AD17＼Library 下，将集成元件库文件 Miscellaneous Devices. Intlib 复制粘贴为 Miscellaneous Devices1. IntLib。执行菜单命令 File →Open，弹出 Choose Document to Open 对话框。选择 Altium＼AD17＼Library＼Miscellaneous Devices1. IntLib 文件，单击打开按钮，弹出如图 5-33 所示的 Extract Sources or Install 对话框。单击 Extract Sources 按钮后，生成 Miscellaneous Devices. SchLib 文件，Projects 面板如图 5-34 所示。双击 Miscellaneous Devices. SchLib 文件将其打开，启动原理图元件库编辑器。该编辑器主要通过 SCH Library 面板管理元件。

图 5-33　Extract Sources or Install 对话框

图 5-34　Projects 面板

1. 浏览元件

　　在打开的 Miscellaneous Devices. SchLib 文件中启动 SCH Library 面板，如图 5-35 所示。该元件库列出了与集成元件库 Miscellaneous Devices. IntLib 相同的所有元件。单击列表中的元件，在编辑区可看到元件符号。或者通过菜单 Tools→Goto 下的命令也可以依次浏览第一个元件（First Component）、下一个元件（Next Component）、上一个元件（Previous Component）和最后一个元件（Last Component）。

2. 修改库元件属性

　　用户在设计时往往还需修改库中已有元件的属性。启动原理图元件库，在 SCH Library 面板的元件列表上，单击元件将其选中。单击图 5-36 所示的元件列表右下方的 Edit 按钮，弹出如图 5-37 的库元件属性设置对话框。该对话框与原理图中的 Component Properties 对话框很相似，这里不再赘述。但需要注意的是，在原理图编辑区双击元件打开元件属性对话框中修改的仅仅是这一个元件的属性，而在图 5-37 中修改的是库元件属性。

图 5-35　SCH Library 面板

3. 编辑元件别名

　　在一个电路中，往往要用到多个具有相同电气特性的元件，但它们的型号可能有所不同。而设计原理图时，这些元件的外形大多是相同的。同时，同一元件也可能会因生产厂商不同而名称不同。为了便于原理图的设计，可以为元件创建别名。在 SCH Library 面板的元件列表中，单击选中元件，单击如图 5-38 所示 Aliases 区域的

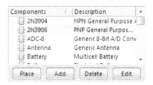

图 5-36　元件列表

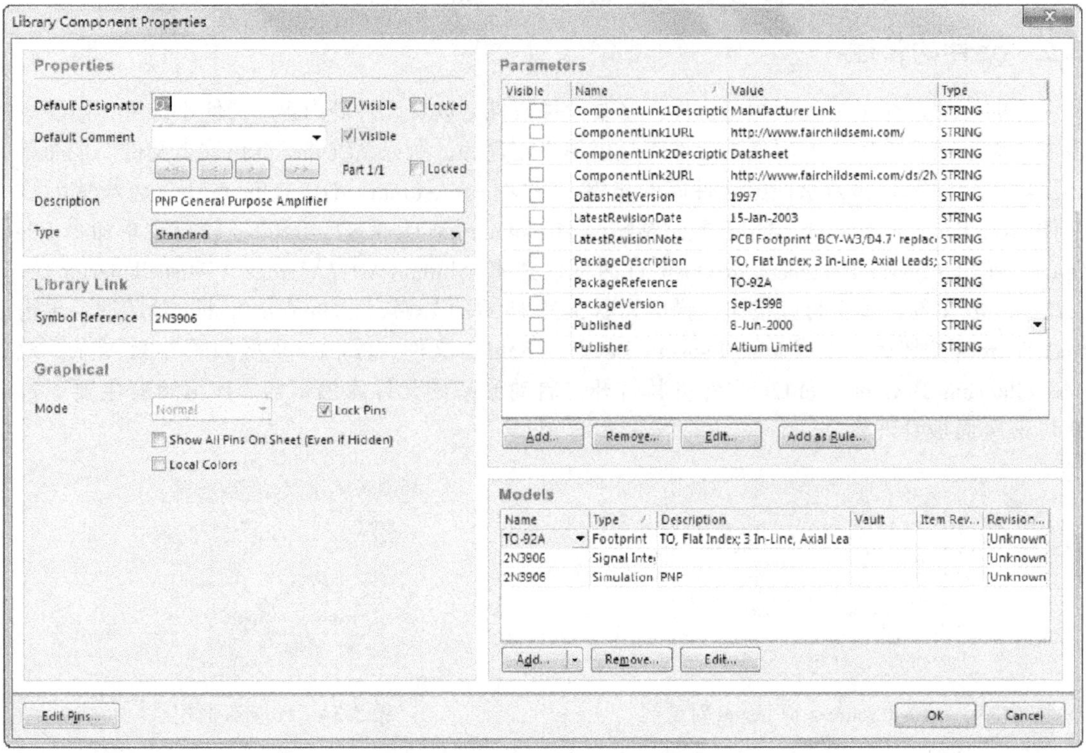

图 5-37　库元件属性设置对话框

Add 按钮，弹出如图 5-39 所示的添加元件别名对话框，在该对话框中可以设置元件别名。此外，在 Aliases 区域还有 Delete 和 Edit 按钮，可以删除和修改别名。

图 5-38　Aliases 区域

图 5-39　添加元件别名对话框

4. 将元件放置到原理图中

若要将元件库中的元件放置在原理图中，可以按照之前讲述的从 Libraries 面板放置元件方法进行，即在 Available Libraries 面板中加载创建的原理图元件库。在 Libraries 面板的元件库列表中选中此元件库，在元件列表中可以找到元件。但这种方法相对来说较复杂，可以直接使用元件库编辑环境与原理图编辑环境之间的交互操作功能来快速放置元件。在 SCH Library 面板的元件列表中，选中需要放置元件，单击元件列表下方的 Place 按钮，跳转到打开的原理图编辑环境下，且光标上悬浮着该元件。如果没有打开的原理图，系统会自动新建一个原理图并打开它。

5. 添加、删除元件

在 SCH Library 面板上，单击图 5-40 中元件列表下方的 Add 按钮，弹出如图 5-41 所示的添加元件名字对话框。在该对话框中可以输入新元件在原理图元件库中的名称，单击 OK 按钮。同时编辑区进入新元件绘制状态，接下来需要在编辑区绘制元件外形，这将在 5.4 节中介绍。如需删除元件，在元件库列表中选中该元件，单击图 5-40 中元件列表下方的 Delete 按钮，弹出如图 5-42 所示的确认删除元件对话框，单击 Yes 按钮，从列表中删除元件。

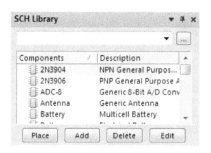

图 5-40　SCH Library 面板

图 5-41　添加元件名字对话框

6. 复制、剪切、粘贴元件

在原理图元件库中，通常元件的复制、剪切、粘贴操作也是通过 SCH Library 面板完成的。在 SCH Library 面板上，右键单击元件列表中的元件，弹出如图 5-43 所示的快捷菜单。单击 Copy、Cut、Paste 可以分别完成复制、剪切、粘贴操作。这里完成的复制、剪切和粘贴操作是针对元件整体来说的，元件整体包括元件符号部分、属性部分等。复制的元件可以来自于原理图元件库，也可以来自于原理图。但注意区别，在原理图中复制元件是在编辑区完成的。

图 5-42　确认删除元件对话框

图 5-43　快捷菜单

5.4　创建原理图元件

在对库元件进行具体绘制之前，用户应参考相应元件的数据手册，了解其相关的参数，如引脚功能等，便于准确绘制。元件的原理图符号外形一般采用矩形或正方形表示，大小应根据引脚的多少来决定。具体绘制时一般应画得大一些，以便于引脚的放置，在引脚放置完成后可以再调整尺寸。

元件可以根据其引脚的绘制情况分为单一元件和多部件元件。所谓单一元件是指将元件引脚均绘制在一个外形图上的元件，而多部件元件是指根据元件的功能、结构等将元件符号分割成若干独立部分的元件。这里需要提醒的是，无论是单一元件还是多部件元件，其元件实物都是一个实物整体。单一元件和多部件元件的区别在于其原理图符号是一个还是多个。在 Libraries 面板的元件列表中，多部件元件的前面会有 ⊞ 符号，单击它将多部件元件展开，如图 5-44 所示。

图 5-44　Libraries 面板上
的多部件元件

5.4.1 绘制单一元件

这里以 74LS138 的制作过程来加以说明。74LS138 的引脚参数见表 5-2。

表 5-2 74LS138 引脚参数

Designator	Visible	Display Name	Visible	Electrical Type
1	√	A	√	Input
2	√	B	√	Input
3	√	C	√	Input
4	√	O\E\2A	√	Passive
5	√	O\E\2B	√	Input
6	√	OE1	√	Input
7	√	Y\7\	√	Output
8	√	GND	√	Power
9	√	Y\6\	√	Output
10	√	Y\5\	√	Output
11	√	Y\4\	√	Output
12	√	Y\3\	√	Output
13	√	Y\2\	√	Output
14	√	Y\1\	√	Output
15	√	Y\0\	√	Output
16	√	VCC	√	Power

1. 创建原理图元件库

执行菜单命令 File→New→Library→Schematic Library，启动原理图元件库编辑器，创建一个新的原理图元件库，将其更名为 SchLib1.SchLib 保存。此时的原理图元件库编辑器就已经处于第一个元件的绘制状态。为了更好地理解元件库的概念，可以将元件库比喻为一个本子，它的每一页都绘制有一个元件。而新建元件库就相当于翻开了全新的空白本子的第一页，在这张空白页上可以绘制元件了。新建元件就相当于翻到下一页。

2. 绘制元件符号

1) 修改元件名。执行菜单命令 Tools→Rename Component，弹出重命名元件对话框。此处改为 74LS138，如图 5-45 所示。

2) 设置环境参数。在绘制元件之前，对编辑环境的参数进行设置以方便绘图。执行菜单命令 Tools→Document Options，在弹出的如图 5-46 所示的原理图元件库参数设置对话框中设定相关的参数。该对话框的内容和原理图中的 Document Options 对话框极为相似，这里只介绍其中个别选项的含义。

图 5-45　重命名元件对话框

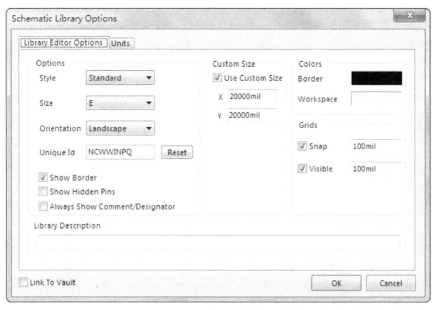

图 5-46　原理图元件库参数设置对话框

① Show Hidden Pins：显示元件的隐藏引脚。勾选该项后，则元件的隐藏引脚将被显示出来。

② Custom Size：自定义图纸的大小。勾选该项后，可以在下面的 X/Y 编辑框中分别输入自定义图纸的高度和宽度。

③ Library Description：输入对原理图元件库的说明。用户可以在该编辑框中针对创建的元件库输入必要的说明，以便为系统进行元件库查找提供相应的帮助。

3）找寻坐标原点。执行菜单命令 Edit→Jump→Origin（快捷键 Ctrl + Home），无论坐标原点在什么位置，它都会出现在编辑区中心。元件一般绘制在坐标原点附近。

4）绘制元件外形图。执行菜单命令 Place→Rectangle 或者单击 Utilities 中绘图工具 下的 按钮，以坐标原点为一个顶点绘制矩形，如图 5-47 所示。

5）添加引脚。执行菜单命令 Place→Pin 或者单击 Utilities 中绘图工具 下的 按钮。当引脚悬浮在光标上时，单击 Tab 键，打开引脚属性设置对话框。在该对话框中的 Display Name 编辑框中输入 A，勾选其后的 Visible 选项；在 Designator 编辑框输入 1，勾选其后的 Visible 选项；Electrical Type 下拉列表框改为 Input，其余属性采用默认设置，如图 5-48 所示。修改完毕，关闭对话框，放置引脚，如图 5-49 所示。

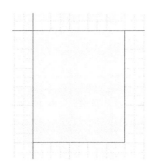

图 5-47　绘制 74LS138 的矩形框

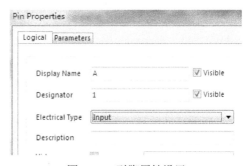

图 5-48　引脚属性设置

6）放置 1 引脚后，鼠标上悬浮着 2 引脚。根据表 5-2 修改各引脚属性，按照图 5-50 所示放置引脚。当引脚名称的字母上需要带有一横的字符时，可以在这个编辑框中的字母后输入 \ 来实现，如图 5-51 所示。

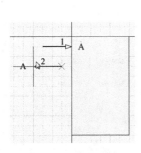

图 5-49　放置引脚

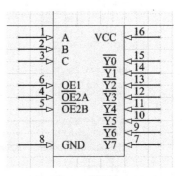

图 5-50　引脚位置图

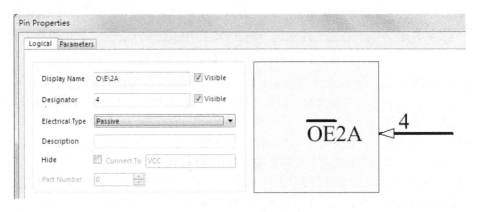

图 5-51　特殊引脚名称

3. 设置元件属性

到目前为止，所绘制的部分仅仅是元件符号，还需要设置元件属性。例如，在原理图中放置一个电阻，电阻元件除了图形和引脚外还有其他文本信息（如 R?、Res2 和 1K 等），这些文本信息就是元件属性的一部分。

1）设置元件基本属性。如图 5-52 所示，在 SCH Library 面板上选中元件列表中的元件 74LS138，单击列表下方的 Edit 按钮或执行菜单命令 Tools→Component Properties，会弹出如图 5-53 所示的库元件属性设置对话框，按照如下参数设置：

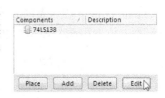

图 5-52　SCH Library 面板

① Default Designator：默认的元件编号，这里修改为 U?。

② Default Comment：元件注释。通常情况下元件注释等同于元件名，现修改为 74LS138。

③ Description：元件描述，这里输入 1-of-8 Decoder/Multiplexer，如图 5-54 所示。

2）添加元件模型。元件的属性除了基本属性外还有在原理图中看不见的模型信息（如封装模型、仿真模型等）。如果仅仅需要绘制原理图而不需要 PCB 文件或仿真，可以不添加元件模型。

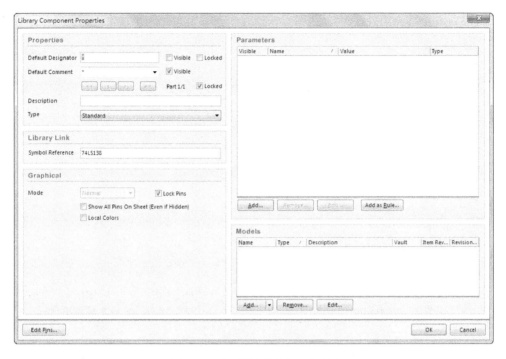

图 5-53　库元件属性设置对话框

① 如图 5-55 所示，在库元件属性设置对话框的模型区域，单击 Add 按钮，弹出如图 5-56 所示的选择添加模型种类对话框。

② 单击 Model Type 区域的下拉按钮，弹出如图 5-57 所示的下拉菜单，可以选择需要添加的模型。添加模型是根据具体需要来选择的，不是所有模型都必须添加。如果需要生成 PCB 文件，则要添加 PCB 模型。这里以添加 PCB 模

图 5-54　属性设置

型为例来进行讲解。在图 5-57 的对话框中选择 Footprint，单击 OK 按钮，弹出如图 5-58 所示的添加 PCB 模型对话框。

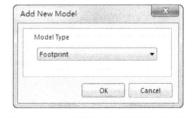

图 5-55　模型区域　　　　　　　　图 5-56　选择添加模型种类对话框

③ 在 Footprint Model 区域中单击 Browse 按钮，弹出如图 5-59 所示的浏览元件库对话框。注意，该对话框中的 PcbLib1.PcbLib 是封装元件库文件，它和本原理图元件库文件在同一个项目下。选择 DIP8，单击 OK 按钮，返回到如图 5-60 所示的对话框。

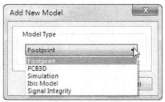

图 5-57　模型种类

图 5-58　添加 PCB 模型对话框

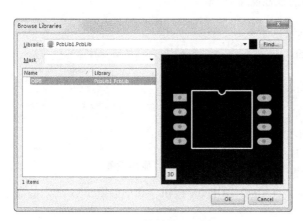

图 5-59　浏览元件库对话框

图 5-60　选择 DIP8 后的添加 PCB 模型对话框

④ 单击 OK 按钮，返回元件属性对话框，其模型区域如图 5-61 所示。单击 OK 按钮，完成添加元件封装模型。

图 5-61　添加封装模型的模型区域

4. 放置元件

元件的属性设置完成后，在 SCH Library 面板的元件列表中选中 74LS138，单击左下角的 Place 按钮，如图 5-62 所示，系统会自动跳转至同项目下打开的原理图中，单击鼠标左键放置元件，如图 5-63 所示。

在原理图中，打开 Libraries 面板，如图 5-64 所示，从 Libraries 面板上也可以放置元件 74LS138。

图 5-62　元件库列表下方的 Place 按钮

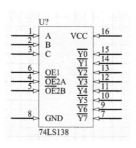

图 5-63　74LS138 放置在原理图上

图 5-64　原理图中的 Libraries 面板

5.4.2　绘制多部件元件

TLP521－2 是由功能完全一样且相互独立的两个单路光耦组成的光电耦合器，其结构如图 5-65 所示。可以将该元件的所有引脚绘制在一个元件符号上，如图 5-66 所示。绘制过程中，在放置引脚时可以利用引脚编号自动增加的功能。图 5-66 所示的符号不能体现出 TLP521-2 的多通道和通道的独立性，因此绘制为多部件元件更为合适。由于元件的图形部分要和引脚成比例，所以此例中先放置引脚再绘制图形部分。

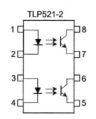

图 5-65　TLP521－2 结构

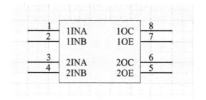

图 5-66　TLP521－2 作为单一元件

1. 绘制库元件的第一个子部件

1）打开前面建立的 SchLib1. SchLib，使用所设定的默认工作区参数。

2）如图 5-67 所示，在 SCH Library 面板上，单击元件列表下方的 Add 按钮或执行菜单命令 Tools→New Component，则系统弹出新元件命名对话框，将新元件命名为 TLP521-2，如图 5-68 所示，进入新元件的绘制。此时 SCH Library 面板的元件列表区如图 5-69 所示。

3）绘制引脚。可以依据图 5-66 所示设置引脚的名称和编号。由于绘制的图形部分体现了二极管和晶体管，因此可以将引脚的名称省略掉。例如引脚 1 的属性设置如图 5-70 所示，取消 Display Name 后面 Visible 的勾选。修改属性，放置引脚，结果如图 5-71 所示。由于不显示引脚的名称，导致容易出现分不清引脚点电气热点。在移动引脚时，光标出现的一端是电气热点，如图 5-72 所示。引脚电气热点的一端要朝外放置，这一端是可以连接导线的。引脚的位置并不是一成不变的，可以根据需要再做进一步调整。

图 5-67　添加新元件

图 5-68　新元件命名对话框

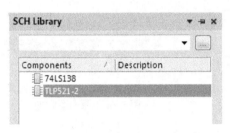

图 5-69　SCH Library 面板的元件列表区

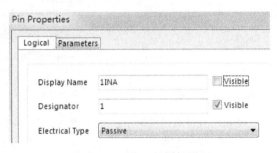

图 5-70　引脚 1 的属性设置

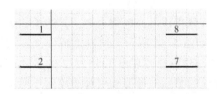

图 5-71　放置好第一个子部件引脚

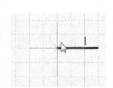

图 5-72　电气热点

4）绘制图形部分。根据图 5-65 的结构可以将光耦符号分成二极管、光线和晶体管。元件的外形部分的尺寸可以依照引脚的大小来确定。图形部分可以分成多边形和线段。

① 绘制矩形。执行菜单命令 Place→Rectangle，绘制如图 5-73 所示的矩形。双击打开属性对话框，取消 Draw Solid 的勾选，将 Border Width 设置为 Small，如图 5-74 所示。修改属性后的矩形如图 5-75 所示。

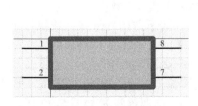

图 5-73　绘制矩形

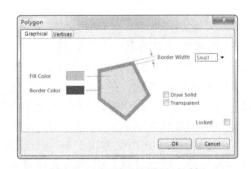

图 5-74　矩形属性设置对话框

② 修改网格设置。由于本例中使用默认的工作区参数，已经启动跳跃网格，导致光标只能单击到网格上，这对绘制较小的图形造成影响。执行菜单命令 Tools→Document Options，在弹出对话框的 Grids 区域中取消 Snap 的勾选，如图 5-76 所示。

图 5-75　修改后的矩形

图 5-76　修改网格设置

③ 绘制三角形。执行菜单命令 Place→Polygon，绘制如图 5-77 所示的三角形。双击打开属性对话框，将 Fill Color 设置为蓝色，将 Border Width 设置为 Small，如图 5-78 所示。修改属性后的三角形如图 5-79 所示。

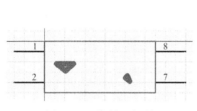

图 5-77　绘制三角形

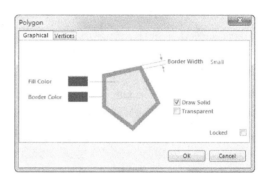

图 5-78　三角形属性设置对话框

④ 绘制线段。执行菜单命令 Place→Line，绘制线段，调整各个图元位置，绘制完成的图形部分如图 5-80 所示。

图 5-79　修改后的三角形

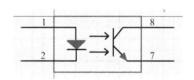

图 5-80　绘制好的 TLP521-2 的第一个子部件

2. 绘制库元件的第二个子部件

1）新建第二个子部件。执行菜单命令 Tools→New Part 或者单击 Utilities 中绘制工具 ✎ · 下的 ⬡ 按钮后，在 SCH Library 面板上元件的名称前面多了一个 ✚ 符号。单击 ✚ 符号，可以看到该元件中有两个子部件，如图 5-81 所示。系统已将上面绘制第一个子部件的原理图符号命名为 Part 1，单击 Part 1，编辑区会显示第一个子部件。单击 Part 2，编辑区是空白的，可以开始绘制第二个子部件。

2）通常情况下，各子部件除了引脚不同外，绘图部分是一致的。因此可以复制 Part1 整体，粘贴到其他子部件编辑区中，再修改引脚即可。或者只复制粘贴图形部分，再添加引脚。在 TLP521-2 的 Part 1 的编辑区中，通过快捷键 Ctrl + A，选中第一个子部件的所有组成部分（如三角形、引脚、线段等），单击标准工具栏中的复制按钮 🖿（或快捷键 Ctrl + C），完成复制操作。

3）在 SCH Library 面板元件列表中，选中 TLP521-2 的 Part 2。在第二个子部件编辑区中，单击标准工具栏中的粘贴按钮 🖿（或快捷键 Ctrl + V），将复制的第一个子部件的所有组成部分粘贴在第二个子部件的编辑区中，并修改引脚属性，修改后的 Part 2 如图 5-82 所示。注意，在粘贴之前要保证启动了跳跃网格，这样能将引脚放置在网格上，保证在原理图中放置导线时导线能与引脚连接上。

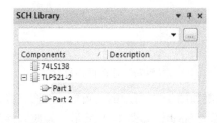

图 5-81 新建子部件后的 SCH Library 面板

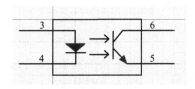

图 5-82 绘制好的 TLP521 的第二个子部件

3. 设置元件属性

1）设置基本属性。在 SCH Library 面板上，双击元件栏中的库元件名称 TLP521-2，打开库元件属性对话框。在 Default Designator 编辑框中输入 U?，在 Default Comment 编辑框中输入 TLP521，在 Description 编辑框中输入 Programmable Controller，如图 5-83 所示。Description 编辑框的上方标有 Part1/2，这表明该元件是多部件元件，2 代表有两个子部件。

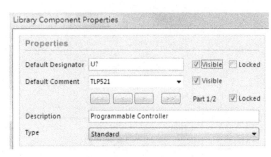

图 5-83 属性设置对话框

2）添加封装模型。TLP521 的封装形式是双列直插式（DIP-8）。在库元件属性对话框的 Models for TLP521 区域，单击 Add 按钮后的下拉按钮，在下拉列表中选择 Footprint 模型，弹出如图 5-84 所示的封装模型对话框。在该对话框中可以添加元件模型，步骤如下：

① 在 Footprint Model 区域中，单击 Browse 按钮，弹出如图 5-85 所示的浏览元件库对话框。

图 5-84 封装模型对话框

图 5-85 浏览元件库对话框

② 单击 Libraries 后的 Find 按钮，打开搜索元件库对话框查找封装。该对话框和查找元件时的 Libraries Search 对话框是一致的，区别在于 Search in（搜索类型）选项默认为 Footprint，且不可更改。在对话框的空白栏输入搜索字段 DIP-8，勾选 Scope 区域的 Libraries on path 选项，在

Path（搜索路径）上选择 Altium \ AD17 \ Library，如图 5-86 所示。设置搜索条件后，单击 Search 按钮，开始搜索，搜索结果如图 5-87 所示。注意，该搜索结果和用户的库文件有关，所以结果会有不同。

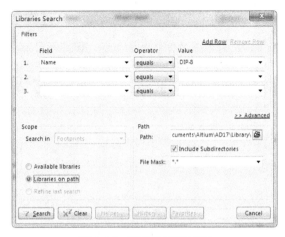

图 5-86　搜索设置对话框

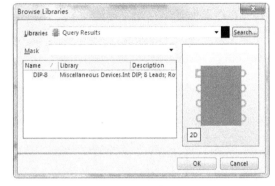

图 5-87　搜索结果

③ 选中列表中的一个 DIP-8，单击 OK 按钮，返回到封装模型对话框。单击 OK 按钮，返回到库元件属性对话框，其 Models 区域如图 5-88 所示。单击 OK 按钮，结束元件属性设置。

图 5-88　Models 区域

4. 放置元件

元件的属性设置完成后，在 SCH Library 面板的元件列表中选中 TLP521-2 的 Part 1，单击左下角的 Place 按钮，如图 5-89 所示，系统会自动跳转至同项目下打开的原理图中，单击鼠标左键放置元件，如图 5-90 所示。

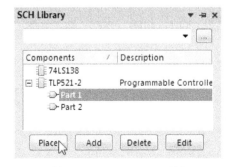

图 5-89　SCH Library 面板

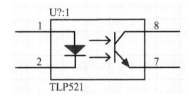

图 5-90　将元件放置在原理图上

5.4.3 原理图的同步更新

在将绘制完的元件放置在原理图后，有时还需要对元件符号进行修改。在元件库中修改后可以利用系统提供的同步更新原理图功能修改原理图中的元件，而不必将原理图中的旧元件一一删除再放置新元件。

打开之前创建的原理图元件库，将元件 74LS138 的 16 引脚的名称修改为 VSS，保存元件库。执行菜单命令 Tools→Update Schematics，弹出如图 5-91 所示的对话框，提示修改当前打开的原理图和原理图中该元件的数量。从图中可以看出右侧原理图中 74LS138 的 16 引脚也随之更改。单击 OK 按钮，更新完毕。

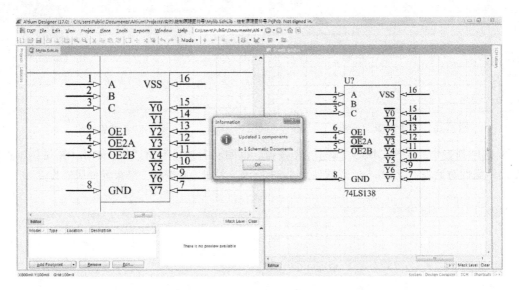

图 5-91　原理图元件库和原理图之间同步更新的提示信息

5.5　原理图项目元件库

大多数情况下，在同一个设计项目中，所用到的元件由于性能、类型等诸多方面的不同可能来自于很多不同的元件库。这些元件库中，有系统提供的若干个集成元件库，也有用户自己建立的原理图元件库，非常不便于管理，更不便于用户之间的交流。基于这一点，可以使用原理图元件库编辑器，为自己的项目创建一个特定的原理图元件库，把本项目中所用到的元件符号都汇总到该元件库中，脱离其他的元件库而独立存在，这样就为本项目的统一管理提供了方便。创建原理图项目元件库的方法如下：

1) 打开项目"实例一.PrjPcb"，打开项目下的原理图文档"简易无线话筒"，进入电路原理图的编辑环境。

2) 执行菜单命令 Design→Make Schematic Library，系统自动在本项目中生成了相应的原理图元件库，并弹出如图 5-92 所示的创建项目元件库的提示信息，该信息表示生成的元件库与项目同名，并提示元件库中的元件个数。

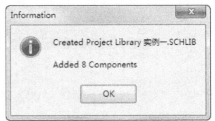

图 5-92　创建项目元件库的提示信息

3）单击 OK 按钮确认，则系统自动切换到原理图元件库编辑环境中，如图 5-93 所示。

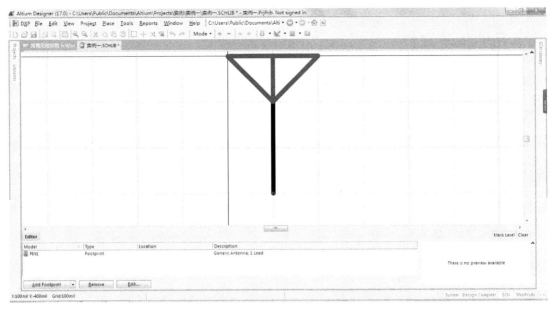

图 5-93　原理图元件库编辑环境

在 Projects 面板上，该项目下的 Libraries 区域中已经建立了和项目同名的原理图项目元件库，如图 5-94 所示。

4）打开 SCH Library 面板，如图 5-95 所示。在 SCH Library 面板的元件栏中，列出了所创建的原理图项目元件库中的全部库元件。

图 5-94　和项目同名的原理图项目元件库

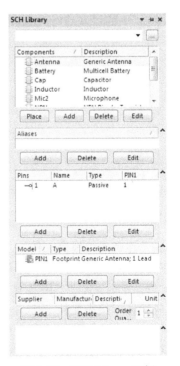

图 5-95　SCH Library 面板

建立了原理图项目元件库以后，可以根据需要很方便地对特定项目中所有用到的元件进行整体的编辑、修改，包括元件属性、引脚信息及原理图符号形式等。

5.6　元件报表文件

Altium Designer 17 可以根据自定义的原理图元件库来生成各种元件报表文件，下面介绍几种常用报表文件的生成方法。

1. 生成元件报表文件

在原理图元件库编辑环境中，从 SCH Library 面板的元件列表中选定已编辑好的元件，再执行菜单命令 Reports→Component，便能自动生成一个元件报表文件，该报表文件扩展名为 .cmp。报表文件中包含了元件名、各引脚电气属性以及引脚编号等信息，如图 5-96 所示。

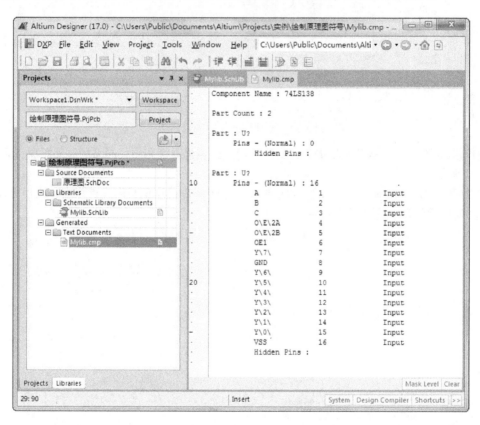

图 5-96　元件报表文件

2. 生成元件库清单报表文件

在原理图元件库编辑器中，执行菜单命令 Reports→Library List，即可自动生成当前元件库的清单报表文件，该报表文件扩展名为 .rep，如图 5-97 所示。

3. 生成元件库报表文件

Altium Designer 17 还可以为整个元件库生成一个 .doc 格式的报表文件，其中包含了当前库的详细信息。生成这种报表文件的方法是执行菜单命令 Reports→Library Report，出现如图 5-98 所示的元件库报表设置对话框，其中 Document style 表示报表文件是文档类型，Browser style 是网

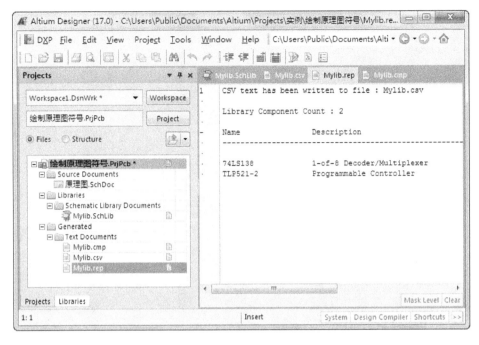

图 5-97 元件库清单报表文件

页类型。采用默认设置，单击 OK 按钮，系统生成与当前项目同名、扩展名为 .doc 的文档，此时 Projects 面板如图 5-99 所示。打开该文档，如图 5-100 所示。

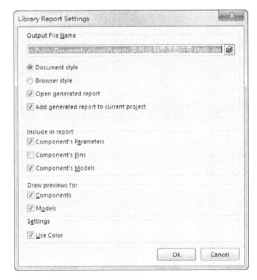

图 5-98 元件库报表设置对话框

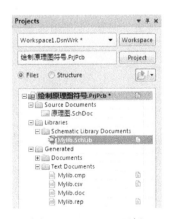

图 5-99 Projects 面板

4. 生成元件规则检查报表文件

在原理图元件库编辑器中执行菜单命令 Report→Component Rule Check，可以检查元件的电气信息，生成元件库的元件规则检查报表文件，该文件的扩展名为 .ERR。执行该命令后，出现如图 5-101 所示的元件规则检查对话框，其各选项含义如下：

135

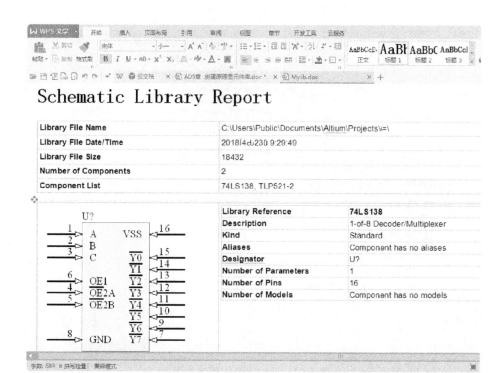

图 5-100　元件库报表文件

图 5-101　元件规则检查对话框

1）Duplicate 区域用于设置检查重复项。

① Component Names：元件名。

② Pins：引脚。

2）Missing 区域用于设置检查空缺项。

① Description：描述。

② Footprint：封装。

③ Default Designator：默认编号。

④ Pin Name：引脚名称。

⑤ Pin Number：引脚编号。

⑥ Missing Pins in Sequence：按顺序缺少的引脚。

以 74LS138 元件为例，删除引脚 2，保存文件。设置好需要检查的项目后，单击 OK 按钮即可生成如图 5-102 所示的元件规则检查报表文件，其中详细叙述了当前元件库中所有元件属性设置的重复内容和空缺内容。

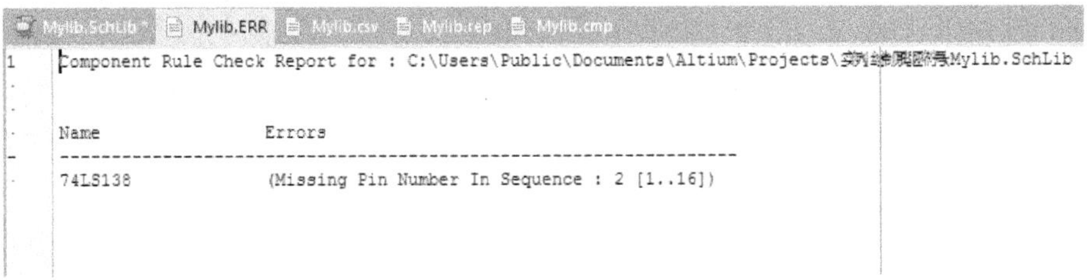

图 5-102　元件规则检查报表文件

第6章　PCB 基础及编辑器环境

在之前的几章中介绍了原理图的相关设计，从本章开始着重介绍 PCB 设计。PCB 设计是 Altium Designer 17 的重要功能之一。本章主要介绍 PCB 的基础知识、设计流程、设计环境以及各项参数设置。

6.1　PCB 的基础知识

PCB 是 Printed Circuit Board 的缩写，直译为印制电路板，"印制"一词来自于早期的一种制板工艺。在设计 PCB 之前，要对设计过程中的概念和术语进行了解。

6.1.1　元件封装概述

1. 元件和元件封装（Footprint）

初学者在学习 Altium Designer 17 时往往会对书中不同处所提到的"元件"一词感到困惑，这里有必要澄清。在原理图编辑器中的"元件"主要是指元件符号，例如电阻在原理图中的一种形式如图 6-1 所示，它是由一个矩形框和两个引脚组成。在制作原理图元件库时，其实制作的仅仅是元件所对应的符号及其属性，是该元件在原理图中的表现形式。在有关 PCB 编辑器的内容中所提到的"元件"一般是指元件封装。元件封装是将电子元件实物焊接到电路板时所指示的轮廓和焊盘的位置，所以在 PCB 文件中元件体现为焊盘、丝印层上的轮廓线和文字。而在对 PCB 进行 3D 显示时，板上的元件以元件实物的模拟形式出现，此时的元件封装则是一个空间概念。

在 PCB 编辑器中放置元件指的就是放置该元件所对应的封装形式。例如，在 PCB 中放置一个电阻，其封装形式为 Axial - 0.3，如图 6-2 所示。所以在原理图中看到的电阻如图 6-1 所示，而在 PCB 文件中看到的电阻如图 6-2 所示。元件和元件封装并不是一一对应的，也就是说，同一种元件由于生产厂家不同可以有不同的封装，而完全不同的元件可以有相同的封装。

图 6-1　电阻在原理图中的一种形式

图 6-2　电阻的一种封装形式 Axial - 0.3

2. 元件封装的分类

元件封装主要有两类，即直插式封装和表贴式（SMT）封装。

（1）直插式封装

直插式封装元件的引脚是针脚式，在焊接时将元件的引脚从板的一面插入焊盘中，然后在电路板的另一面进行焊接。常见的电阻就是针脚式元件，如图 6-3 所示。直插式封装在 PCB 编辑器中体现为轮廓、焊盘的位置和文字说明。如图 6-4 所示，这是双列直插式 8 引脚元件的封装（DIP-8）。图 6-5 是一种运算放大器的封装形式（H-08A）。

图 6-3　电阻实物

图 6-4　DIP-8

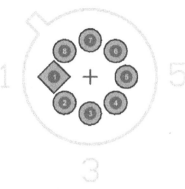

图 6-5　H－08A

（2）表贴式封装

表贴式封装即表面贴着式封装，它的引脚一般有一定的弯曲和占地面积，如图 6-6 所示。焊接时焊盘是无孔焊盘，只能位于表层，其封装表现形式如图 6-7 所示。

图 6-6　表贴式元件封装实物

图 6-7　表贴式封装的表现形式

3. 元件封装的命名

元件封装的命名有一定的规则，通常为"封装类型 + 焊盘间距（或焊盘数）+ 外形尺寸"。例如电阻元件的一种封装是 Axial－0.3～Axial－1.0，其中 Axial 表示元件为轴状封装，0.3 和 1.0 表示焊盘间距是 300～1000mil（100mil = 2.54mm）；DIP－8 是集成元件常用的封装，DIP 表示双列直插式封装，8 表示焊盘数量。

6.1.2　PCB 的基本元素

1. 焊盘

在印制电路板实物做好后，所有元件都要通过焊盘进行焊接才能很好地固定。一般情况下，焊盘作为元件封装的组成部分放置在 PCB 上。但在手动绘制元件封装时，为其选择适当的焊盘就成为不可忽视的一个问题。焊盘可以分为通孔焊盘和表贴式焊盘。通孔焊盘是指直插式元件的引脚能插入的、通透的焊盘。表贴式焊盘主要用于表贴式封装元件的焊接。

2. 铜膜导线

简单来说，在绝缘的基材上淀积一层铜膜，然后根据 PCB 图刻蚀掉不需要的铜膜，而保留下来的线状膜即为铜膜导线，它连接着电路板上的各个焊盘，实现元件之间的电气连接。不同工作层间导线的连接可以通过过孔来实现。

3. 过孔

对于复杂的电路，往往只有一层铜膜导线不能实现所有元件的电气连接，这就需要多层的铜膜导线。此时，就可能会出现一层的某一段铜膜导线需要和另一层的某一段铜膜导线相连接。过孔就是为实现不同层之间的电气连接而设置的孔，孔壁上会淀积上一层导电金属膜。过孔分为三种，即通孔（through hole）、盲孔（blind hole）和埋孔（buried hole）。通孔，即孔穿透式地从顶层贯穿到底层；盲孔的起始端位于表层（顶层和底层），终止端位于板内的某一层；埋孔是指起止端均位于内部层的隐藏过孔，在电路板的外部是看不见的。只有多层板才会用到盲孔和埋孔。

6.1.3 PCB 的结构

简单来说，PCB 可以看成是采用相应的工艺在一块耐热、绝缘材料上覆盖铜线或铜膜而成的。根据敷铜层数的不同，常将 PCB 分成三类：单层板（Single Layer PCB）、双层板（Double Layer PCB）和多层板（Multi Layer PCB）。

单层板，即只有一面敷铜的 PCB，其结构如图 6-8 所示。元件一般安装在没有铜的一面，该面称为元件面。焊接是在敷铜的一面进行，该面称为焊接面。单层板的优点是成本低、制作简单。但由于单层板只能在一面布铜线而有不能交叉，所以布铜线难度较大，不适合复杂的电路。

双层板，即在绝缘基材的正反两面均有敷铜，其结构如图 6-9 所示。双层板一般分为顶层（Top Layer）和底层（Bottom Layer）。顶层通常为元件面，底层通常为焊接面，两面均可以布置铜线，因此双层板相较于单层板来说布线难度较低，且布通率通常都能达到 100%，但制作成本较高，是目前最常用的 PCB。上下两层板之间通过过孔来实现电气连接。

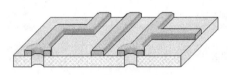

图 6-8　单层板结构

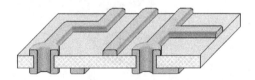

图 6-9　双层板结构

多层板，即敷铜层面多于两层的电路板。它是在双层板的基础上发展起来的，例如四层板、六层板等。四层板是在双层板的顶层和底层之间加上电源层和地层而得到的，其结构如图 6-10 所示，而六层板是在四层板的基础上又添加两层信号层，如图 6-11 所示。多层板的优点是更易于布线、系统的可靠性更高，缺点是成本高且制作难度大。

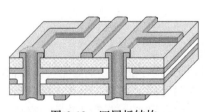

图 6-10　四层板结构

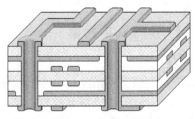

图 6-11　六层板结构

6.1.4 PCB 中的工作层

Altium Designer 17 的 PCB 设计环境使用了工作层的概念，这与许多 CAD 软件都很相似。引入工作层的概念对于 PCB 的理解和设计是非常重要的。其实，在此之前已经涉及工作层的概念，双层板结构示意图中可以看到正反两个敷铜层，它的作用是实现元件引脚之间的电气连接，这个工作层一般称之为信号层。PCB 中的某些层是工艺上的层面，有些只是逻辑层面，是人为抽象出来的。

在 PCB 编辑器的下方有层显示标签，如图 6-12 所示。单击某一个层，在 PCB 编辑窗口会突出显示该层的内容。显示标签是根据当前 PCB 的具体层以及显示设置相对应的，并不是所有 PCB 编辑窗口下方的层显示标签都相同。

■ LS ‹ › ■ Top Layer ■ Bottom Layer ■ Mechanical 1 ■ Mechanical 13 ■ Mechanical 15 □ Top Overlay ■ Bottom Overlay ■ Top Paste ■ Bottom Paste ■ Top Solder ■ Bottom Solder ■ Drill G

图 6-12　层显示标签

工作层的概念体现在 PCB 设计界面中，执行菜单命令 Design→Board Layers &Colors，打开板层和颜色设置对话框，如图 6-13 所示。在这个对话框中可以设置各个工作层的颜色以及使用情况等。该对话框的内容与当前 PCB 文件的层信息是相对应的，图 6-13 所示的对话框表示其 PCB 是双层板。下面介绍不同工作层的功用。

图 6-13　板层和颜色设置对话框

1. 信号层（Signal Layers）

信号层是敷铜膜走线层，实现元件之间的电气连接关系。Altium Designer 17 共有 32 个信号层用于布线，包括之前提到的顶层（Top Layer）、底层（Bottom Layer）以及 30 个中间层（Mid Layer 1 ~Mid Layer 30）。图 6-13 是在双层板的 PCB 文件中打开的对话框，所以 Signal Layers 区域中只有顶层（Top Layer）和底层（Bottom Layer）。

2. 内部电源层（Internal Planes）

内部电源层一般为实心铜层，也称为内层或内电层，通常专用于完成电源和地线的布线工作。Altium Designer 17 共有 16 个内层，分别为 Internal Plane 1 ~Internal Plane 16。

3. 机械层（Mechanical Layers）

Altium Designer 17 提供 16 个机械层（Mechanical 1 ~Mechanical 16），用于设置标注电路板的边框、外形尺寸等信息，它不会影响电路板的电气性能。在一般的 PCB 设计中只用机械层 Mechanical 1。

4. 丝印层（Silkscreen Layers）

丝印层包括顶层丝印层（Top Overlay）和底层丝印层（Bottom Overlay），主要用于绘制元件的外形轮廓、书写元件的编号等文字信息，例如电路板上的 R1、C1、U1 等均是在丝印层中绘制的。

5. 禁布层（Keep-Out Layer）

禁布层，它只有一层，用来定义电路板的电气边界，确定布线和元件放置的有效范围。在禁布层中绘制一个封闭的区域，那么电路板上所有具有电气特性的对象都要在这个区域内。

初学者在这要区分两个概念，即电气边界和物理边界。如前所述，电气边界用来限定布线和放置元件的范围，它是在禁布层中来绘制实现的。物理边界是指电路板的形状边界，它是在机械层中定义的。

6. 多层（Multi Layer）

多层是人为抽象出来的逻辑层，可以说多层上的对象并不属于任何特定的一个层。多层是包含了穿透很多层的对象的特殊层，所以有的书里也称其为穿透层。多层的概念不易理解，需要仔细体会。

7. 掩蔽层（Mask Layers）

掩蔽层分为助焊层（Paste Mask）和阻焊层（Solder Mask），两者又分别包括顶层和底层，即顶层助焊层（Top Paste）、底层助焊层（Bottom Paste）和顶层阻焊层（Top Solder）、底层阻焊层（Bottom Solder）。掩蔽层的设立有助于焊接，其中助焊层是在有焊接的位置涂抹助焊剂以增强着锡能力。阻焊剂恰恰相反，它不黏附焊锡，甚至还可以排开焊锡，所以将它涂在焊点以外的地方而覆盖住铜膜导线，防止焊锡溢出而造成短路。

6.1.5 PCB 的其他术语

1. 网络

网络是在逻辑上和电气上具有连接关系的组织，包括导线和导线上的焊盘。不同的网络间是以元件来间隔的，绝不直接相连。

2. 中间层和内层

中间层是指介于顶层和底层的中间信号层，用于布线。内层是指内部电源层或内部地层，由整片的铜膜组成，一般不用于布线的。注意两者不要混淆。

3. 飞线

在进行 PCB 设计时，由原理图向 PCB 文件更新后，在 PCB 编辑器的编辑区中元件的焊盘之间出现纵横交错的细线，代表了与原理图相对应的元件之间的电气连接关系，即飞线，如图 6-14 所示。飞线只是在形式上将元件的焊盘连接起来，本身并没有任何电气性质。与飞线不同，导线实现了焊盘间的实质的电气关系，且同一信号层上的导线不交叉。飞线为布线操作提供参考，布线后飞线被导线取代而自动消失，因此飞线又称预拉线。

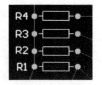

图 6-14 飞线

4. 安全距离

安全距离是指在电路板上为避免导线、过孔、焊盘之间短路或发生干扰而在它们之间留出的间距，安全距离可以在布线规则中进行设置。

6.2　PCB 的设计流程

在设计 PCB 之前有必要了解 PCB 的设计流程。按照设计流程能够正确地进行各项工作，不会出现遗漏，一旦出现错误检查起来也较容易。通常情况下，PCB 的设计流程如下：

1）PCB 设计的前期准备。前期工作主要是准备原理图，这不但包括绘制原理图，还包括原理图的编译以确保后续工作的正常进行。

2）设置 PCB 设计参数。根据电路规模的复杂程度、使用情况等选择电路板的类型（单层板、双层板、多层板），设置电路板的尺寸以及设计界面的单位、网格尺寸、工作层的显示和颜色等。

3）由原理图更新 PCB 文件。这一步的主要任务是将原理图中的信息（元件以及它们之间的电气连接关系）导入到 PCB 文件中。

4）元件布局。导入信息后的 PCB 的元件需要布局。元件布局包括自动布局和手动布局。好的布局不但可以使电路板美观，而且可以使随后的布线工作更容易进行。

5）布线。布线方式有两种，即自动布线和手动布线。自动布线是执行适当的命令即可完成对 PCB 的一部分或全部进行布线。若采用自动布线，则需在布线前设置自动布线规则。自动布线一般有不足之处，而手动布线工作量较繁重，所以在布线时通常将两种方式结合起来使用。

6）敷铜。敷铜可以增强抗干扰能力。

7）输出文件，准备制备电路板。

6.3　PCB 的设计环境

在绘制电路原理图并对其进行编译后，就可以进入 Altium Designer 17 的 PCB 设计界面进行印制电路板的设计。下面介绍 PCB 设计界面的各组成部分。执行菜单命令 File→New→PCB，打开如图 6-15 所示的 PCB 编辑器界面。

图 6-15　PCB 编辑器界面

1. 标题栏

标题栏显示当前文件的名称以及所属的设计项目。

2. 菜单栏

PCB 编辑器的菜单栏与原理图中的菜单栏很相似，包含系统的所有操作命令。在设计过程中，对 PCB 的各种操作都可以通过菜单中的相应命令来完成。

1）File（文件）命令：新建、保存、关闭文件等操作。

2）Edit（编辑）命令：对象的选取、复制、粘贴、剪切、对齐、移动、删除和跳跃等操作。

3）View（视图）命令：PCB 编辑区的显示、放大、缩小、移动等操作。

4）Project（项目）命令：项目的添加文件、删除文件和编译等操作。

5）Place（放置）命令：放置 PCB 上的各类图元对象。

6）Design（设计）命令：由原理图更新 PCB 文件、设置规则、各项参数设置等。

7）Tools（工具）命令：设计规则检查、网格设置、敷铜、分割电源平面、信号分析、补泪滴等。

8）Route（布线）命令：提供各种布线操作。

9）Reports（报告）命令：提供 PCB 的各种报告，如 PCB 信息表、元件清单报表等。

10）Window（窗口）命令：实现窗口操作。系统可以同时打开多个文件，默认状态下界面只显示一个文件，通过 Window 下的各项命令可以实现在一个窗口显示多个文件。

3. 工具栏

工具栏中的按钮与菜单中的常用操作命令完全对应。工具栏的设置方便用户的设计，使操作更加简便。PCB 编辑器有六个系统默认的工具栏，包括 PCB Standard（PCB 标准）工具栏、Filter（过滤器）工具栏、Variants（变量）工具栏、Utilities（实用）工具栏、Wiring（布线）工具栏和 Navigation（导航）工具栏。在工具栏空白区域单击鼠标右键，在弹出的快捷菜单中可以选择工具栏的显示和隐藏，如图 6-16 所示。

图 6-16　工具栏快捷菜单

Wiring（布线）工具栏、Utilities（实用）工具栏是比较常用的工具栏。Wiring（布线）工具栏主要实现布线和放置 PCB 上的图元对象等功能。Utilities（实用）工具栏可以实现对齐、设置网格等功能。

4. 状态栏

状态栏主要用于提供当前光标的位置和现行执行程序的状态信息。

5. 文件标签

Altium Designer 17 系统支持多文件编辑，文件可以层叠放置。打开的每个文件在编辑窗口的顶部均有相应的标签，单击标签即可使其前端显示。

6. 工作面板显示标签

Altium Designer 17 系统针对不同的文件，工作窗口的左右两侧均有不同的工作面板标签，单击工作面板标签可以显示相应面板。

7. 工作层标签

PCB 编辑器使用了工作层的概念，单击工作层标签可以设置其为当前工作层面。

8. 编辑区

编辑区是进行 PCB 设计的区域。默认状态下编辑区只显示一个文件，通过 Window 下拉菜中的命令可以实现显示多个文件。

9. 工作面板启动管理标签

单击工作面板显示管理标签，例如 PCB 标签，弹出如图 6-17 所示的菜单。单击其上的面板名称后即可启动相应的面板显示标签。

10. 参数跟踪框

参数跟踪框主要显示光标当前位置的信息，如坐标值、差值、当前层、跳跃网格值和电气网格值等，如图 6-18 所示。跟踪框内的 x、y 是光标点处的坐标值。dx 和 dy 是光标点与某参考点之间 x、y 方向上的差值。单击鼠标左键或 Insert 键可以将此差值清零，即将光标单击处设为参考点。

对跟踪框的操作有如下功能快捷键：

1）Shift + H：启动或关闭参数跟踪框的显示。

2）Shift + G：启动或关闭参数跟踪框的移动。关闭后参数跟踪框固定在某一位置，不随光标移动。

3）Shift + D：启动或关闭差值的显示。关闭后如图 6-19 所示。

4）Shift + M：启动或关闭放大镜功能。

图 6-17　工作面板显示管理标签

图 6-18　参数跟踪框

图 6-19　关闭差值的显示

6.4　Wiring 工具栏

Wiring（布线）工具栏包含常用的布线命令以及实现放置 PCB 上的图元对象，如图 6-20 所示。

1. 动态布线

布线是在信号层中实现元件电气连接的一种图元。动态布线是一种比较节约时间的布线方式。在 PCB 编辑器的右下角，单击 PCB 面板管理标签，在弹出的菜单中单击 PCB ActiveRoute，启动 PCB ActiveRoute 工作面板，如图 6-21 所示。在该面板中可以设置布线层，选中元件后单击 ActiveRoute 按钮完成布线。或者选中元件后单击▨按钮也可以完成动态布线。

图 6-20　Wiring（布线）工具栏

图 6-21　PCB ActiveRoute 工作面板

2. 交互式布线

单击 按钮，开启交互式布线模式。交互式布线将在 7.7 节中介绍。

3. 多路布线

单击 按钮，开启多路布线模式。在 PCB 设计时如果需要对多对焊盘进行布线，可以使用多路布线。

4. 差分对式布线

差分对式布线在高速信号的处理方面有着重要的应用，它一般结合原理图编辑器中的差分对信号图元来使用。单击 按钮，开启该布线方式。

5. 放置焊盘

元件焊接在电路板上时需要首先将元件引脚穿过或放置在焊盘上，再进行焊接。单击 按钮，光标上会自动跟随一个焊盘，在编辑区中单击鼠标左键，放置焊盘。双击焊盘，打开属性对话框，如图 6-22 所示。

图 6-22　焊盘属性设置对话框

1）Location 区域显示焊盘的位置，其选项有：

① X、Y：焊盘的位置坐标。

② Rotation：焊盘的旋转角度。

2）Hole Information 区域显示焊盘孔的形状和尺寸等信息。

① Hole Size：焊盘内孔尺寸。

② Round：圆孔，如图 6-23 所示。

③ Rect：方孔，如图 6-24 所示。勾选该项后方孔属性设置区域如图 6-25 所示，其中 Length 表示矩形长度，Rotation 表示矩形的旋转角度，矩形宽度采用焊盘内孔尺寸（Hole Size）。注意，系统要求 Length 数值（非零值时）一定要大于 Hole Size。当 Length 为 0mil 时，内孔为正方形。

图 6-23　圆孔　　　　　图 6-24　方孔　　　　　图 6-25　方孔属性设置区域

④ Slot：槽型孔。勾选该项后槽型孔属性设置区域如图 6-26 所示，对应的槽型孔如图 6-27 所示。Length 表示槽型孔的长度，Rotation 表示槽型孔的旋转角度。注意，Length 数值一定要大于 Hole Size。

图 6-26　槽型孔属性设置区域　　　　　　　　图 6-27　槽型孔

3）Properties 区域显示焊盘的性质，其选项有：

① Designator：焊盘编号。

② Layer：焊盘所在的 PCB 工作层。

③ Net：焊盘所属的网络。

④ Electrical Type：电气类型。

⑤ Locked：勾选该项表示锁定焊盘。

4）Size and Shape 区域显示焊盘外径的形状和尺寸，其选项有：

① Simple：表示各层焊盘外径尺寸和形状相同。勾选该项后，X-Size 和 Y-Size 分别表示焊盘外径 X 和 Y 方向尺寸。Shape 表示焊盘外径形状。系统提供四种形状，即 Round（圆形）、Rectangular（矩形）、Octagonal（八边形）和 Rounded Rectangular（圆角矩形），分别如图 6-28 所示。

② Top-Middle-Bottom：表示分别设置焊盘外径尺寸和形状。勾选该项后，Size and Shape 区域如图 6-29 所示。

图 6-28　焊盘外径形状　　　　　图 6-29　勾选 Top-Middle-Bottom 选项

③ Full Stack：勾选该项，Size and Shape 区域如图 6-30 所示，激活 Edit Full Pad Layer Definition 按钮。单击该按钮后，打开如图 6-31 所示焊盘层编辑对话框。

图 6-30　勾选 Full Stack 选项

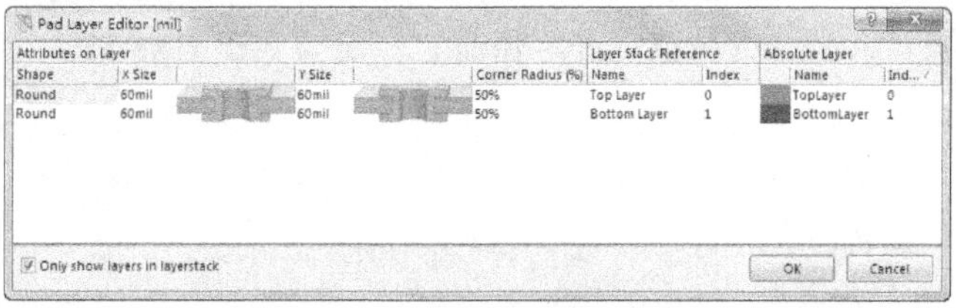

图 6-31　焊盘层编辑对话框

6. 放置过孔

在多层板中，不同信号层之间通过过孔实现电气连接。单击 按钮，鼠标会自动跟随一个过孔，单击鼠标左键，放置过孔。双击过孔，打开属性设置对话框，如图 6-32 所示。

过孔的参数主要包括：

① Hole Size：过孔内径。

② Diameter：过孔外径。

③ Location X、Y：过孔位置坐标。

④ Net：过孔所属的网络。

⑤ Locked：勾选该项表示锁定过孔。

7. 放置圆弧

单击 按钮，光标变成十字形，在编辑区适当的位置单击鼠标左键确定圆弧的起点。移动光标到适当的位置，单击鼠标左键确定圆弧的终点。选中圆弧，圆弧上有白色的编辑点。将光标放在编辑点时，光标变成双向箭头线段，如图 6-33 所示。移动中间的白点修改圆弧的大小，移动两端的白点修改圆弧的起点和终点。双击圆弧打开属性设置对话框，如图 6-34 所示。

图 6-32　过孔属性设置对话框

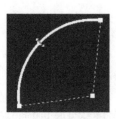

图 6-33　修改圆弧

图 6-34　圆弧属性设置对话框

1）对话框中图形区域各选项含义如下：

① Radius：圆弧半径。

② Width：弧线宽度。

③ Start Angle：圆弧起点和中心的连线与水平线间的角度。

④ End Angle：圆弧终点和中心的连线与水平线间的角度。

⑤ Center X、Y：圆弧中心位置坐标。

2）Properties 区域中各选项含义如下：

① Layer：圆弧所在的 PCB 工作层。

② Net：圆弧所属的网络。

③ Locked：是否锁定圆弧，勾选该项表示锁定圆弧。

④ Keepout：该圆弧是否为布线禁区，勾选该项表示圆弧为布线禁区。

8. 放置矩形填充

矩形填充是一个实心区域，它可以放置在任何层。当在信号层放置矩形填充时，可以用来遮蔽或传导大电流，提高 PCB 的抗干扰能力。单击▇按钮，光标变成十字形，在编辑区适当的位置单击鼠标左键确定矩形的顶点，移动光标，再次单击鼠标左键确定对角顶点。双击矩形填充打开属性设置对话框，如图 6-35 所示。

1）对话框中图形区域各选项含义如下：

① Corner1：矩形填充的顶点位置坐标。

② Corner2：矩形填充的对角顶点位置坐标。

③ Rotation：矩形填充的旋转角度。

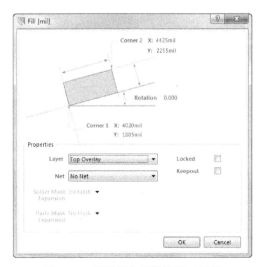

图 6-35　矩形填充属性设置对话框

图 6-36　字符串属性设置对话框

2）Properties 区域中各选项含义如下：

① Layer：矩形填充所在的 PCB 工作层。

② Net：矩形填充所属的网络。

③ Locked：勾选该项表示锁定矩形填充。

④ Keepout：勾选该项表示将矩形填充设置为布线禁区。

9. 放置字符串

单击 **A** 按钮，移动光标到编辑区，此时光标上悬挂着字符串，单击鼠标左键，将字符串放在适当的位置上。双击文本，弹出如图 6-36 所示的属性设置对话框。

1）对话框中图形区域各选项含义如下：

① Width：字符串线宽。

② Height：字符串高度。

③ Rotation：字符串旋转角度。

④ Location X、Y：字符串位置坐标。

2）Properties 区域中各选项含义如下：

① Text：字符串内容。

② Layer：字符串所在 PCB 工作层。

③ Locked：勾选该项表示锁定字符串。

④ Mirror：勾选该项表示对字符串做镜像。图 6-37 中，左侧的字符串 ABC 是正常显示，右侧的是镜像显示。

图 6-37　字符串的正常显示（左）和镜像显示（右）

⑤ Font：字符串字体，勾选 Stroke 后，如图 6-36 所示。

Select Stroke Font 区域中 Font Name 表示字体名称。勾选 TrueType 后，对话框如图 6-38 所示。在该对话框的 Select TrueType Font 区域中，Font Name 表示字体名称，Bold 表示黑体，Italic 表示斜体，Inverted 表示反白。勾选 Inverted 后激活 Inverted Border 编辑框，可输入字符串与反白底色边框的距离数值。勾选 BarCode 表示显示条形码，对话框如图 6-39 所示。三种不同字体下的字符串如图 6-40 所示。

图 6-38　勾选 TrueType 选项

图 6-39　勾选 BarCode 选项

图 6-40　TrueType、Stroke 和 BarCode 下的字符串（依次从左到右）

10. 放置元件封装

单击  按钮，弹出如图 6-41 所示的放置元件对话框。

1）Placement Type 区域用于设置元件显示类型，各选项含义如下：

① Footprint：通过元件封装名称查找并放置元件。

② Component：通过元件符号名称查找并放置元件。

2）Component Details 区域设置元件详细信息，各选项含义如下：

① Lib Ref：元件名称，此项在勾选 Component 时可编辑。

② Footprint：元件封装名称。

③ Designator：元件编号。

④ Comment：元件注释。

图 6-41　放置元件对话框

6.5　Utilities 工具栏

Utilities（实用）工具栏如图 6-42 所示。下面介绍在 PCB 设计中常用到的工具。

6.5.1　实用工具

单击 Utilities（实用）工具栏上的  按钮，弹出如图 6-43 所示的下拉菜单。

图 6-42　Utilities（实用）工具栏

图 6-43　下拉菜单

1. 放置线段

单击 / 按钮，光标上附带着十字形，在编辑区单击鼠标左键确定线段的起点，再次单击左键确定该线段的终点，同时也是下一段线段的起点。单击鼠标右键退出放置线段。线段可以放置在不同的 PCB 工作层上。放置在信号层中，它就是具有电气性质的线；在禁布层中可以用它绘制电气边界。值得注意的是，线段一般放置在非电气层，不能用线段代替交互式布线。在绘制线段时，按 Shift + Space 按键可以改变线段转角模式。双击线段，弹出如图 6-44 所示的线段属性设置对话框。

1）对话框中图形区域各选项含义如下：

① Start X、Y：线段起点坐标值。

② End X、Y：线段终点坐标值。

③ Width：线段宽度。

2）Properties 区域中各选项含义如下：

① Layer：线段所在的工作层。

② Net：段所属的网络。

③ Locked：勾选该项表示锁定线段。

④ Keepout：勾选该项表示将线段设置为布线禁区。

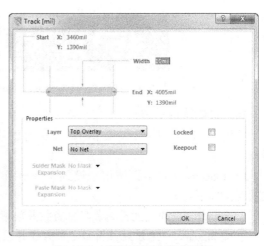

图 6-44　线段属性设置对话框

2. 放置位置坐标

单击 按钮，光标变成十字形，并伴有位置坐标，它随光标的移动而变化，如图 6-45 所示。在编辑区单击鼠标左键放置坐标。双击坐标，弹出如图 6-46 所示的属性设置对话框。

图 6-45　坐标

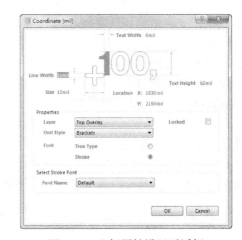

图 6-46　坐标属性设置对话框

1）对话框中图形区域各选项含义如下：

① Text Width：数值字符串的线段宽度。

② Text Height：数值字符串的线段高度。

③ Line Width：数值字符串前的 "＋" 的线段宽度。

④ Size：数值字符串前的 "＋" 的宽度。

⑤ Location X、Y：数值字符串的位置坐标。

2）Properties 区域中各选项含义如下：

① Layer：数值字符串所在的工作层，一般放置在丝印层。

② Unit Style：单位样式，即 None（无单位）、Normal（正常）和 Brackets（有括号），如图 6-47 所示。

③ Locked：勾选该项表示锁定线段。

④ Font：字符串字体。

3）Select Stroke Font 区域用于设置字符串的具体字体样式。

图 6-47　不同的单位样式

3. 放置距离尺寸标注

在进行 PCB 设计时，有时需要对某些对象的尺寸或对象之间的距离进行注明。单击 按钮，光标变成十字形且伴有 "0（mm 或 mil）" 的文本，如图 6-48 所示。单击鼠标左键，确定标注的起点。移动光标，在起点和光标间会出现有箭头的线段，线段中间标以两点间的距离，如图 6-49 所示。在终点处单击鼠标左键，完成尺寸坐标的绘制。双击尺寸坐标，打开如图 6-50 所示的属性设置对话框。该对话框和位置坐标属性对话框的内容基本一致，这里不再赘述。

4. 设置坐标原点

在 PCB 编辑器中有两种坐标系，即绝对坐标系和相对坐标系。绝对坐标系的原点位于编辑区的左下角。单击工具栏上的 按钮，光标附带十字形，屏幕左下方的状态栏显示光标当前位置的绝对坐标值。单击鼠标左键，确定相对坐标系原点，此时状态栏的坐标值为（0，0）。执行菜单命令 Edit→Origin→Reset 可以恢复绝对坐标系。

图 6-48 距离尺寸的起始状态

图 6-49 两点间的距离

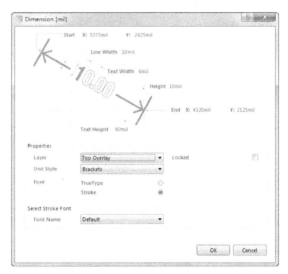

图 6-50 距离尺寸属性设置对话框

5. 放置圆弧（利用圆弧中心）

单击 按钮，光标附带十字形，单击鼠标左键确定圆弧的中心。移动光标到适当的位置单击左键确定圆弧的半径。再次移动光标，分别单击左键确定圆弧的起点和终点。双击圆弧，打开如图 6-51 所示的属性设置对话框。

1）对话框中图形区域各选项含义如下：

① Radius：圆弧半径。

② Width：圆弧宽度。

③ Start/End Angle：起/终点到圆弧中心的连线与水平线间的角度。

④ Center X、Y：圆弧中心的位置坐标。

2）Properties 区域中各选项含义如下：

① Layer：圆弧所在的工作层。

② Net：圆弧所属的网络。

图 6-51 圆弧属性设置对话框

③ Locked：勾选该项表示锁定圆弧。

④ Keepout：勾选该项表示将圆弧设置为布线禁区。

6. 放置圆弧（利用起点）

单击 ⌒ 按钮，光标附带十字形，单击鼠标左键确定圆弧的起点。移动光标到适当的位置单击左键确定圆弧的中心。再次移动光标，单击左键确定圆弧的终点。双击圆弧，打开如图 6-51 所示的属性设置对话框，可以修改圆弧属性。

7. 放置圆

单击工具栏上的 ○ 按钮，光标附带十字形，单击鼠标左键确定圆的中心。移动光标到适当的位置单击左键确定圆弧的半径。无论是圆弧还是圆，当选中图元时图元上会出现白色的编辑点，移动编辑点可以更改其参数。

8. 阵列粘贴

在放置多个且同一种的元件时可以利用系统的阵列粘贴功能，实现快速放置元件。单击工具栏上的 ▦ 按钮，打开如图 6-52 所示的建立阵列粘贴对话框。

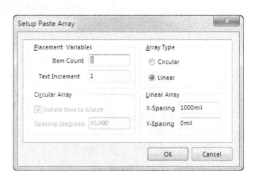

图 6-52　建立阵列粘贴对话框

1）Placement Variables 区域各选项含义如下：

① Item Count：粘贴数量。

② Text Increment：元件编号递增值。

2）Array Type 区域中各选项含义如下：

① Circular：粘贴后的元件成圆弧状排列。

② Linear：粘贴后的元件成直线排列。

3）Circular Array 区域用于设置粘贴后的元件成圆弧状排列的参数，各选项含义如下：

① Rotate Item to Match：勾选该项表示可以根据设置旋转元件。

② Spacing（degrees）：间隔角度。

4）Linear Array 区域用于设置粘贴后的元件成直线排列的参数，各选项含义如下：

① X-Spacing：粘贴后的元件之间的横向间距。

② Y-Spacing：粘贴后的元件之间的纵向间距。

在对话框中设置参数后，单击 OK 按钮，光标附带十字形，单击需要阵列粘贴的元件，系统会根据设置排布新元件。

6.5.2　设置栅格

单击 Utilities（实用）工具栏 ▦ · 的下拉按钮，弹出如图 6-53 所示的设置栅格菜单。

1）Toggle Visible Grid Kind：反转小号可视网格的类型。可视网格有两种，即点格（Dots）和线格（Lines）。单击此命令可以在这两种网格间转换。

2）Toggle Object Hotspot Snapping：反转跳跃到图元热点功能的开启或关闭状态。

3）设置网格：若 X、Y 方向的跳跃网格值相同，那么网格值可以在图 6-53 所示下拉菜单的数字区域进行选择，

Toggle Visible Grid Kind
Toggle Object Hotspot Snapping　　Shift+E
Set Global Snap Grid...　　Shift+Ctrl+G
1 Mil
5 Mil
10 Mil
20 Mil
25 Mil
50 Mil
0.025 mm
0.100 mm
0.250 mm
0.500 mm
1.000 mm
Snap Grid X
Snap Grid Y

图 6-53　设置栅格菜单

或者单击 Set Global Snap Grid 命令，在弹出的如图 6-54 所示的对话框中进行设置。若 X、Y 方向的跳跃网格值不相同，单击菜单中的 Snap Grid X 和 Snap Grid Y 命令分别设置。

图 6-54　设置网格对话框

6.5.3　其他工具

1. 对齐工具

在 PCB 设计时，有时需要将元件对齐放置，尤其是一组相同的元件。此时，可以通过系统提供的对齐工具实现。单击 Utilities（实用）工具栏上 ▦ ▾ 的下拉按钮，弹出如图 6-55 所示的对齐工具菜单。对齐操作往往在元件布局时用到，因此在 7.4.3 节中会重点讲解。

2. 查找选择工具

单击 Utilities（实用）工具栏上 ▦ ▾ 的下拉按钮，弹出如图 6-56 所示的查找选择工具菜单。利用这些按钮可以实现在 PCB 文件中找到之前被选中过的元件。

3. 放置尺寸标注

单击 Utilities（实用）工具栏上 ▦ ▾ 的下拉按钮，弹出如图 6-57 所示的尺寸标注工具菜单。利用这些按钮可以实现在 PCB 文件中放置各种尺寸标注。

图 6-55　对齐工具菜单　　　　图 6-56　查找选择工具菜单　　　　图 6-57　尺寸标注工具菜单

6.6　PCB 设计参数设置

PCB 设计参数主要包括系统的单位、网格、工作层及其颜色和显示等。

6.6.1　单位和网格的设置

在 PCB 编辑器中，执行菜单命令 Design →Board Options，弹出如图 6-58 所示的参数设置对话框，在该对话框中可以设置图纸和网格的相关参数。

1. 设置单位

在参数设置对话框的 Measurement Unit 区域设置计量单位，其中 Unit 下拉列表有两个选项，即英制单位（Imperial）和公制单位（Metric），如图 6-59 所示。单击键盘上的字母 Q 键可以在两种单位中转换。两种单位的换算

图 6-58　参数设置对话框

关系是 1mil = 0.0254mm，1mm = 39.37mil。当前系统的单位可以在界面左下角的状态栏中体现出来，如图 6-60 所示。

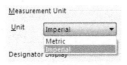

图 6-59　设置计量单位　　　　　　　　　图 6-60　状态栏中显示系统单位

2. 设置网格的显示和尺寸

1）单击图 6-58 左下角的 Grids 按钮，弹出如图 6-61 所示的网格设置对话框。或者执行菜单命令 Tools→Grid Manager 也可以弹出该对话框。

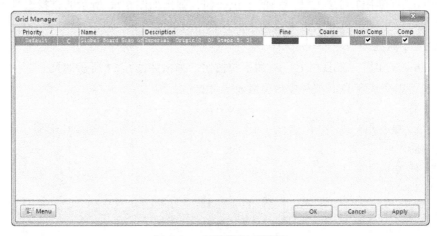

图 6-61　网格设置对话框

2）双击 Fine 或者 Coarse 对应下方的颜色块，弹出如图 6-62 所示的网格编辑对话框。在右侧的 Display 区域，Fine 用于设置小网格，Coarse 用于设置大网格。依次单击 Fine 和 Coarse 右侧的按钮，在弹出的菜单中可以选择 Lines（线状网格）、Dots（点状网格）或者 Do Not Draw（不显示网格）。在图中的 Steps 区域可以设置小网格的尺寸，默认状态下网格的横向和纵向尺寸是相等的。单击右侧的连线按钮，激活网格纵向尺寸，如图 6-63 所示。

图 6-62　网格编辑对话框

3）在 PCB 编辑区中，单击鼠标右键，在弹出的菜单中选择 Snap Grid 命令，在二级菜单中可以设置网格尺寸，如图 6-64 所示。

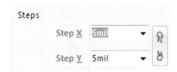

图 6-63　激活网格纵向尺寸　　　　　　图 6-64　利用菜单命令设置网格尺寸

6.6.2　PCB 工作层的设置

执行菜单命令 Design→Layer Stack Manager，弹出如图 6-65 所示的层堆栈管理器对话框。对话框中列出当前 PCB 文件对应的层结构以及示意图。选中右侧列表中的某一层，在左侧的示意图中也会选中该层。

图 6-65　层堆栈管理器对话框

1. 添加和删除信号层、内电层

在图 6-65 中，单击 Add Layer 按钮，在弹出的下拉菜单中可以添加信号层（Add Layer）和内电层（Add Internal Layer）。例如，添加一层信号层（Signal layer 1），如图 6-66 所示。添加一层内电层（Internal Plane 1），如图 6-67 所示。

图 6-66　添加一层信号层

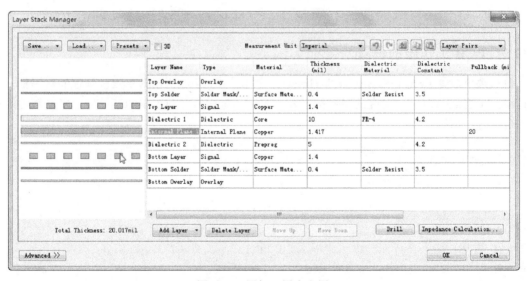

图 6-67　添加一层内电层

如果需要删除某一层，在列表中选中该层，激活列表下方的 Delete Layer 按钮，完成删除操作。

2. 更改层的顺序

系统在添加信号层和内电层有其默认的位置，但对于多层板来说层的位置并不是固定不变的，而是根据设计需要来设置。在图 6-67 中，选中可以移动的某一层后会激活对话框下方的 Move Up（向上移）、Move Down（向下移）按钮，单击按钮可以实现层的移动。

3. 修改层属性

在层列表中，列出了层的一些属性，如 Layer Name（层名称）、Type（类型）、Material（材料）、Thickness（厚度）和 Dielectric Constant（介电常数）等。将鼠标移动到某一属性栏中，单击鼠标左键可以选择该属性，再次单击左键使其处于可编辑状态，可以键入新值。层的属性中，一般类型和材料是不能修改的。

4. 修改单位

在层列表的上方，Measurement Unit 用于修改单位，单击其后的下拉按钮，在弹出的下拉列表中可以选择 Metric（公制）和 Imperial（英制）。

5. 3D 显示

勾选层列表的上方的 3D 复选框，列表左侧的 PCB 层示意图以 3D 形式显示，如图 6-68 所示。

6. 工作层快速设置

单击示意图上方的 Presets 按钮后方的下拉按钮，在弹出的下拉菜单中提供了常用的工作层设置，如图 6-69 所示。

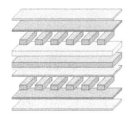

图 6-68　3D 显示 PCB 层　　　　　　　　　　图 6-69　工作层快速设置

7. 钻孔设置和阻抗计算

1）单击层列表右下方的 Drill 按钮，弹出如图 6-70 所示钻孔设置对话框，可以实现钻孔的添加、删除和属性设置等。

2）单击层列表右下方的 Impedance 按钮，弹出如图 6-71 所示微带线和带状线阻抗和线宽计算对话框。单击 Helper 按钮，打开助手对话框，如图 6-72 所示。该对话框中提供运算符号。

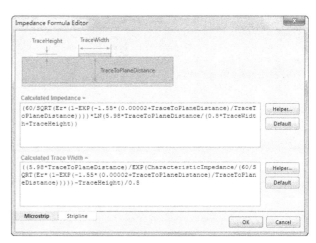

图 6-70　钻孔设置对话框　　　　　图 6-71　微带线和带状线阻抗和线宽计算对话框

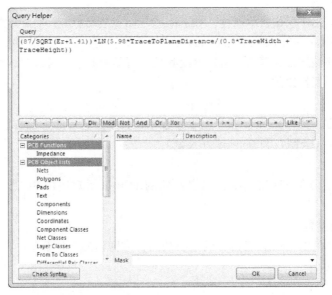

图 6-72　助手对话框

6.6.3　设置 PCB 工作层的颜色和显示

在 PCB 设计中，为了更好地区分不同的层，系统赋予每个层不同的颜色。执行菜单命令 Design→Board Layers &Colors，打开颜色和显示设置对话框，如图 6-73 所示。该对话框可以大致分成两个部分，左侧的 Select PCB View Configuration 区域列出了系统提供的 PCB 视图配置方案名称，右侧区域显示每个配置方案的具体内容。本小节重点介绍 Altium Standard 2D 方案。

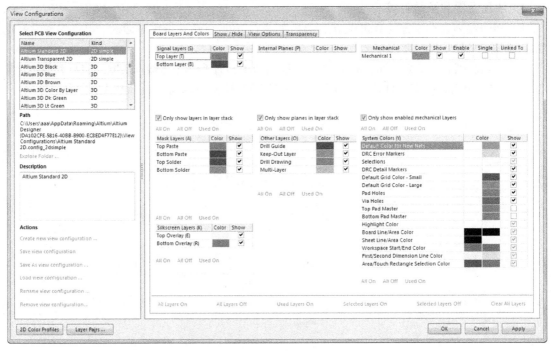

图 6-73　颜色和显示设置对话框

图 6-73 所示的对话框对应的就是 Altium Standard 2D 方案，其右侧显示区列出了七大类颜色设置，即 Signal Layers（信号层）、Internal Planes（内电层）、Mechanical（机械层）、Mask Layers（掩膜层）、Other Layers（其他层）、Silkscreen Layers（丝印层）和 System Color（系统颜色）。在 Signal Layers、Internal Planes、Mechanical 三个区域的下方分别有三个复选框，表示仅显示可用的层。如果取消勾选，会显示系统所有的层，结果如图 6-74 所示。在当前的 PCB 文档中不存在的层以灰色显示。在每一层的后面均有 Color 和 Show 复选框，用来设置层的显示、隐藏和颜色。

Signal Layers (S)	Color	Show		Internal Planes (P)	Color	Show		Mechanical	Color	Show	Enable	Single	Linked To	
Top Layer (T)		✔		Internal Plane 1		✔		Mechanical 1		✔	✔			
Mid-Layer 1 (1)		✔		Internal Plane 2		✔		Mechanical 2		✔				
Mid-Layer 2 (2)		✔		Internal Plane 3		✔		Mechanical 3		✔				
Mid-Layer 3 (3)		✔		Internal Plane 4		✔		Mechanical 4		✔				
Mid-Layer 4 (4)		✔		Internal Plane 5		✔		Mechanical 5		✔				
Mid-Layer 5 (5)		✔		Internal Plane 6		✔		Mechanical 6		✔				
Mid-Layer 6 (6)		✔		Internal Plane 7		✔		Mechanical 7		✔				

☐ Only show layers in layer stack　　☐ Only show planes in layer stack　　☐ Only show enabled mechanical Layers

图 6-74　显示系统所有的层

1. 修改层的颜色

单击颜色块，例如单击 Top Layer 后面的颜色块，弹出如图 6-75 所示的颜色设置对话框。该对话框可以分为左中右三个部分。左侧部分显示系统提供的三种颜色方案，即 Default（默认方案）、DXP2004 和 Classic（经典方案）。中部区域显示当前颜色方案的具体内容，由于该对话框是单击 Top Layer 后的颜色块而产生的，所以此处只有 Top Layer 的颜色可以修改，其余层均处于不可编辑状态。右侧区域可以实现对当前层颜色的修改，分为三个标签页，即 Basic、Standard 和 Custom，分别如图 6-75、图 6-76 和图 6-77 所示。在 Basic 标签页中的颜色列表中，当前层颜色的序号以白色显示。在这三个标签页中都可以为 Top Layer 选择新颜色。右侧区域中，Previous 区域

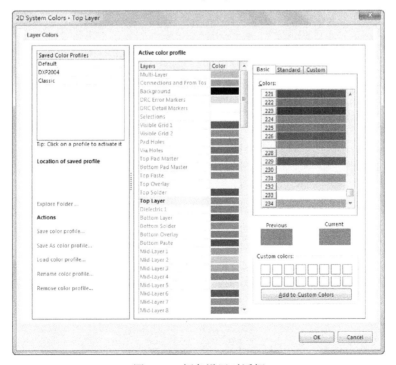

图 6-75　颜色设置对话框

显示修改前的颜色，Current 区域显示修改后的新颜色。选中新颜色后，单击图 6-75 中的 OK
按钮。

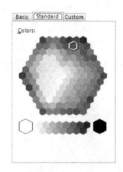

图 6-76　选择颜色 Standard 标签页

图 6-77　选择颜色 Custom 标签页

2. 层的显示和隐藏

在图 6-73 所示的对话框中，每一层后面都有 Show 复选框，勾选上则表示显示该层，取消勾
选表示隐藏该层。

6.7　PCB 编辑器的常规参数设置

PCB 编辑器参数的设置影响整个 PCB 的操作。执行菜单命令 Tools→Preferences，打开 PCB
参数设置对话框。单击左侧列表中的 PCB Editor-General，在右侧区域显示 PCB 编辑器常规参数，
如图 6-78 所示。

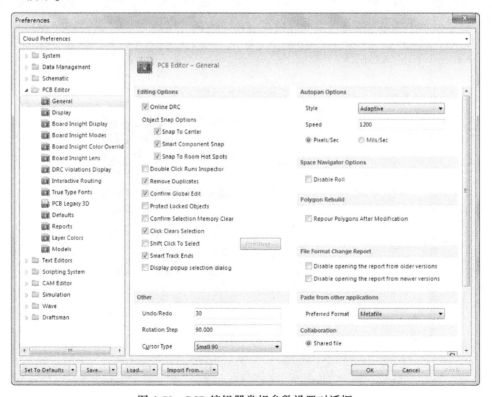

图 6-78　PCB 编辑器常规参数设置对话框

1）Editing Options 区域各选项含义如下：

① Online DRC：在线设计规则检查。勾选此项后，所有违反设计规则的地方会被标记出来。如果没有勾选，只有执行设计规则检查命令才能显示。

② Object Snap Options：用于捕捉图元对象设置。Snap To Center 表示捕捉图元中心。如果捕捉元件，无论单击元件任何位置，光标都会自动跳转到元件中心。如果捕捉导线或敷铜，光标都会自动跳转到其端点。Smart Component Snap 表示灵巧元件捕捉。只有勾选 Snap To Center 选项，才可激活该选项。灵巧元件捕捉是单击元件时，光标会自动跳转到离它近的元件中心或最近的引脚。

③ Double Click Runs Inspector：双击图元对象时启动该对象的 Inspector 对话框。

④ Remove Duplicates：删除重复图元。

⑤ Confirm Global Edit：确认全局编辑。如果勾选该项，在进行全局编辑时系统会弹出对话框，提示该操作会影响对象的数量。如果对全局编辑不是很有把握，建议勾选此项。

⑥ Protect Locked Objects：保护锁定对象。此项默认为非勾选状态，此时若对锁定图元进行移动或删除操作，系统会弹出对话框提示该图元已被锁定，是否继续操作。

⑦ Confirm Selection Memory Clear：清除记忆存储器的内容时要求确认。

⑧ Click Clears Selection：单击取消选择。勾选该项后，在编辑区任意位置单击鼠标左键即可取消图元的选择状态；如若不勾选，在选择的图元上单击鼠标左键才能取消图元的选择状态。

⑨ Shift Click To Select：勾选该项后，激活 Primitives 按钮。单击该按钮，打开如图 6-79 所示的选取对话框。在该对话框中，勾选上的图元表示按 Shift 同时单击鼠标左键才能选中该图元。

图 6-79　选取对话框

⑩ Smart Track Ends：灵巧导线终点。

2）Autopan Options 区域用于设置自动变焦。

3）File Format Change Report 区域用于设置禁止文件格式改变报告模式。

4）Other 区域各选项含义如下：

① Undo/Redo：撤销和恢复次数。

② Rotation Step：按 Space 键旋转图元角度。正值表示逆时针旋转，负值表示顺时针旋转。

③ Cursor Type：光标类型。系统提供三种光标类型，即 Large 90、Small 90 和 Small 45。

④ Comp Drag：元件拖动模式。系统提供了两种模式，Connected Tracks 表示移动元件时连同导线一起移动，None 表示仅仅移动元件而导线不动。

第 7 章　PCB 设计

本章主要介绍 PCB 设计，包括 PCB 文件创建方法、由原理图图更新 PCB 文件、元件的布局和布线等操作，并以两个具体实例来系统讲解 PCB 的设计过程。

7.1　新建 PCB 文件

在 Altium Designer 17 中可以采用三种方法创建 PCB 文件，一是通过向导生成 PCB 文件，二是执行菜单命令，三是通过模板文件。

7.1.1　通过向导生成 PCB 文件

通过向导的方式生成 PCB 文件的优点在于可以设置 PCB 的参数。

1）打开 Files 面板，如图 7-1 所示。单击 New from template 区域中的 PCB Board Wizard 命令，弹出如图 7-2 所示的 PCB 向导启动对话框。

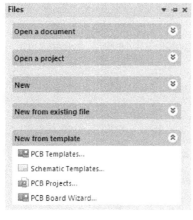

图 7-1　Files 面板

图 7-2　PCB 向导启动对话框

2）单击 Next 按钮，进入如图 7-3 所示的单位选择对话框。在该对话框中可以设置 PCB 设计系统的单位。系统提供两种单位，一种是国际上通用的英制单位 Imperial（mil，毫英寸），另一种是国内常用的公制单位 Metric（mm，毫米）。

3）选择 Imperial，单击 Next 按钮，进入如图 7-4 所示的 PCB 标准电路板对话框。可以从系统提供的标准电路板中选择需要的类型，在对话框右侧的窗口进行预览，如图 7-5 所示。若是标准电路板中没有符合要求的，则选择 Custom 类型。

4）选择 Custom，单击 Next 按钮，进入如图 7-6 所示的自定义电路板对话框。在该对话框中设置 PCB 的形状和尺寸。PCB 的形状有三种，即 Rectangular（矩形）、Circular（圆形）和 Custom（自定义）。当选择矩形时，Width 和 Height 分别用于设置电路板的宽度和高度。

图 7-3　单位选择对话框

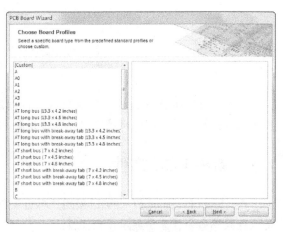

图 7-4　PCB 标准电路板对话框

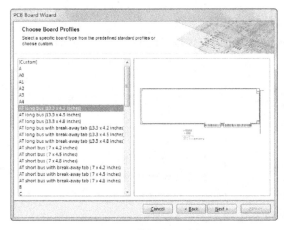

图 7-5　预览标准电路板

图 7-6　自定义电路板对话框

① Dimension Layer：尺寸标注所在的工作层，通常为 Mechanical Layer 1。

② Boundary Track Width：边框线宽度。

③ Dimension Line Width：尺寸线宽度。

④ Keep Out Distance From Board Edge：禁布线和 PCB 边框间距。

⑤ Title Block and Scale：勾选该项表示在 PCB 上设置标题栏。

⑥ Legend String：勾选该项表示在 PCB 上设置字符串。

⑦ Dimension Lines：勾选该项表示在 PCB 上设置尺寸线。

⑧ Corner Cutoff：勾选该项表示截取矩形 PCB 的边角。

⑨ Inner Cutoff：勾选该项表示截取矩形 PCB 的内部。

5）选择 Rectangular，勾选 Corner Cutoff，其余采用默认设置。单击 Next 按钮，进入如图 7-7 所示的设置边角尺寸对话框。在该对话框中，将左上角的尺寸改为 600mil 和 700mil，如图 7-8 所示。

6）单击 Next 按钮，进入如图 7-9 所示的板层设置对话框。在该对话框中设置 PCB 的信号层数（Signal Layers）和内电层数（Power Planes）。在步骤 4）中，若不选择 Custom 类型，单击 Next 按钮后直接进入这一步。

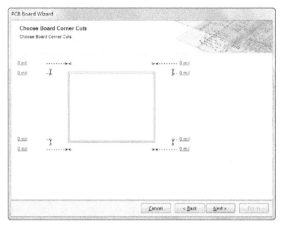

图 7-7　设置边角尺寸对话框

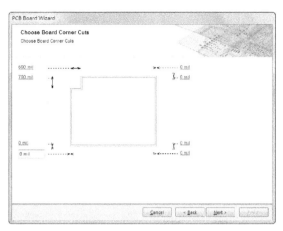

图 7-8　将左上角的尺寸改为 600mil 和 700mil

7）采用默认设置，单击 Next 按钮，进入如图 7-10 所示的设置过孔类型对话框。在该对话框中 Thruhole Vias only 表示 PCB 上只有过孔。Blind and Buried Vias only 表示 PCB 上有盲孔和埋孔，如图 7-11 所示。

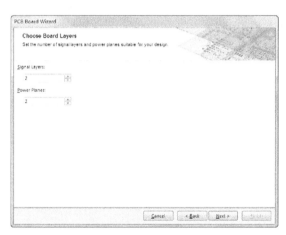

图 7-9　板层设置对话框

图 7-10　设置过孔类型对话框

8）单击 Next 按钮，进入如图 7-12 所示的对话框。在该对话框中设置元件和布线技术。在 The board has mostly 区域设置 PCB 上多数元件的类型。

① Surface-mount components：表贴式元件。勾选该选项后，在 Do you put components on both sides of the board 区域设置是否双面放置元件。Yes 表示双面放置，No 表示单面放置。

② Through-hole components：针脚式元件。勾选该选项后，在 Number of tracks between adjacent pads 区域设置相邻焊盘间的导线数量，One Track 表示一条导线，Two Track 表示二条导线，Three Track 表示三条导线，如图 7-13 所示。

9）单击 Next 按钮，进入如图 7-14 所示的对话框。在该对话框中设置铜膜导线和过孔尺寸。

① Minimum Track Size：导线最小宽度。

图 7-11　PCB 上有盲孔和埋孔

图 7-12　设置元件和布线技术对话框
（多数元件为表贴式元件）

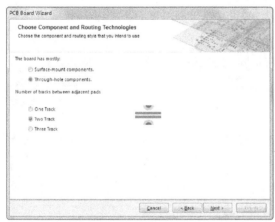

图 7-13　设置元件和布线技术对话框
（多数元件为针脚式元件）

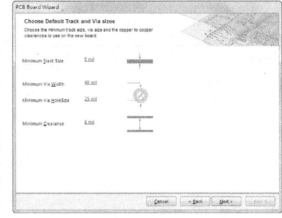

图 7-14　设置铜膜导线和过孔尺寸对话框

② Minimum Via Width：过孔最小外径。

③ Minimum Via HoleSize：过孔最小内径。

④ Minimum Clearance：最小安全距离。

10）单击 Next 按钮，进入如图 7-15 所示的 PCB 向导完成对话框，单击 Finish 按钮，完成向导工作，系统会根据之前的各项设置生成新的 PCB 文件，进入 PCB 设计界面，如图 7-16 所示。

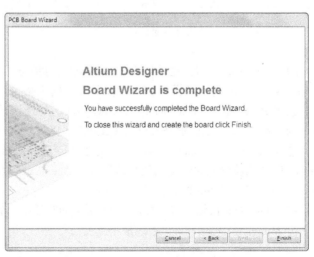

图 7-15　PCB 向导完成对话框

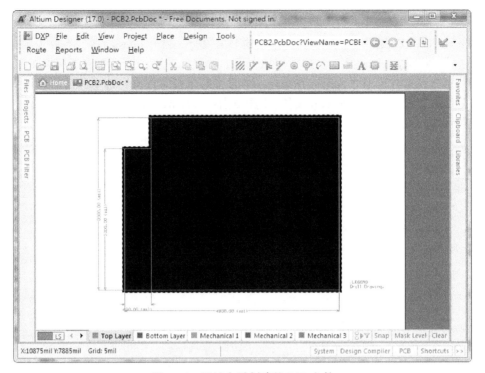

图 7-16　通过向导创建的 PCB 文件

7.1.2　通过菜单命令生成 PCB 文件

执行菜单命令 File→New→PCB，建立空白的 PCB 文件，如图 7-17 所示。通过菜单命令是最简单、最直接的方法，但在创建中没有对 PCB 文件的参数进行任何设置。这里要注意，通过菜单命令生成的 PCB 是双层板，在 6.6 节中介绍了修改工作层的方法。

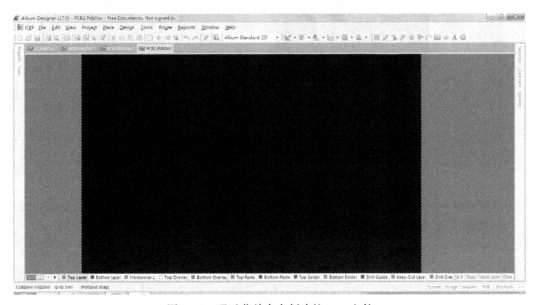

图 7-17　通过菜单命令创建的 PCB 文件

7.1.3 通过模板文件生成 PCB 文件

Altium Designer 17 提供 PCB 模板文件来创建 PCB 文件。打开 Files 面板，单击 New from template 区域中的 PCB Templates 命令，如图 7-18 所示，弹出如图 7-19 所示的选择模板文件对话框。该对话框中的默认查找范围为 Altium Designer 17 自带的模板文件夹。选中所需的模板文件，单击打开按钮，系统会打开相应的 PCB 文件。例如选择 A4. PCBDOC 模板，单击打开按钮，即打开如图 7-20 所示的 PCB 文件。

图 7-18　Files 面板

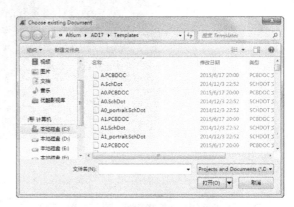

图 7-19　选择模板文件对话框

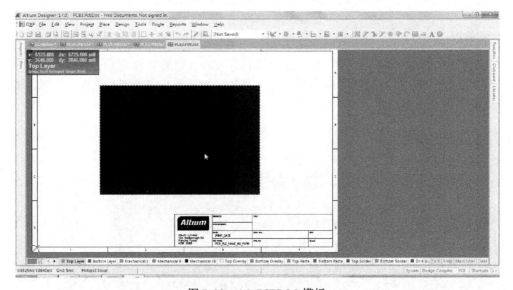

图 7-20　A4. PCBDOC 模板

7.2 由原理图更新 PCB 文件

新建 PCB 文件并设置适当的设计参数后，就可以将原理图中的元件和网络等信息传递到 PCB 文件中，这就是所谓的由原理图更新 PCB 文件操作。下面介绍具体操作步骤。

1) 在原理图文件所在的 PCB 项目下新建并保存 PCB 文件。

2）打开原理图文件，执行菜单命令 Design→Update PCB Document ∗.PcbDoc（∗为新建的 PCB 文件名），打开工程变化对话框，如图 7-21 所示。在该对话框中记录着由原理图更新 PCB 文件的信息，其中包括元件、网络、元件类和 Room。

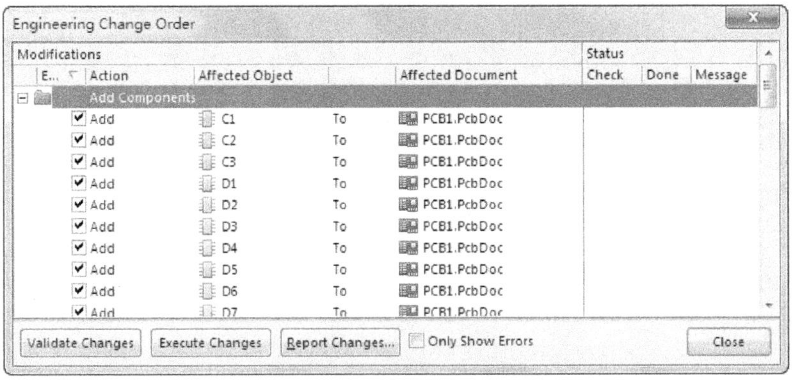

图 7-21　工程变化对话框

3）单击 Validate Changes 按钮，检测这些变化的有效性，检测结果体现在 Check 一列中。出现对号表示变化有效，出现叉符号表示变动无效，如图 7-22 所示。

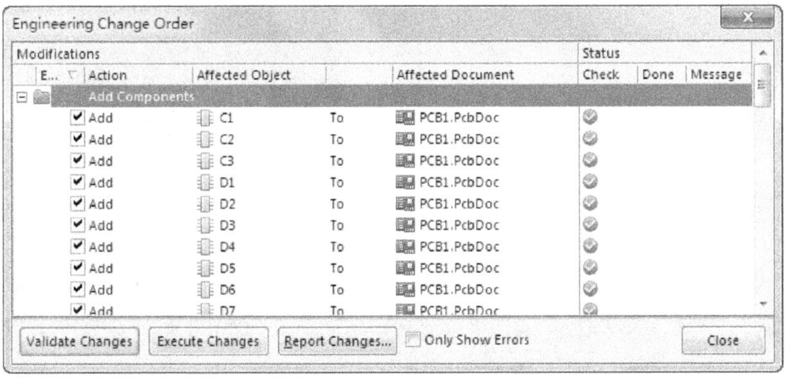

图 7-22　单击 Validate Changes 按钮后的结果

若变动无效必须查找原因进行修改，直到所有变化均有效时才能进行下一步操作。多数情况下，Add Components 类中容易出现叉符号，这是由于叉符号所对应的元件的封装形式在可用的库文件中找不到，解决的方法是加载上该元件封装所在的库文件。若该元件来自于集成元件库且没有修改过封装，则需加载它所在的集成元件库即可。若该元件修改了封装或是另行绘制的，则需加载它的封装形式所在的封装元件库。

4）当所有变化均有效时单击 Execute Changes 按钮执行变化，将原理图中的设计信息传递到 PCB 文件中。执行的结果体现在 Done 一列中，如图 7-23 所示。同理，对号表示变化已执行，叉符号表示变化没有执行。若有叉符号出现，可以在 Messages 面板中查看。当所有变化均执行完毕后，单击 Close 按钮，跳转到 PCB 设计界面中，如图 7-24 所示。

对于更新后的 PCB 文件，有两点需要说明：

1）Room。在图 7-24 中可以看到，所有的元件均放在一个矩形区域中，移动此区域，内部的元件也随之移动，该区域称为 Room。在 Room 区域内没有元件的地方单击鼠标左键，当 Room 的四周出现八个编辑点时表示 Room 已被选中，如图 7-25 所示，此时通过移动编辑点可以改变

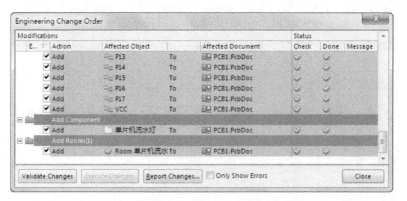

图 7-23　单击 Execute Changes 按钮后的结果

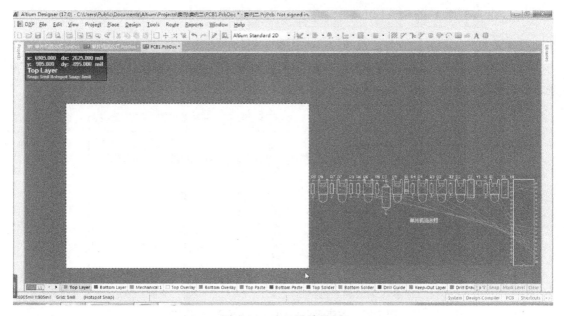

图 7-24　PCB 设计界面

Room 的范围。在选中 Room 时，单击 Delete 键可将其删除。

2）飞线。在图 7-25 中，元件引脚之间有纵横交错的细线，这就是飞线。飞线体现了原理图中的电气连接关系，为布线做了充分的准备。当飞线被真正的导线取代后就会消失。在移动元件后，有时会出现飞线断裂、显示不完全的情况，执行菜单命令 View→Refresh 可以刷新页面，使其正常显示。当移动一个元件时，与焊盘相连的飞线也会随之移动。

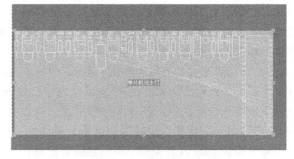

图 7-25　选中 Room

7.3　布局相关规则设置

针对 PCB 设计，Altium Designer 17 提供了十种设计规则，执行菜单命令 Design→Rules，弹出如图 7-26 所示的 PCB 规则和约束编辑对话框。该对话框由两栏组成，左边的树状列表显示这十种规则，单击规则前的田可以打开子级规则，单击规则前的一可以隐藏子级规则。当单击左边栏的规则时，右侧栏显示相应规则的属性设置。

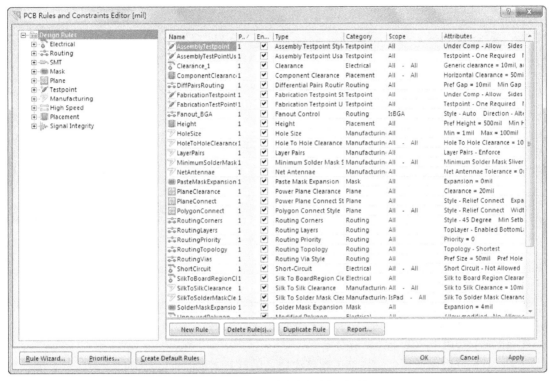

图 7-26　PCB 规则和约束编辑对话框

在这十种规则中，与布局有关的规则集中在 Placement 类中。单击图 7-26 中 Placement 前的田号，可以看到其下有六项布局子规则，如图 7-27 所示。在元件布局时有违反规则的地方，系统在界面上或是电气规则检查时会给出提示。

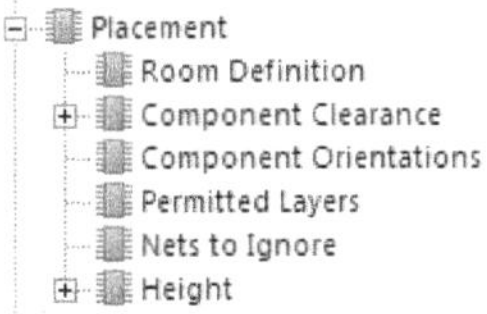

图 7-27　布局子规则

1. Room Definition（定义 Room 规则）

Room Definition 主要用来设定 Room 的尺寸及其所在工作层。右键单击图 7-27 中的 Room Definition，在弹出的下拉菜单中选择 New Rule 命令，则 Room Definition 前面出现田符号。单击田符号将其展开，可以看到新建了一个 Room Definition 子规则，单击它即可在右侧栏显示该规则的设置选项，如图 7-28 所示。

图 7-28 所示的对话框的右侧栏分为三部分，即基本属性设置、适用范围设置和具体规则内容设置。

（1）基本属性设置

基本属性设置包括 Name（设置规则名称）、Comment（设置规则注释）和 Unique ID（设置

174

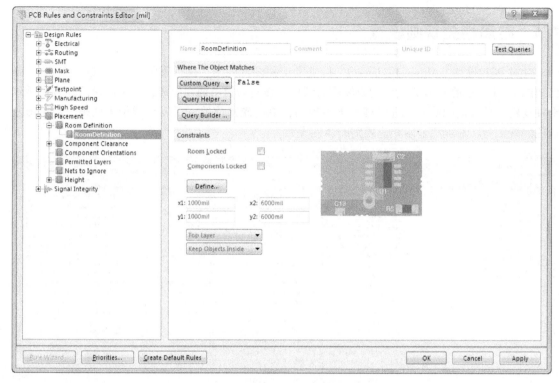

图 7-28　定义 Room 规则

规则 ID)。

（2）适用范围设置

Where The Object Matches 区域用于设置规则适用的范围。单击 Custom Query 后的下拉按钮，弹出如图 7-29 所示的下拉菜单 1。下面介绍该下拉菜单中的各个选项。

① All 表示适用于 PCB 上的所有对象。

② Component 表示适用于元件，选择该项后，单击 No Component 后方的下拉按钮，弹出如图 7-30 所示的下拉菜单 2，可以选择规则适用于的具体元件。

图 7-29　下拉菜单 1

图 7-30　下拉菜单 2

③ Component Class 表示适用于一类元件，单击后方的下拉按钮，弹出如图 7-31 所示的下拉菜单 3，可以选择规则适用于的哪一类元件。All Components 表示所有元件；Top Side Components 表示正面元件；Bottom Side Components 表示反面元件；Inside Board Components 表示 PCB 内的元件；Outside Board Components 表示 PCB 外的元件。

④ Footprint 表示适用于封装，选择该项后，单击 No Footprint 后方的下拉按钮，弹出如图 7-32 所示的下拉菜单 4。该菜单中列出了当前 PCB 文件中的所有封装名称，可以选择规则适用于哪一种元件封装。

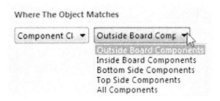

图 7-31　下拉菜单 3

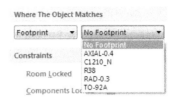

图 7-32　下拉菜单 4

⑤ Package 表示适用于一类封装，选择该项后，单击后方的下拉按钮，弹出如图 7-33 所示的下拉菜单 5，可以选择规则适用于哪一类封装，如 DIP（双列直插）等。

⑥ Custom Query 表示通过表达式确定规则适用的范围，如图 7-34 所示。在右侧的对话框中可以建立适用对象表达式。

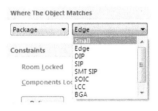

图 7-33　下拉菜单 5

图 7-34　通过表达式确定规则适用的范围

（3）具体规则内容设置

具体规则内容的设置一般是在 Constraints 区域中进行，如图 7-35 所示。

① Room Locked：锁定 Room 区域。勾选该项后，不能重新定义 Room，也不能移动 Room，且 Define 按钮变成非可选状态。

② Components Locked：勾选该项后锁定 Room 区域内的元件。

③ Define：该按钮用于重新定义 Room。单击该按钮后，视图会自动跳转到 PCB 编辑

图 7-35　具体规则内容设置

环境中。此时光标变成十字形，可以在 PCB 环境中重新绘制 Room。此外，还可以通过在 x1、y1、x2、y2 编辑框内设定 Room 对角的坐标来定义 Room。

④ Top Layer：单击 Top Layer 后的下拉按钮，弹出如图 7-36 所示的下拉菜单，在其中可以选择 Room 放置的工作层，包含 Top Layer（顶层）或 Bottom Layer（底层）。

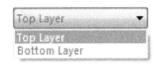

图 7-36　Room 放置的工作层

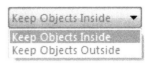

图 7-37　元件放置的范围

⑤ Keep Objects Inside：单击其后的下拉按钮，弹出如图 7-37 所示的下拉菜单，其中 Keep Objects Inside 表示选择将元件放置在 Room 内，Keep Objects Outside 表示选择将元件放置在 Room 外。

2. Component Clearance（元件安全距离规则）

单击图 7-28 中的 Placement→Component Clearance→ComponentClearance，显示元件安全距离规则界面，如图 7-38 所示。Component Clearance 用于设置元件封装之间的最小距离。在图 7-38 中基本属性设置和适用对象设置与前面基本相同，这里不再赘述。下面主要介绍 Constraints 区域中的具体规则设置。

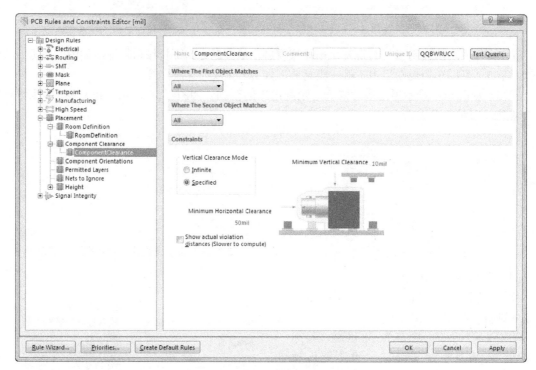

图 7-38　元件安全距离规则界面

1）Vertical Clearance Mode 用于选择垂直间距模式。

① Infinite（无限）表示元件之间的垂直距离没有限制，勾选该项时如图 7-39 所示，其中 Minimum Horizontal Clearance 用于设置水平最小间距。

② Specified 表示指定元件的垂直间距，勾选该项时如图 7-40 所示，其中 Minimum Vertical Clearance 用于设置垂直最小间距。

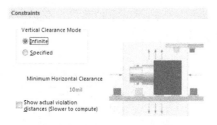

图 7-39　勾选 Infinite 效果图

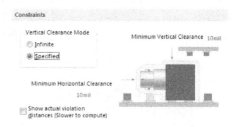

图 7-40　勾选 Specified 效果图

2）Show actual violation distances 表示显示实际的冲突距离。

3. Component Orientations（元件放置方向规则）

Component Orientations 主要用来设定元件封装的放置方向。右键单击图 7-28 中的 Component

Orientations，在弹出的下来菜单中选择 New Rule 命令，则 Component Orientations 前面出现一个 ➕ 符号。单击➕符号将其展开，可以看到新建了一个 ComponentOrientations 子规则，单击它即可在右侧栏显示该规则的设置选项，如图 7-41 所示。在 Constrains 区域中，Allowed Orientations 设置放置方向。

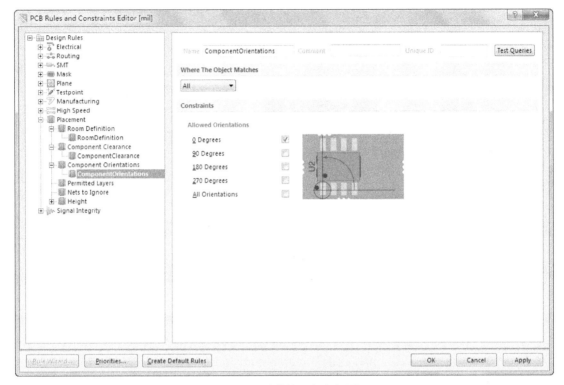

图 7-41 元件放置方向规则

4. Permitted Layers （元件放置层规则）

Permitted Layers 主要用来设定自动布局时元件封装的放置工作层。右键单击图 7-28 中的 Permitted Layers，在弹出的下来菜单中选择 New Rule 命令，则 Permitted Layers 前面出现➕符号。单击➕符号将其展开，可以看到新建了一个 PermittedLayers 子规则。单击 PermittedLayers 子规则，如图 7-42 所示。在 Constraints 区域中，Top Layer 和 Bottom Layer 复选框分别表示允许元件布置在顶层和底层。

5. Nets to Ignore （忽略网络规则）

Nets to Ignore 主要用来设定自动布局时忽略的网络。右键单击图 7-28 中的 Nets to Ignore，在弹出的下来菜单中选择 New Rule 命令，则 NetstoIgnore 前面出现➕符号。单击➕符号将其展开，可以看到新建了一个 NetstoIgnore 子规则。单击 PermittedLayers 子规则，如图 7-43 所示。该项规则设置比较简单，只需要选择规则适用的范围。

6. Height （高度规则）

Height 规则主要用来设定元件封装的高度。单击图 7-28 中的 Placement→Height→Height，如图 7-44 所示。在 Constraints 区域中，Minimum、Maximum 和 Preferred 分别表示元件封装高度的最小值、最大值和实际值。

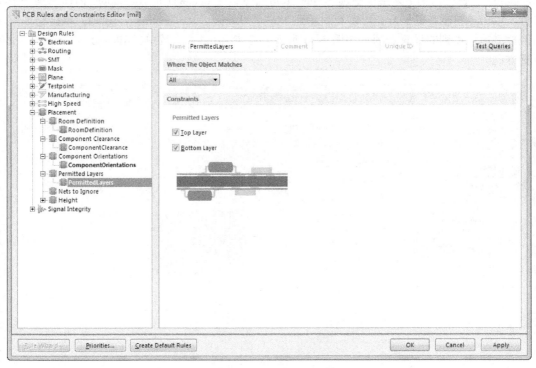

图 7-42　元件放置层规则

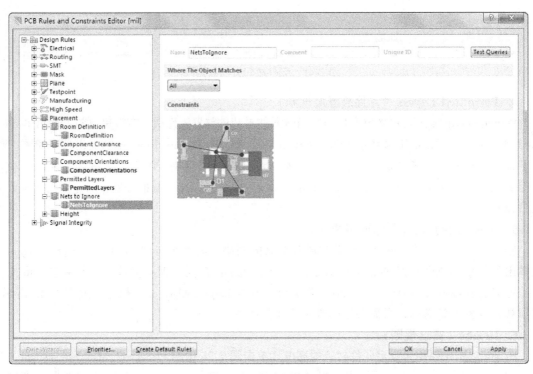

图 7-43　忽略网络规则

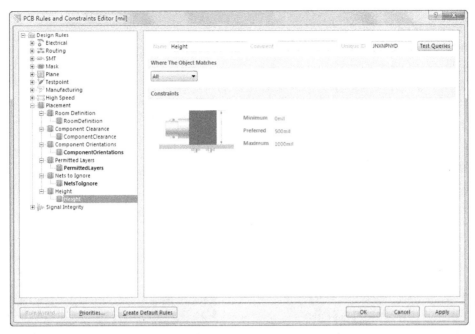

图 7-44　高度规则

7.4　元件布局

在由原理图更新 PCB 文件后，所有的元件已经出现在 PCB 设计界面的工作区中，接下来就可以重新考虑调整元件的位置。元件布局的质量直接关系到接下来布线工作的好坏，从而影响到电路板的质量。元件布局有两种方式，即自动布局和手动布局。自动布局仅仅是初步布局，根据元件类别将电气关系近的元件就近摆放在 PCB 上。自动布局的结果往往不理想，有许多不合理的地方，还需要手动布局进一步完善，有时更需要完全使用手动布局。

7.4.1　布局原则

PCB 设计时通常要先确定 PCB 的尺寸。尺寸不宜过大也不宜过小。尺寸过大时，元件放置比较稀疏，铜膜导线长，造成阻抗增加，抗干扰能力降低且浪费板材；尺寸过小时，元件放置比较密集，不利于散热，相邻导线干扰增加。PCB 尺寸一般受使用场所的限制，此外还要考虑到电路板与外接插件（如插口）的连接和安装方式。

元件布局时，首先考虑到特殊元件的放置：

1）高频元件间的导线尽量短以减小相互间的电磁干扰。

2）电路板上的外接元件应放置在边缘适当的位置上。相关的引线端距离不要太远且进出线端尽量集中，不要过于分散。

3）对于电路板上的电位器、可调开关、可变电容器等可调元件来说，若是机内调节，应放在板上易于调节的位置；若是机外调节，要放在与调节旋钮相适应的地方。

4）对于电位差较高的元件，应尽量加大它们之间的距离，以免放电造成意外短路。高压强电元件与其他元件应尽量远些，且放置在调试时手不会接触到的位置。

此外，元件布局时还要遵守以下原则：

1）元件应尽量均匀、整齐、紧凑地放置在电路板上，最好能平行排列，易于焊接，便于批量生产且视觉美观。

2）按照电路中信号的流向安排各个功能单元的位置，使元件布局有利于信号流通，并使信号尽可能保持同一方向。

3）针对电路的各个功能单元，以核心元件为中心来进行布局。

7.4.2 自动布局

执行菜单命令 Tools→Component Placement，在弹出的菜单中有不同的自动布局命令，如图 7-45 所示。

1. 在 Room 内布局

单击 Arrange Within Room 命令，光标变成十字形，单击一个 Room，系统会自动在该 Room 内排布元件，单击鼠标右键结束布局。自动布局前后对比图如图 7-46 和图 7-47 所示。

图 7-45　Tools→Component Placement 子菜单

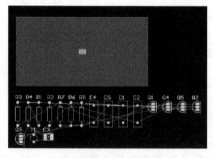

图 7-46　布局前

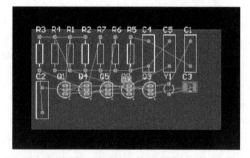

图 7-47　在 Room 内布局效果

2. 在矩形范围内布局

选中需要布局的元件，单击 Arrange Within Rectangle 命令，光标变成十字形。单击鼠标左键确定矩形区域的一个顶点，移动鼠标，在对角顶点的位置再次单击鼠标左键以确定矩形范围，如图 7-48 所示。系统会在此矩形范围内对所选元件进行布局，结果如图 7-49 所示。

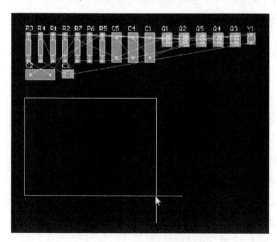

图 7-48　画出矩形范围

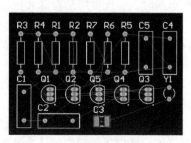

图 7-49　在矩形范围内布局效果

3. 在 PCB 外布局

选中所有元件，单击 Arrange Outside Board 命令，操作结果如图 7-50 所示。

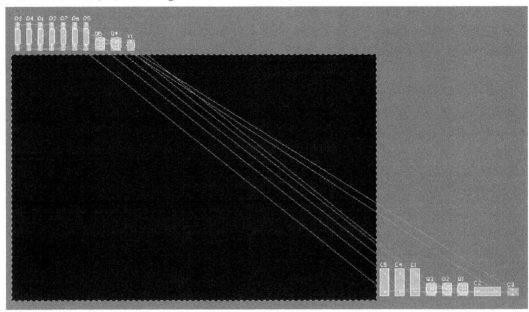

图 7-50　在 PCB 外布局效果

4. 自动布局和停止自动布局

单击 Auto Placer 命令和 Stop Auto Placer 命令，可以进行自动布局或停止自动布局。

5. 推挤元件

如果元件有堆叠现象，可以利用系统提供的推挤元件功能将堆叠的元件分开。单击 Shove 命令，光标变成十字形，用鼠标左键单击需要保留在原地的元件，则其他堆叠在该元件上的其他元件会分开排布，解决堆叠现象。例如在图 7-51 中，单击 Shove 命令，单击元件 C4，结果如图 7-52 所示。

如果在推挤元件时系统没有分开堆叠的元件，可以考虑重新进行参数设置。在图 7-45 中，单击 Set Shove Depth，弹出如图 7-53 所示的设置推挤深度参数对话框。推挤深度参数可以在 0 ~ 1000 之间选择。

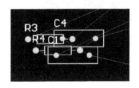
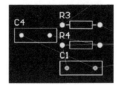

图 7-51　元件堆叠　　　　图 7-52　推挤元件效果　　　图 7-53　设置推挤深度参数对话框

7.4.3　手动布局

如前所述，元件自动布局的结果往往不理想，有时甚至会堆叠，所以需要手动调整元件的位置。

1. 元件的选取和移动

1）利用鼠标。将光标放在元件上，按住鼠标左键拖动，元件即可跟随鼠标移动。或者在编辑区中按住鼠标左键拖动鼠标，在画出的区域内的元件都会被选取上，将光标放在某一选取的元件上，按住鼠标左键拖动鼠标，被选取的元件会跟随移动。

2）利用菜单命令。执行菜单命令 Edit→Move→Component，光标变成十字形，在元件上单击鼠标左键，元件会跟随光标移动。

上面两种方法简单易行，但对于元件较多的电路板来说下面的方法更实用。执行菜单命令 Edit→Move→Component，光标变成十字形，在工作区单击鼠标左键，打开如图 7-54 所示的选择元件对话框。

在该对话框的第一栏中可直接输入元件的编号，也可以从第二栏的元件列表中进行选取。在 Movement 区域中，有如下选项：

① Jump to component：光标直接跳转到所选元件上，且元件随光标移动。

② Move component to cursor：所选元件自动跳到光标上且随之移动。使用这种方法可以快速找到元件，从而避免到处找元件的情况。

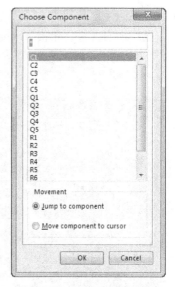

图 7-54　选择元件对话框

2. 元件的旋转

当元件跟随光标移动时，单击 Space 键，元件可以逆时针旋转 90 度。

3. 元件的对齐

为了电路板的美观以及信号的完整性，在布置元件时有必要实行一定的对齐操作。元件的对齐操作命令集中在菜单命令 Edit→Align 以及 Utilities（实用）工具栏上。单击 Utilities（实用）工具栏中的下拉按钮 ▦ ，弹出如图 7-55 所示的对齐工具菜单。下面以图 7-56 中的元件为例，介绍这些工具的作用。

图 7-55　对齐工具菜单

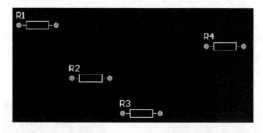

图 7-56　对齐实例

1）▦：左端对齐。选中图 7-56 中的四个电阻，单击该命令。以选中元件的最左端 R1 为基准，所有元件水平移动靠左对齐，结果如图 7-57 所示。

2）▦：右端对齐。选中图 7-56 中的四个电阻，单击该命令。以选中元件的最右端 R4 为基准，所有元件水平移动靠右对齐，结果如图 7-58 所示。

3）▦：水平居中对齐。选中图 7-56 中的四个电阻，单击该按钮，光标变成十字形，鼠标左键单击某一元件，以该元件的中垂线为基准，其他所有元件水平移动到这条线上。水平居中对齐的结果是元件垂直排成一列，元件中心均在一条垂线上。以图 7-56 中的 R2 为中心，执行此操作，R2 位置没有改变，结果如图 7-59 所示。

图 7-57　左端对齐

图 7-58　右端对齐

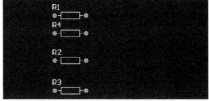

图 7-59　水平居中对齐

4）▥：顶端对齐。首先选中图 7-56 中的四个电阻，单击该命令。以选中元件的最顶端 R1 为基准，所有元件垂直移动靠上对齐，结果如图 7-60 所示。

5）▥：底端对齐。首先选中图 7-56 中的四个电阻，单击该命令。以选中元件的最底端 R3 为基准，所有元件垂直移动靠下对齐，结果如图 7-61 所示。

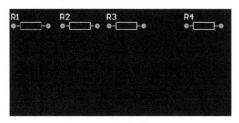

图 7-60　顶端对齐

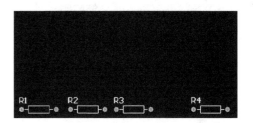

图 7-61　底端对齐

6）▥：垂直居中对齐。选中图 7-56 的元件，单击该按钮，光标变成十字形，鼠标左键单击某一元件，以该元件的中心水平线为基准，其他所有元件垂直移动到这条线上。垂直居中对齐的结果是元件水平排成一行，元件中心均在一条水平线上。以图 7-56 中的 R2 为中心，执行此操作，R2 位置没有改变，结果如图 7-62 所示。

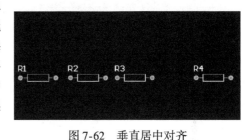

图 7-62　垂直居中对齐

7）▥：横向均匀分布。选中元件，单击该按钮，选中元件横向移动使之横向等间距排列。对图 7-62 中的元件执行此操作，结果如图 7-63 所示。

8）▥：纵向均匀分布。选中元件，单击该按钮，选中元件纵向移动使之纵向等间距排列。对图 7-57 中的元件执行此操作，结果如图 7-64 所示。

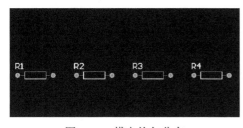

图 7-63　横向均匀分布

图 7-64　纵向均匀分布

9）：增加元件之间的水平距离。选中元件，单击该按钮，使选中元件之间的水平距离增加。

10）：缩小元件之间的水平距离。选中元件，单击该按钮，使选中元件之间的水平距离缩小。

11）：增加元件之间的垂直距离。选中元件，单击该按钮，使选中元件之间的垂直距离增加。

12）：缩小元件之间的垂直距离。选中元件，单击该按钮，使选中元件之间的垂直距离缩小。

13）：在 Room 内对齐排列元件。

14）：在所选区域内对齐排列元件。选中元件，单击该按钮后光标变成十字形，在编辑区内按住鼠标左键画出一定的区域，系统会将选中的元件排列在该区域内。

15）：单击该按钮，弹出如图 7-65 所示的对齐图元对象对话框。在该对话框中可以对所选元件的水平（Horizontal）和垂直（Vertical）方向的移动做出选择，包括 No Change（无变化）、Left（向左移）、Top（向上移）、Center（向中心线移动）、Right（向右移）、Bottom（向下移）和 Space equally（等间距）。

图 7-65　对齐图元对象对话框

7.5　布线相关规则设置

执行菜单命令 Design→Rules，打开 PCB 规则和约束编辑对话框，如图 7-66 所示。在十种规则中，与布线有关的规则集中在 Electrical（电气规则）和 Routing（走线规则）。

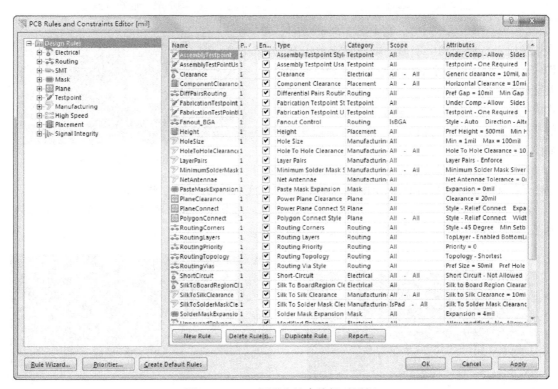

图 7-66　PCB 规则和约束编辑对话框

7.5.1 Electrical 设置

Electrical（电气规则）包括 Clearance（安全距离规则）、Short-Circuit（短路规则）、Un-Routed Net（未布线网络规则）、Un-Connected Pin（未连接引脚规则）和 Modified Polygon（修改敷铜规则），如图 7-67 所示。

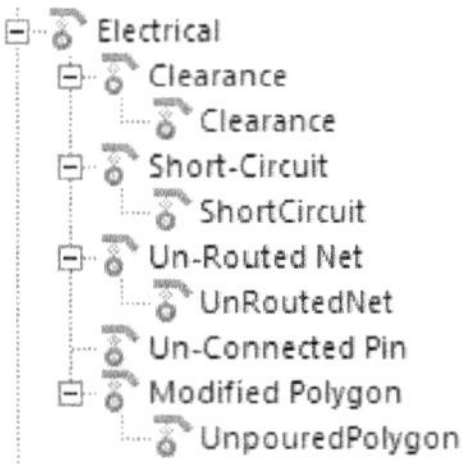

185

图 7-67 电气规则

1. Clearance（安全距离规则）

单击图 7-67 中的 Electrical→Clearance→Clearance，如图 7-68 所示。Clearance 用于设置具有导电特性对象（例如导线、过孔、焊盘和敷铜等）之间的最小安全距离。规则通常适用于一个或两个对象，Where The First/Second Object Matches 区域设置规则适用的范围。Minimum Clearance 用于设置安全距离的数值。对于安全距离的设置有两种模式，即 Simple（简单模式，如图 7-68 所示）和 Advanced（高级模式，如图 7-69 所示），在其中可以进一步设置不同图元对象之间的安全距离，如 Arc（弧线）、Track（导线）、SMD Pad（表贴式焊盘）、TH Pad（直插式焊盘）、Via（过孔）等。

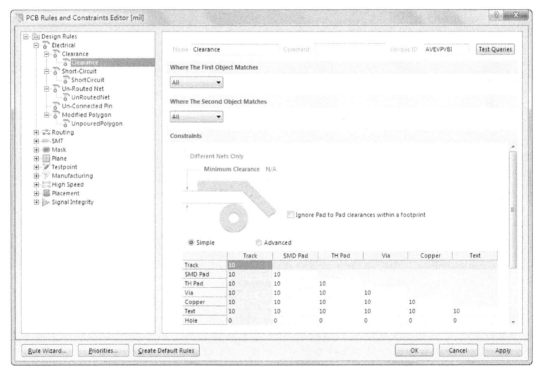

图 7-68 安全距离规则

2. Short-Circuit（短路规则）

单击图 7-67 中的 Electrical→Short-Circuit→ShortCircuit，如图 7-70 所示。Short-Circuit 规则用于设置是否允许电路板上的导线短路。勾选上 Allow Short Circuit 复选框，表示允许短路。

3. Un-Routed Net（未布线网络规则）

单击图 7-67 中的 Electrical→Un-Routed Net→UnRoutedNet，如图 7-71 所示。Constraints 区域中，Check for incomplete connections 表示检查未布线的网络。如果有布线失败的网络，则未布线的网络将保持飞线。

	Arc	Track	SMD Pad	TH Pad	Via	Fill	Poly	Region	Text
Arc	10								
Track	10	10							
SMD Pad	10	10	10						
TH Pad	10	10	10	10					
Via	10	10	10	10	10				
Fill	10	10	10	10	10	10			
Poly	10	10	10	10	10	10	10		
Region	10	10	10	10	10	10	10	10	
Text	10	10	10	10	10	10	10	10	10
Hole	0	0	0	0	0	0	0	0	0

图 7-69　安全距离设置中的高级模式

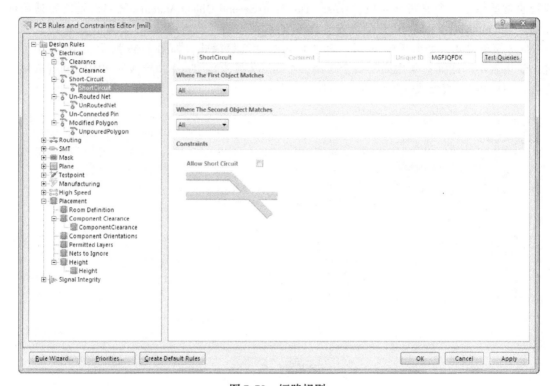

图 7-70　短路规则

4. Un-Connected Pin（未连接引脚规则）

未连接引脚规则用于检查指定范围内的元件引脚是否连接。该规则不需要修改参数设置，只要创建规则，设置基本属性和适用对象即可，如图 7-72 所示。

5. Modified Polygon（修改敷铜规则）

修改敷铜规则用于检设置是否允许修改敷铜，如图 7-73 所示。

7.5.2　Routing 设置

Routing（走线规则）是进行自动布线的依据，其设置的合理与否直接关系到布线质量的好坏。布线规则包括 Width（导线宽度规则）、Routing Topology（布线拓扑逻辑规则）、Routing Priority（布线优先级规则）、Routing Layers（布线层规则）、Routing Corners（布线转角规则）、Routing Via Style（布线过孔规则）、Fanout Control（扇出布线控制规则）和 Differential Pairs Routing

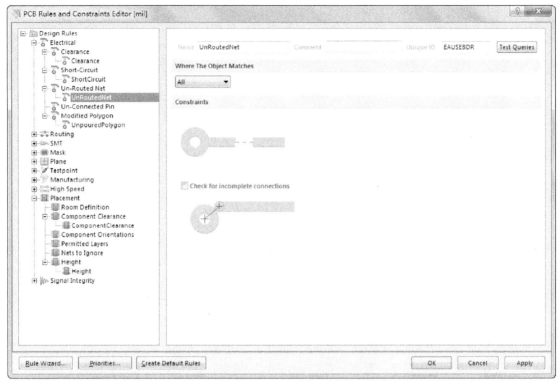

图 7-71 未布线网络规则

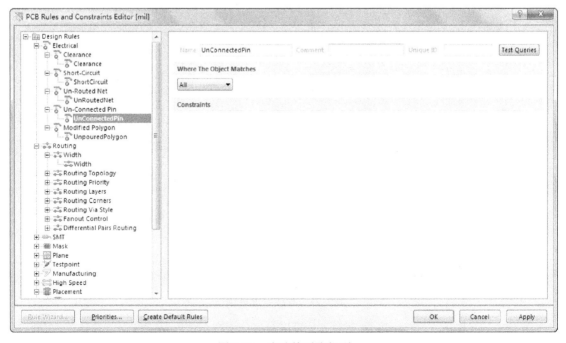

图 7-72 未连接引脚规则

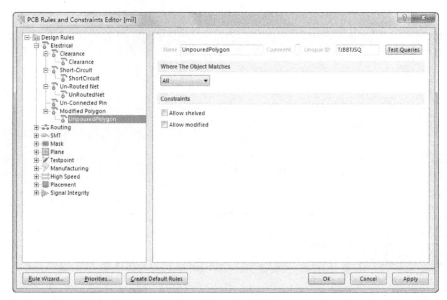

图 7-73　修改敷铜规则

（差分对布线规则），如图 7-74 所示。

1. Width（导线宽度规则）

单击图 7-74 中的 Routing→Width→Width，如图 7-75 所示。Width 规则用于设置铜膜导线的宽度和范围。在 Constraints 区域中，各参数含义如下：

① Max Width：导线最大宽度。

② Min Width：导线最小宽度。

图 7-74　布线规则

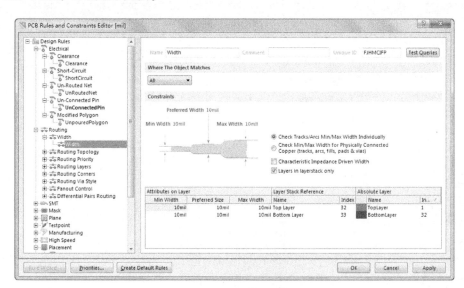

图 7-75　导线宽度规则

③ Preferred Width：导线实际宽度。三个宽度数值分别在图中以及表格中均有体现，它们是相互对应的。修改图中（或表格中）的数据，表格中（或图中）的数据也会自动修改。

④ Check Track/Arcs Min/Max Width Individually：检查线段和圆弧的最小或最大线宽。

⑤ Check Min/Max Width for Physically Connected Copper（tracks，arcs，fills，pads&vias）：检查连接敷铜的最小或最大线宽。

⑥ Characteristic Impedance Driven Width：勾选该选项可以通过对最大、最小和实际电阻率的设置来改变铜膜导线的宽度。

⑦ Layers in layerstack only：勾选该选项表示设置的规则适用于该 PCB 现有的层。如未勾选，设置的规则适用于所有信号层，如图 7-76 所示。

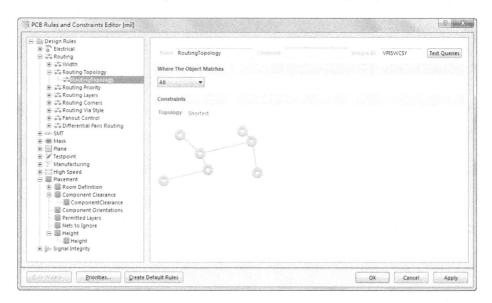

Attributes on Layer			Layer Stack Reference		Absolute Layer	
Min Width	Preferred Size	Max Width	Name	I.	Name	Index
10mil	10mil	10mil			MidLayer30	31
10mil	10mil	10mil			MidLayer4	5
10mil	10mil	10mil			MidLayer5	6
10mil	10mil	10mil			MidLayer6	7
10mil	10mil	10mil			MidLayer7	8
10mil	10mil	10mil			MidLayer8	9
10mil	10mil	10mil			MidLayer9	10
10mil	10mil	10mil	Top Layer	0	TopLayer	1
10mil	10mil	10mil	Bottom Layer	1	BottomLayer	32

图 7-76　未勾选 Layers in layerstack only 的结果

2. Routing Topology（布线拓扑逻辑规则）

单击图 7-74 中的 Routing→Routing Topology→RoutingTopology，如图 7-77 所示。Routing Topology 规则用于设置布线的拓扑逻辑，即同一网络内各节点间的布线方式。

图 7-77　布线拓扑逻辑规则

Topology 下拉列表中有七种布线拓扑，如图 7-78 所示。

① Shortest：最短规则。网络中所有节点间的连线最短，如图 7-77 所示。

② Horizontal：水平规则。布线时尽量水平走线，且水平连线最短，如图 7-79a 所示。

③ Vertical：垂直规则。布线时尽量垂直走线，且垂直连线最短，如图 7-79b 所示。

④ Daisy-Simple：简单雏菊规则。布线时采用链式连接法则，从一点到另一点将所有节点连成一串，并使连线总长度最短，如图 7-79c 所示。

⑤ Daisy-MidDriven：中间驱动链状规则。布线时选择一个源点寻找最短路径，分别向两侧链

图 7-78　七种布线拓扑规则

状连接，如图 7-79d 所示。

⑥ Daisy-Balanced：平衡雏菊规则。布线时选择一个源点，以它为中心使两侧的链状连接基本平衡，即源点到各分支终点处所经过的节点数基本相同，且连线最短，如图 7-79e 所示。

⑦ Starburst：星状散射规则。布线时选择一个源点，以它为中心以星形方式连接其他节点，且连线最短，如图 7-79f 所示。

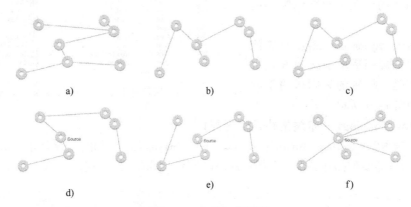

图 7-79　布线拓扑图形

3. Routing Priority （布线优先级规则）

单击图 7-74 中的 Routing→Routing Priority→RoutingPriority，如图 7-80 所示。Routing Priority 规则用于设置 PCB 中布线的先后顺序，优先级别高的网络先进行布线，优先级别低的网络后进行布线。

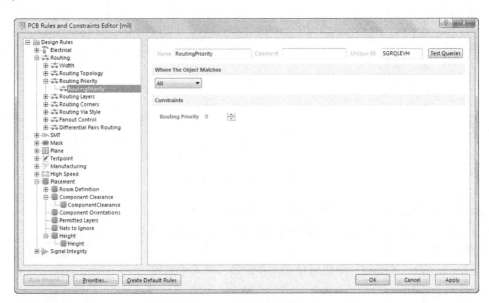

图 7-80　布线优先级规则

4. Routing Layers （布线层规则）

单击图 7-74 中的 Routing→Routing Layers→RoutingLayers，如图 7-81 所示。在 Constraints 区域用于设置布线层面，Layer 一列中显示当前 PCB 的信号层，Allow Routing 一列中设置是否允许布线。

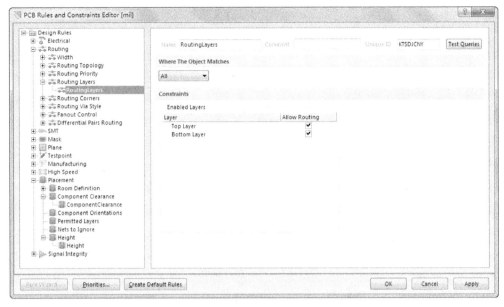

图 7-81　布线层规则

5. Routing Corners（布线转角规则）

单击图 7-74 中的 Routing→Routing Corners→RoutingCorners，如图 7-82 所示。在 Constraints 区域中 Style 用于设置布线转角模式，Setback to 用于设置转角尺寸范围。

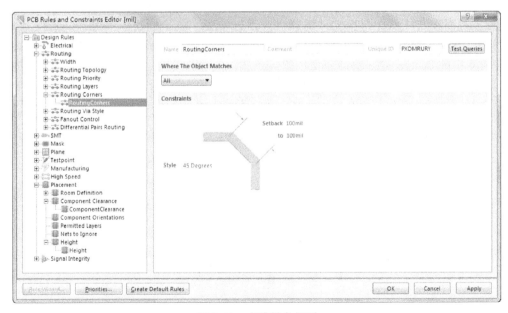

图 7-82　布线转角规则

6. Routing Via Style（布线过孔规则）

单击图 7-74 中的 Routing→Routing Via Style→RoutingVias，如图 7-83 所示。Routing Via Style 规则用于设置过孔的参数。在 Constraints 区域中，各参数含义如下：

① Via Diameter：过孔外径尺寸。

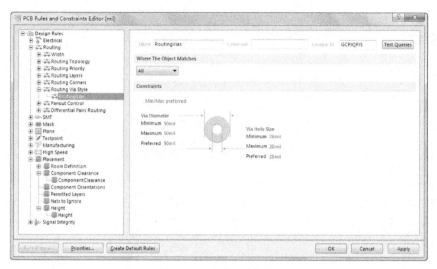

图 7-83　布线过孔规则

② Via Hole Size：过孔内径尺寸。

③ Minimum：最小值。

④ Maximum：最大值。

⑤ Preferred：实际值。

7. Fanout Control（扇出布线控制规则）

在 PCB 设计中会遇到 BGA 等芯片，由于焊盘较多增加了布线的难度。利用系统提供的自动扇出的功能可以在布线前在每个元件的焊盘上预选布置一段导线或添加过孔。系统为 BGA、LCC、SOIC、Small 等封装形式的元件提供了布线前自动扇出功能，这里以 BGA 为例进行讲解。单击图 7-74 中的 Routing→Fanout Control→Fanout_BGA，如图 7-84 所示。在 Constraints 区域中，Fanout Style 用于设置扇出形状，Fanout Direction 用于设置扇出方向，Direction From Pad 用于设置从焊盘引出的导线的方向，via Placement Mode 用于设置过孔放置模式。

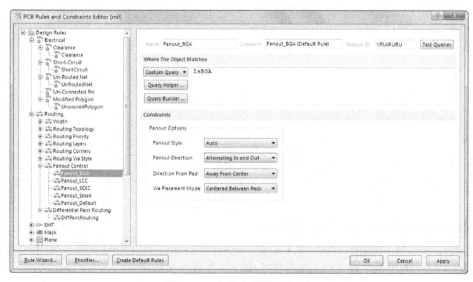

图 7-84　扇出布线控制规则

8. Differential Pairs Routing （差分对布线规则）

单击图 7-74 中的 Routing→Differential Pairs Routing→DifferentialRouting，结果如图 7-85 所示。在 Constraints 区域中用于设置差分线的线宽和间距。Width 用于设置线宽，Gap 用于设置间距。

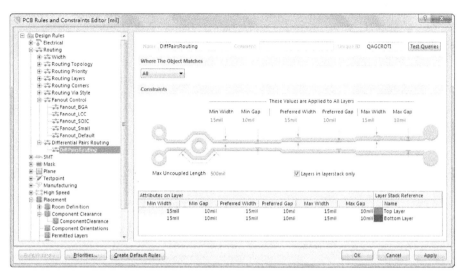

图 7-85　差分对布线规则

7.6　自动布线和拆线

元件布局操作完成后就可以实施布线操作。布线是指用铜膜导线取代飞线实现元件之间的电气连接关系。布线方式有两种，即自动布线和手动布线。PCB 设计时布线一般有以下几点原则：

1）布线设计时应尽量缩短导线长度，导线弯折处应以圆弧过渡以免影响电气特性。

2）为保证导线的载流要求，导线要有适当的宽度。导线的最小宽度由导线与绝缘基板间的黏附强度和流过的电流值所决定。电源线和地线应宽一些，以免发生反馈耦合。

3）双层板的正反两面布线时应尽量避免相互平行，减小寄生耦合。

在菜单命令 Route→Auto Route 下有系统提供的自动布线命令，如图 7-86 所示。自动布线适用的范围很广，既可以全局布线也可以针对某一网络、区域、元件等进行布线。

图 7-86　Route→Auto Route 子菜单

1. 全局自动布线

单击图 7-86 中的 All 命令，弹出如图 7-87 所示的布线策略对话框。在 Routing Setup Report 区域设置布线的相关规则，在 Routing Strategy 区域选择布线策略，其中常用的有 Default 2 Layer Board （默认双层板布线策略）、Default 2 Layer With Edge Connectors （默认的带有边缘接插件的双层板布线策略） 和 Default Multi Layer Board （默认多层板布线策略）。

根据实际情况选择相应的策略，单击 Route All 按钮，开始自动布线，此时会自动弹出 Messages 面板说明布线状态信息，如图 7-88 所示。

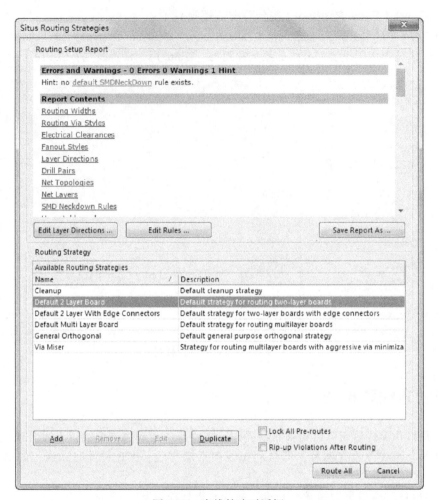

图 7-87　布线策略对话框

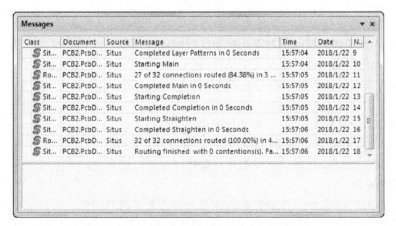

图 7-88　自动布线时弹出 Messages 面板

2. 网络自动布线

单击图 7-86 中的 Net 命令，光标变成十字形，鼠标左键单击网络中的飞线，布线的同时弹出 Messages 面板，移动光标后，Messages 面板虚显示。布线后，光标仍然是十字形，可以对下一网络进行布线，如图 7-89 所示。单击鼠标右键退出布线状态。

3. 连线自动布线

单击图 7-86 中的 Connection 命令，光标变成十字形，并弹出虚的 Messages 对话框。鼠标左键单击两个焊盘中间的飞线，布线后光标仍然是十字形，可以对下一连线进行布线，单击鼠标右键退出布线状态，如图 7-90 所示。

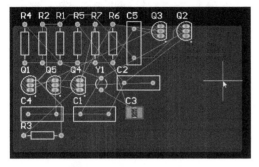

图 7-89　网络自动布线

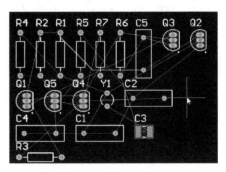

图 7-90　连线自动布线

4. 区域自动布线

单击图 7-86 中的 Area 命令，光标变成十字形，在工作区按住鼠标左键并且拖动鼠标圈出矩形框，则该区域内的连线都会自动布线，如图 7-91 所示。

5. 元件自动布线

单击图 7-86 中的 Component 命令，光标变成十字形，鼠标左键单击元件 C1，则 C1 上的连线会自动布线。布线后，会弹出虚的 Messages 对话框，且光标仍然是十字形，可以对下一元件进行布线，如图 7-92 所示。单击鼠标右键，退出布线状态。

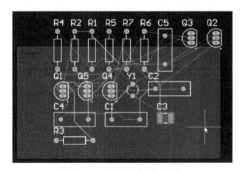

图 7-91　区域自动布线

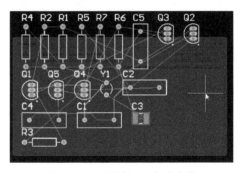

图 7-92　对元件 C1 自动布线

6. 选取元件的自动连线

选中元件，单击图 7-86 中的 Connections On Selected Components 命令，系统对与所选元件引脚相连的飞线进行自动布线，同时 Messages 面板会自动弹出。例如选择 Q2 和 Q3，执行该命令的布线结果如图 7-93 所示。

7. 选取元件之间的自动连线

选中元件，单击图 7-86 中的 Connections Between Selected Components 命令，系统对所选元件之间的飞线进行自动布线，同时 Messages 面板会自动弹出。例如选择 C1 和 C4，执行该命令的布线结果如图 7-94 所示。

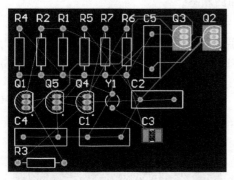

图 7-93　选取元件 Q2 和 Q3 的自动连线

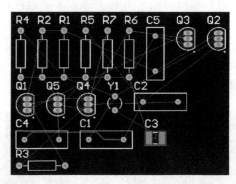

图 7-94　对元件 C1 和 C4 之间的飞线自动布线

8. 拆线

如果布线效果不理想，可以对其进行拆线。执行菜单命令 Route→Un-Route，弹出如图 7-95 所示的子菜单。

1）All：拆除全部布线。

2）Net：拆除网络布线。执行该命令后光标上会附带十字形，用鼠标左键单击导线，其所属网络中的所有布线均被清除。

图 7-95　Route→Un – Route 子菜单

3）Connection：拆除两个焊盘间的布线。执行该命令后光标上会附带十字形，用鼠标左键单击走线可以清除。

4）Component：拆除与元件相连的布线。执行该命令后光标上会附带十字形，用鼠标左键单击元件可以拆除与该元件相连的所有布线。

5）Room：拆除 Room 内的布线。

拆除导线后，焊盘之间根据原有的电气连接关系恢复飞线连接。

7.7　手动布线

尽管自动布线简单易行，当对于较复杂的 PCB 设计还常用到手动布线。在自动布线前，可以采用手动布线对某些特殊的网络（如电源网络等）进行预先布线，并将其锁定起来。在自动布线后，可以删除不好的布线，而使用手动重新布线。

交互式布线是 Altium Designer 17 为设计者提供的效率高、灵活性好的布线方式，在布线过程中可以更改线宽、布线层以及布线的转角方式。

1. 交互式布线属性设置

执行菜单命令 Route→Interactive Routing 或单击布线工具栏中的　按钮进入交互式布线状态，光标变成十字形。移动光标到飞线上，单击鼠标左键，导线会自动与飞线一端的焊盘相连接，此时就可以体现出飞线指引布线的作用，如图 7-96 所示。光标变成十字形时也可以用鼠标左键单击与飞线连接的焊盘，但由于焊盘间的飞线是直线相连，有时飞线只是经过焊盘而并非与它相连，如图 7-97 中，飞线连接的是焊盘 1 和焊盘 5，经过焊盘 2、3 和 4。如果此时单击焊盘 2、3 或 4，并不能完成焊盘 1 和 5 的电气连接。所以在布线时最好单击飞线而不是焊盘。

在如图 7-96 所示的状态时单击 Tab 键，弹出如图 7-98 所示的交互式布线属性对话框。在该对话框中可以设置导线宽度、过孔的内外径等。

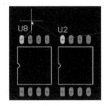

图 7-96　交互式布线中双击飞线的效果

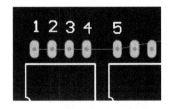

图 7-97　飞线连接焊盘 1 和焊盘 5

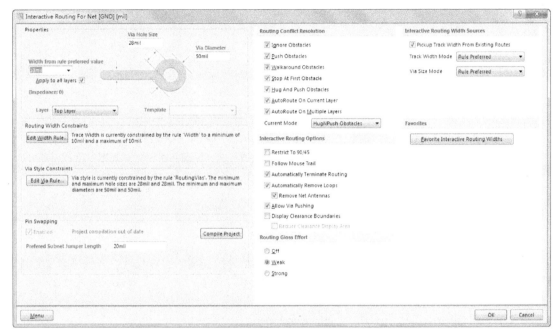

图 7-98　交互式布线属性对话框

1）Properties 区域属性参数如下：

① Width from rule preferred value：导线宽度。

② Via Hole Size：过孔内径。

③ Via Diameter：过孔外径。

④ Layer：布线层。

2）Routing Width Constraints 区域用于设置布线线宽规则。单击 Edit Width Rule 按钮，弹出如图 7-99 所示的对话框。具体设置方法见 7.5.2 节。

3）Via Style Constraints 区域用于设置布线时的过孔规则。单击 Edit Via Rule 按钮，弹出如图 7-100 所示的对话框。具体设置方法见 7.5.2 节。

4）Routing Conflict Resolution 区域用于设置交互式布线时遇到障碍物的应对方式，各选项含义如下：

① Ignore Obstacles：忽略障碍物。

② Push Obstacles：推挤障碍物。

③ Walkaround Obstacles：绕开障碍物。

④ Stop At First Obstacle：遇到第一个障碍物时停止布线。

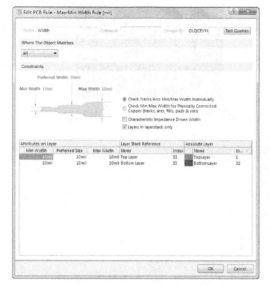

图 7-99　设置布线线宽规则对话框　　　　图 7-100　设置布线时过孔规则对话框

⑤ Hug And Push Obstacles：推挤并紧靠障碍物。

⑥ AutoRoute On Current Layer：在当前信号层上自动布线。

⑦ AutoRoute On Multiple Layers：在多层上自动布线。

⑧ Current Mode：当前的方式。

5）Interactive Routing Options 区域用于设置交互式布线的线宽和过孔尺寸，各选项含义如下：

① Restrict To 90/45：导线转角模式限制在 90°和 45°。

② Follow Mouse Trail：跟随光标。

③ Automatically Terminate Routing：自动结束布线。

④ Automatically Remove Loops：自动删除布线环路。

⑤ Allow Via Pushing：允许移动焊盘。

⑥ Display Clearance Boundaries：显示安全距离边界。

6）Routing Gloss Effort 区域用于设置布线修饰效果，各选项含义如下：

① Off：关闭布线修饰。

② Weak：弱。

③ Strong：强。

设置导线参数后单击 OK 按钮，返回到编辑界面。跟随飞线的指引，移动光标，在适当的位置单击鼠标左键，确定折点的位置。当光标与焊盘相重合时，焊盘周围会出现八边形。此时单击鼠标左键，导线会与这个焊盘相连接。单击鼠标左键会退出交互式布线。绘制完的每一段导线都有网络名。

2. 切换导线转角模式

在绘制导线的过程中，可以按 Shift + Space 键切换导线的转角模式。PCB 编辑器主要提供五种转角模式，即任意角度、45°转角、45°弧形转角、90°转角和 90°弧形转角。

3. 切换布线层

在绘制导线过程中，按小键盘上的"＊"键可以在所有信号层中进行切换。按完"＊"键后，光标处会自动出现过孔，选择适当的布线层后单击鼠标左键确定过孔的位置。

7.8　PCB 设计实例一

在本节中，将以第 3 章中的"简易无线传声器.SchDoc"为源文件为其制作 PCB 文件。

7.8.1　新建 PCB 文件

执行菜单命令 File→Open，在弹出的对话框中找到第 3 章中建立的项目"实例一.PrjPcb"，如图 7-101 所示。单击打开按钮，打开该项目。执行菜单命令 File→New→PCB，在该项目下新建 PCB 文件，并以"简易无线传声器.PcbDoc"文件名保存。

7.8.2　设置 PCB

1. 设置网格

在新建 PCB 文件中，网格的默认状态是线状网格。为将其和飞线区分开，建议采用点状网格或不显示网格。

1）执行菜单命令 Design→Board Options，弹出如图 7-102 所示的参数设置对话框。

图 7-101　打开对话框

图 7-102　参数设置对话框

2）单击左下角的 Grids 按钮，弹出如图 7-103 所示的网格管理对话框。或者执行菜单命令 Tools→Grid Manager 也可以弹出该对话框。

3）双击 Fine 或者 Coarse 对应下方的颜色块，弹出如图 7-104 所示的网格设置对话框。在右侧的 Display 区域，依次单击 Fine 和 Coarse 右侧的按钮，在弹出的菜单中选择 Dots 或者 Do Not Draw，如图 7-105 所示。依次单击 OK 按钮，结束设置返回 PCB 编辑器。

2. 设置板颜色

默认情况下，PCB 编辑区板是深颜色，这里修改成白色。设置的具体步骤如下：

1）执行菜单命令 Design→Board Layers &Colors，弹出如图 7-106 所示的视图配置对话框。

2）在对话框的右下方区域，单击 Area Color 对应的颜色块（图中光标的位置处），弹出如图 7-107 所示的颜色设置对话框。在对话框的右侧区域，找到并单击白色（233），单击 OK 按

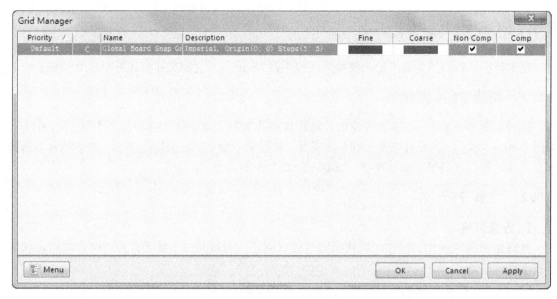

图 7-103 网格管理对话框

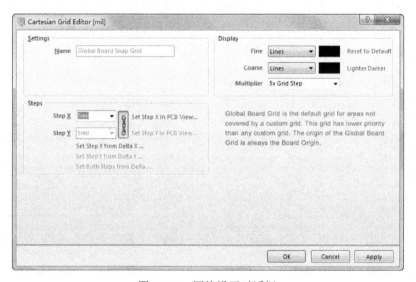

图 7-104 网格设置对话框

钮返回。

3. 规划电路板

1）绘制物理边界。在 PCB 文件中，单击机械层 1
（Mechanical1）。执行菜单命令 Place→Line，在机械层中绘
制封闭的轮廓线，如图 7-108 所示。

2）绘制电气边界。单击禁布层（Keep – Out Layer），执
行菜单命令 Place→Line，在禁布层中绘制封闭的轮廓线，如
图 7-109 所示。

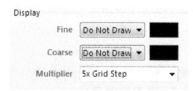

图 7-105 修改网格

图 7-106　视图配置对话框

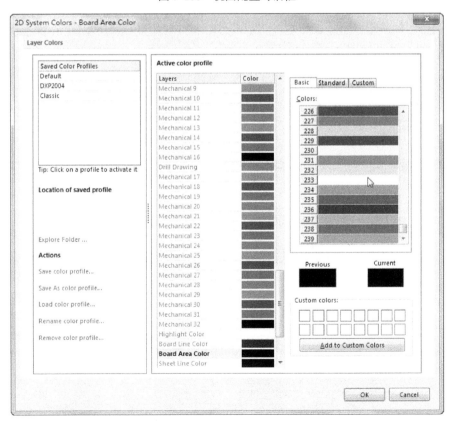

图 7-107　颜色设置对话框

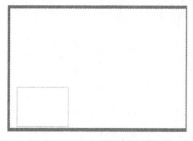

图 7-108　绘制物理边界

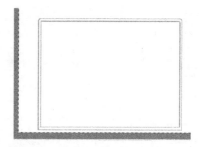

图 7-109　绘制电气边界

7.8.3　由原理图更新 PCB 文件

由原理图更新 PCB 文件是创建 PCB 文件至关重要的一步。更新的具体步骤如下：

1）打开原理图文件"简易无线传声器 . SchDoc"，执行菜单命令 Design→Update PCB Document 简易无线传声器 . PcbDoc，弹出如图 7-110 所示的工程变动对话框。

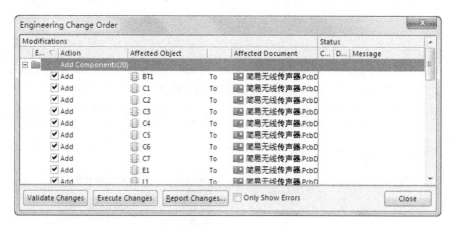

图 7-110　工程变动对话框

2）单击 Validate Changes 按钮，系统对原理图中的所有信息进行检查，测试结果如图 7-111 所示，所有变化均有效。

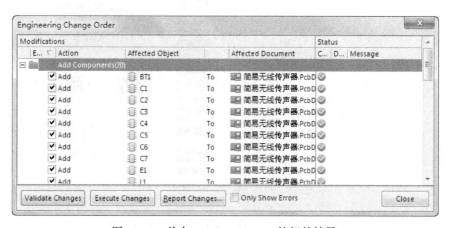

图 7-111　单击 Validate Changes 按钮的结果

3）单击 Execute Changes 按钮，系统开始将原理图中的信息传递到 PCB 文件。完成后如图 7-112 所示，系统已将原理图中的相关信息更新到 PCB 文件中。

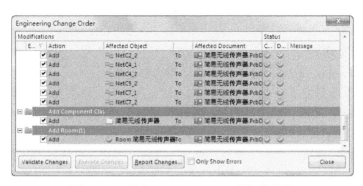

图 7-112　单击 Execute Changes 按钮的结果

4）单击 Close 按钮，关闭工程变化对话框。所有的元件出现在工作区域的 Room 内，元件之间的飞线体现了它们之间的电气连接关系，如图 7-113 所示。

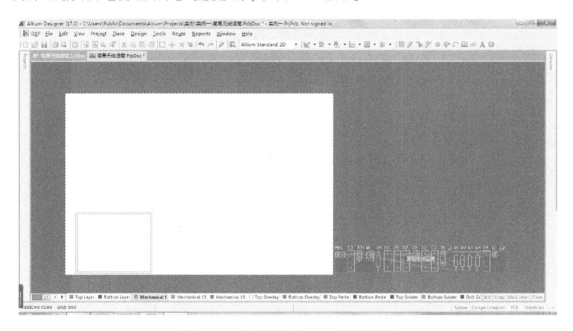

图 7-113　由原理图更新 PCB 文件的结果

5）在一般的 PCB 设计中不需要 Room，所以通常将其删除。在 Room 内没有元件的地方单击鼠标左键，选中 Room，单击 Delete 键，删除 Room。

7.8.4　元件布局

由原理图更新 PCB 文件后需要重新布置元件的位置。本节采用手动布局的方式。布局时注意开关、电池盒和天线等元件一般会放在电路板边缘。通过移动元件、旋转元件、排列元件以及调整元件标号位置等完成元件布局，如图 7-114 所示。

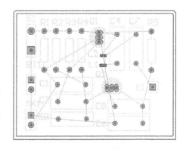

图 7-114　元件布局

7.8.5 布线

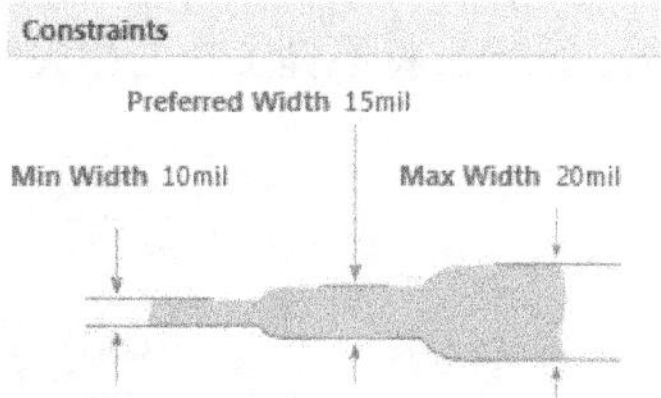

元件布局结束后，可以开始布线工作，本节采用自动布线，其步骤如下。

1. 设置导线线宽规则

执行菜单命令 Design→Rules，打开 PCB 规则和约束编辑对话框，在左侧列表中选择的 Routing→Width→Width，在右侧区

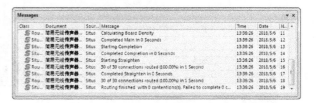

图 7-115　设置导线线宽规则

域设置线宽。Max Width（最大宽度）、Min Width（最小宽度）和 Preferred Width（实际宽度）分别设置为 20mil、10mil 和 15mil，如图 7-115 所示。

2. 自动布线操作

1）执行菜单命令 Route→Auto Route→All，弹出如图 7-116 所示的布线策略对话框。在 Routing Strategy 区域中选择 Default 2 Layer Board 策略，单击 Route All 按钮，启动 Situs 自动布线器。

2）自动布线开始后，弹出 Messages 对话框显示布线过程中的信息，如图 7-117 所示。在倒数第二条信息中显示布通率为 100%，表示全部布线完毕。自动布线结果如图 7-118 所示。

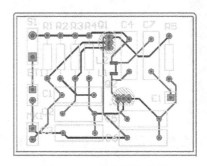

图 7-117　布线时弹出 Messages 对话框

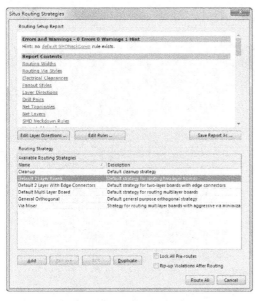

图 7-116　布线策略对话框

图 7-118　自动布线结果

3. 3D 效果

在 PCB 文件中执行菜单命令 Tools→Legacy Tools→Legacy 3D View，系统会生成并跳转到与当前 PCB 文件同名的 3D 效果文档中。PCB 的正面和反面分别如图 7-119、图 7-120 所示。

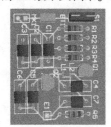

图 7-119　PCB 板的 3D 效果图（正面）

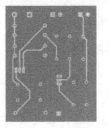

图 7-120　PCB 板的 3D 效果图（反面）

7.9　PCB 设计实例二

在本节中，将以第 3 章中的"单片机流水灯.SchDoc"为源文件为其制作 PCB 文件。

7.9.1　新建 PCB 文件和设置参数

1. 新建 PCB 文件

执行菜单命令 File→Open，在弹出的对话框中找到第 3 章中建立的项目"实例二.PrjPcb"，单击打开按钮，打开该项目。执行菜单命令 File→New→PCB，在该项目下新建 PCB 文件，并以"单片机流水灯.PcbDoc"文件名保存。

2. PCB 参数设置

1）修改网格状态为点状网格或不显示网格，方法同 7.8 节实例一。

2）修改板颜色为白色，方法同 7.8 节实例一。

3）规划电路板，方法同 7.8 节实例一。

7.9.2　由原理图更新 PCB 文件

1）打开原理图文件"单片机流水灯.SchDoc"，执行菜单命令 Design→Update PCB Document 单片机流水灯.PcbDoc，弹出如图 7-121 所示的工程变化对话框。

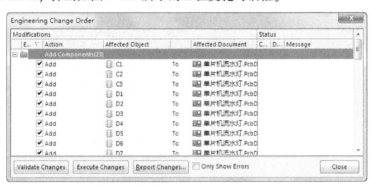

图 7-121　工程变化对话框

2）单击 Validate Changes 按钮，系统对原理图中的所有信息进行检查，测试结果如图 7-122 所示，所有变化均有效。

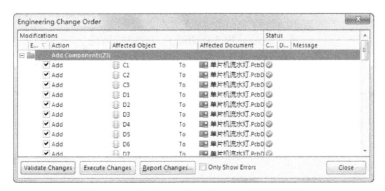

图 7-122　单击 Validate Changes 按钮的结果

3）单击 Execute Changes 按钮，系统开始将原理图中的信息传递到 PCB 文件。完成后如图 7-123 所示，系统已将原理图中的相关信息更新到 PCB 文件中。

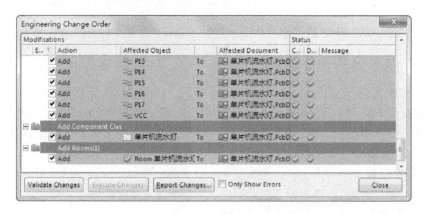

图 7-123　单击 Execute Changes 按钮的结果

4）单击 Close 按钮，关闭工程变化对话框。所有的元件出现在工作区域的 Room 内，元件之间的飞线体现了它们之间的电气连接关系，如图 7-124 所示。

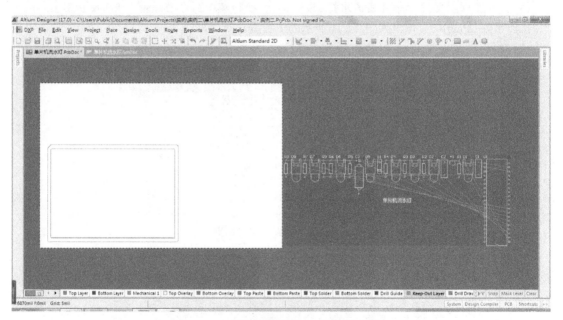

图 7-124　由原理图更新 PCB 文件的结果

5）在 Room 内没有元件的地方单击鼠标左键，选中 Room，单击 Delete 键，删除 Room。

7.9.3　元件布局

本节采用手动布局的方式。布局时注意，一是晶振元件靠近单片机放置，二是二极管和电阻（R1 ~ R8）要排列整齐。在布局时操作时可以采用以下方法：

1. 快速定位晶振

执行菜单命令 Edit→Move→Component，光标携带十字形，在 PCB 的空白编辑区单击鼠标左键，弹出选择元件对话框，如图 7-125 所示。在列表中选择 Y1，由于 Movement 区域勾选了 Move component to cursor（移动元件到光标），所以单击 OK 按钮后 Y1 元件会自动跟随到光标，在适当位置单击鼠标左键放置晶振。快速定位方法适合于元件较多时选取元件。

2. 整齐排列二极管和电阻

本例中在排列发光二极管和电阻时可以利用系统提供的对齐工具，对其工具在 Utilities（实用）工具栏中，如图 7-126 所示。

图7-125　选择元件对话框

图7-126　Utilities（实用）工具栏中的对齐工具

1）初步手动排列二极管和电阻，如图 7-127 所示。

2）左对齐二极管。选中八个二极管，单击图中的 按钮，二极管会以最左端元件为准左对齐，如图 7-128 所示。

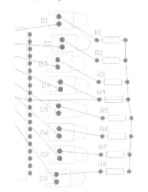

图7-127　初步手动排列二极管和电阻

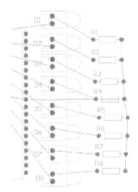

图7-128　左对齐二极管

3）垂直均匀排列二极管。选中八个二极管，单击图中的 按钮，最上端和最下端的二极管不移动，二者之间的二极管会以垂直等间距排列，如图 7-129 所示。

4）增大或减小垂直间距。选中八个二极管，单击图中的 或 按钮可以增大或减小垂直间距。

5）采用相同的办法调整电阻的位置。

3. 排列其他元件

调整单片机的晶振和复位电路元件的位置，调整元件编号的位置。元件布局结果如图 7-130 所示。

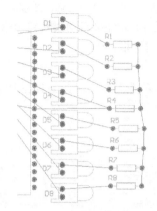

图 7-129　垂直均匀排列二极管

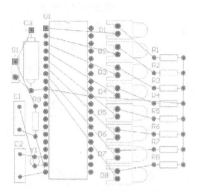

图 7-130　元件布局效果图

7.9.4　布线

元件布局结束后，可以开始布线工作，本节采用自动布线方式，先布电源和地线，再布其他线，步骤如下。

1. 电源和地网络布线

1）设置导线线宽规则。执行菜单命令 Design→Rules，打开 PCB 规则和约束编辑对话框，在左侧列表中选择的 Routing→Width→Width，在右侧区域设置线宽。Max Width（最大宽度）、Min Width（最小宽度）和 Preferred Width（实际宽度）分别设置为 50mil、10mil 和 40mil，即电源和地线宽度为 40mil。

2）执行菜单命令 Route→Auto Route→Net，光标携带十字形，单击单片机 20 引脚（GND）和 40 引脚（VCC）引出的飞线，系统完成电源和地线网络的布线，如图 7-131 所示。

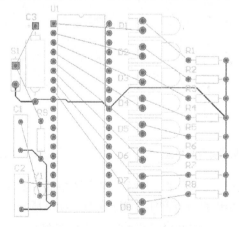

图 7-131　电源和地网络布线

2. 对其他网络进行布线

1）设置导线线宽规则。执行菜单命令 Design→Rules，打开 PCB 规则和约束编辑对话框，在左侧列表中选择的 Routing→Width→Width，在右侧区域设置线宽。Max Width（最大宽度）、Min Width（最小宽度）和 Preferred Width（实际宽度）分别设置为 50mil、10mil 和 15mil，即实际布线宽度为 15mil。

2）执行菜单命令 Route→Auto Route→All，弹出如图 7-132 所示的对话框。在 Routing Strategy 区域中选择 Default 2 Layer Board 策略，勾选 Lock All Pre-routes（锁定之前的布线），单击 Route All 按钮，启动 Situs 自动布线器。自动布线结果如图 7-133 所示。

图 7-132 布线策略对话框

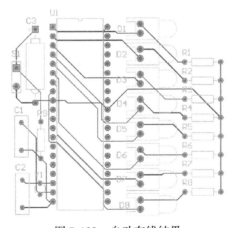

图 7-133 自动布线结果

第 8 章　PCB 的其他操作

在 PCB 设计中，除了上一章中介绍的操作外还有其他一些操作，如敷铜、补泪滴、PCB 规则操作、生成报表等，本章将一一进行介绍。

8.1　敷铜规则设置及敷铜

在元件布局和布线工作之后，通常需要在 PCB 上没有元件和导线的地方用铜来填充，在模拟电路中通过大电流的实心功率层、提供电磁屏蔽的实心接地层都可能用到。在敷铜之前可以对敷铜规则和参数进行设置。

8.1.1　敷铜规则设置

在 PCB 编辑器中，执行菜单命令 Design→Rules，打开敷铜规则设置对话框。选择 Design Rules→Plane→Polygon Connect Style→PolygonConnect，该规则用于设置敷铜与焊盘或过孔的连接形式，如图 8-1 所示。Constraints 区域中，勾选 Simple 表示只设置直插元件的焊盘与敷铜的连接形式，勾选 Advanced 表示设置直插元件和表贴式元件的焊盘与敷铜的连接形式，如图 8-2 所示。

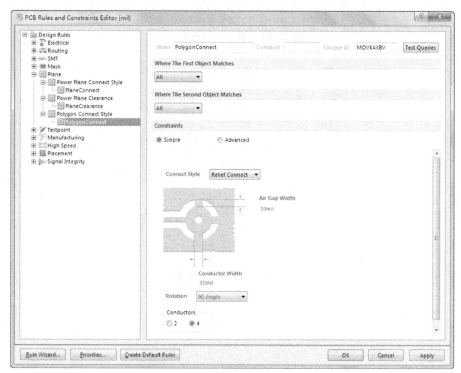

图 8-1　敷铜规则设置对话框

图 8-2 中 Connect Style 用于设置连接形式，有三个选项，分别为 Relief Connect（线条连接）、Direct Connect（直接连接）和 No Connect（无连接），如图 8-3 所示。

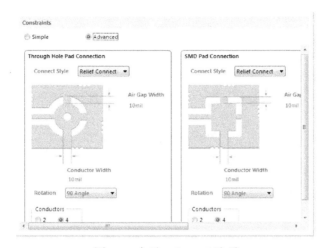

图 8-2　勾选 Advanced 选项

图 8-3　不同的连接形式

在 Relief Connect（线条连接）中 Air Gap Width 表示空隙宽度，Conductor Width 表示导线宽度，Rotation 表示导线引出的方向，Conductors 表示导线数量。导线数量（2 或 4）和导线引出方向（45°和 90°）可以有四种组合，如图 8-4 所示。

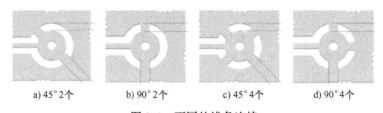

a) 45°2个　　　b) 90°2个　　　c) 45°4个　　　d) 90°4个

图 8-4　不同的线条连接

8.1.2　敷铜

执行菜单命令 Place→Polygon Pour，或单击 Wiring（布线）工具栏上的 按钮，弹出如图 8-5 所示的敷铜属性对话框。Fill Mode 区域显示敷铜模式。系统提供三种模式，即 Solid（Copper Regions）、Hatched（Tracks/Arcs）和 None（Outlines Only）。下面介绍这三种模式以及敷铜的具体步骤。

1. 实心填充模式 Solid（Copper Regions）

实心填充模式 Solid（Copper Regions）如图 8-5 所示。

1）该对话框中图形区域各项选项的含义如下：

① Remove Islands Less Than... （sq. mils）In Area：删除小于设定面积的、独立存在的孤铜。

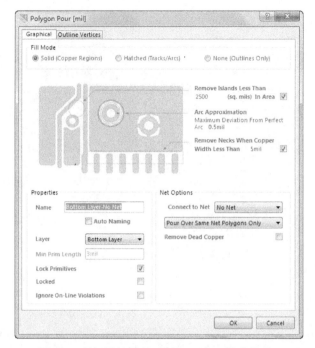

图 8-5　敷铜属性设置对话框（实心填充模式）

② Arc Approximation：圆弧近似值。它是敷铜和弧形焊盘或过孔之间的最大间距偏差值。

③ Remove Necks When Copper Width Less Than...：删除大面积敷铜间的小于设定宽度值的细小敷铜。

2）Properties 区域中各选项含义如下：

① Name：敷铜区域的名称。

② Layer：敷铜所在的 PCB 工作层。

③ Lock Primitives：勾选该项表示锁定单个敷铜图元。

④ Locked：勾选该项表示锁定整个敷铜。

3）Net Options 区域中各选项含义如下：

① Connect to Net：设定敷铜与之连接的网络。

② Don't Pour Over Same Net Objects：敷铜与其覆盖范围内的同网络电气对象不相连，如图 8-6 所示。

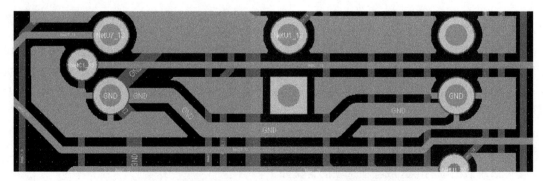

图 8-6　选择 Don't Pour Over Same Net Objects 的结果

③ Pour Over All Same Net Objects：敷铜与其覆盖范围内的同网络电气对象相连，如图 8-7 所示。

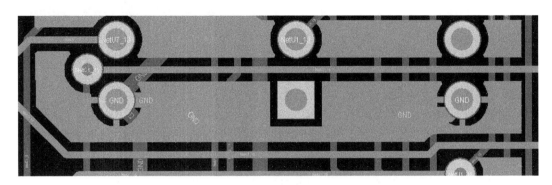

图 8-7　选择 Pour Over All Same Net Objects 的结果

④ Pour Over Same Net Polygons Only：同网络的敷铜相连。

⑤ Remove Dead Copper：勾选该项表示去除死铜。死铜是指没有连接到网络上封闭区域内的敷铜。

2. 网格填充模式 Hatched（Tracks/Arcs）

网格填充模式 Hatched（Tracks/Arcs）如图 8-8 所示。该对话框中图形区域各项选项的含义如下：

① Track Width：敷铜网格线宽。

② Grid Size：敷铜网格尺寸。

③ Surround Pads With：敷铜环绕焊盘或过孔的形状，其中 Arcs 表示圆弧形环绕，Octagons 表示八边形环绕。

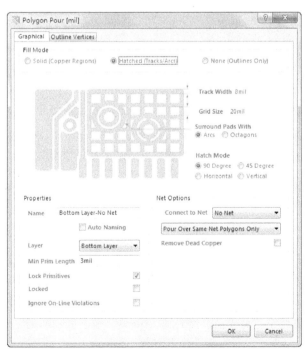

图 8-8　敷铜属性设置对话框（网格填充模式）

④ Hatch Mode：网格模式，其中 90 Degree 表示敷铜网格线水平垂直交叉，45 Degree 表示敷铜网格线呈斜 45°交叉，Horizontal 表示敷铜网格线水平模式，Vertical 表示敷铜网格线垂直模式，如图 8-9 所示。

图 8-9　四种敷铜网格模式

⑤ Min Prim Length：最小线段长度。

3. 无填充模式 None（Outlines Only）

无填充模式 None（Outlines Only）只有边框，没有内部填充，如图 8-10 所示。

4. 敷铜操作

设置好敷铜的各项参数后，单击 OK 按钮，光标变成十字形，每在 PCB 上单击鼠标左键一次即可确定一个顶点，单击右键结束操作。

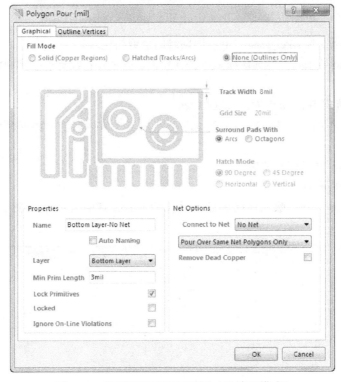

图 8-10　敷铜属性设置对话框（无填充模式）

8.2　补泪滴

PCB 设计中，在增加与焊盘连接处的导线宽度时，因为其形状似眼泪故称为补泪滴。补泪滴可以消除连接处的直角，增大连接面，提高焊盘的坚固性，防止在钻孔等机械加工时焊盘与导线断裂。此外，泪滴状的连接处避免了直角状残留化学试剂导致腐蚀铜膜导线的现象。

执行菜单命令 Tools→Teardrops，打开如图 8-11 所示的对话框，其中各项含义如下：

1）Working Mode 区域中，Add 表示补泪滴，Remove 表示去除泪滴。

2）Objects 区域中，All 表示操作用于全部对象，Selected only 表示操作仅用于选中的对象。

3）Options 区域中，Teardrop style 用于设置泪滴类型。系统提供了两种，即 Curved（弧形）

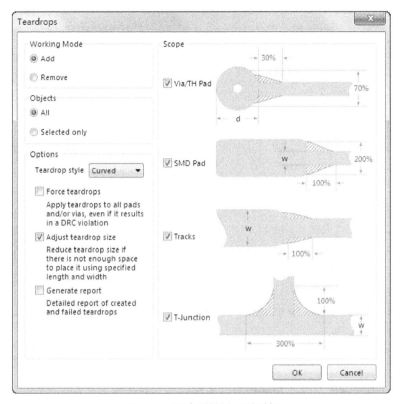

图 8-11　泪滴属性设置对话框

和 Lined（线形）。Force teardrops 表示对所有焊盘强制添加泪滴。Adjust teardrop size 表示没有足够面积时自动缩小泪滴尺寸。Generate report 表示补泪滴后会自动生成关于该操作的报表文件。

　　4）Scope 区域用于设置添加泪滴的对象，系统提供对 Via/TH Pad（过孔）、SMD Pad（表贴式焊盘）、Tracks（导线）和 T-junction（T 型节点）进行补泪滴操作。

　　设置参数后，单击 OK 按钮，完成补泪滴操作。

8.3　添加元件和网络

　　在绘制原理图时所有的元件（符号）都需要用户放置，但在 PCB 设计中元件（封装）是由原理图更新 PCB 文件而导入的，并不需要用户放置。在设计中有时会需要放置元件（封装）。例如某一元件的封装形式发生了改变，则需要删除该元件而添加新的元件。但该元件的焊盘并没有和图中任何一个元件有电气连接，这时就需要为其添加网络。

8.3.1　添加元件

　　在 PCB 设计环境中，执行菜单命令 Place→Component，弹出如图 8-12 所示的对话框。Placement Type 区域用于设置元件显示类型，Footprint 表示通过元件封装名称查找并放置元件；Component 表示通过元件符号名称查找并放置元件。Component Details 区域设置元件详细信息。Lib Ref 表示元件名称，此项在勾选 Component 时可编辑；Footprint 表示元件封装名称；Designator 表示元件编号；Comment 表示元件注释。

1）勾选 Footprint 时，如图 8-12 所示。单击 Component Details 区域中 Footprint 后方的 ⋯ 按钮，弹出如图 8-13 所示的对话框。单击 Libraries 后方的下拉按钮，在弹出的下拉列表中选择元件封装所在的元件库，在下方的区域会显示该库下的元件封装，右侧区域显示元件封装示意图。在列表区中选中元件，单击 OK 按钮，返回。

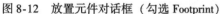

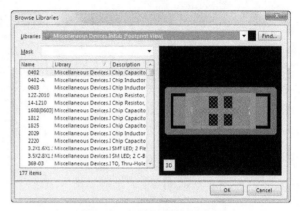

图 8-12　放置元件对话框（勾选 Footprint）　　　图 8-13　浏览元件库对话框

2）勾选 Component 时，如图 8-14 所示。单击 Lib Ref 后方的 ⋯ 按钮，弹出如图 8-15 所示的浏览元件库对话框。单击 Libraries 后方的下拉按钮，在弹出的下拉列表中选择元件符号所在的元件库，在下方的区域会显示该库下的元件符号名称，右上部区域显示元件符号示意图，右下部区域显示元件封装示意图。在列表区中选中元件，单击 OK 按钮，返回。

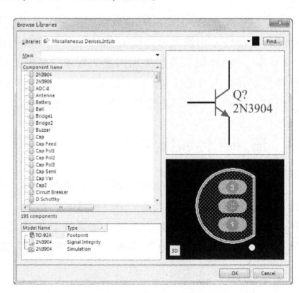

图8-14　放置元件对话框（勾选 Component）　　　图 8-15　浏览元件库对话框

返回后，再次单击 OK 按钮，元件的封装形式悬挂在光标上，单击鼠标左键即可放置该元件。单击鼠标右键，再次弹出放置元件封装对话框。如需继续放置其他元件封装，可以进一步操作。如果不需要，单击放置元件对话框中的 Cancel 按钮。

8.3.2　添加网络

在 PCB 文件中执行菜单命令 Design→Netlist→ Edit Nets，弹出如图 8-16 所示的网络管理对话框。对话框可以分为两个部分，左侧区域显示当前 PCB 文件中的所有网络，下方的 Edit、Add 和 Delete 按钮分别可以实现对网络的编辑、添加和删除。右侧区域显示所选网络中包含的所有元件引脚，下方的 Edit 可以实现对引脚的编辑。

在图 8-16 中，选中左侧区域中的某一网络（新添加元件的焊盘属于的网络），单击下方的 Edit 按钮，弹出如图 8-17 所示的编辑网络对话

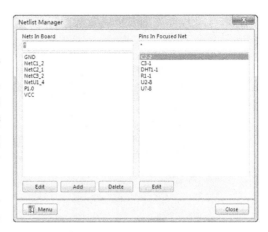

图 8-16　网络管理对话框

框。Net Name 表示所选网络的名称。Pins in This Net 区域显示当前所选网络包括的元件引脚，Pins in Other Nets 区域显示其他引脚。在 Pins in Other Nets 区域的列表中选择需要向所选网络添加的引脚，单击 ▷ 按钮，所选的引脚会从 Pins in Other Nets 区域的列表中转移到 Pins in This Net 区域的列表中。返回到 PCB 界面时可以看到该引脚上连接有飞线。

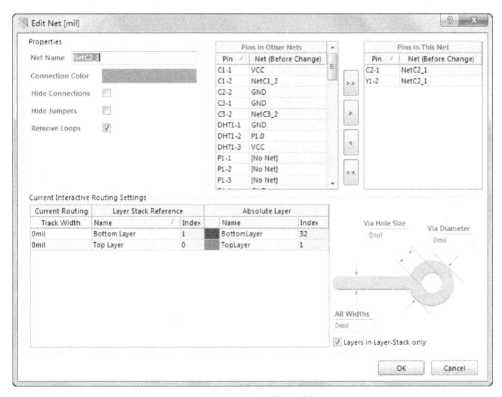

图 8-17　编辑网络对话框

相比较于上面的方法，还有比较简单的方式是将元件的引脚添加进入某一个网络。双击焊盘，弹出如图 8-18 所示的焊盘属性对话框。在 Properties 区域中，单击 Net 后方的下拉按钮，弹出的下拉列表中列出了当前 PCB 文件中的所有网络，选择某一网络，即可将该焊盘添加到该网

络中。返回到 PCB 界面时可以看到该引脚上连接有飞线。

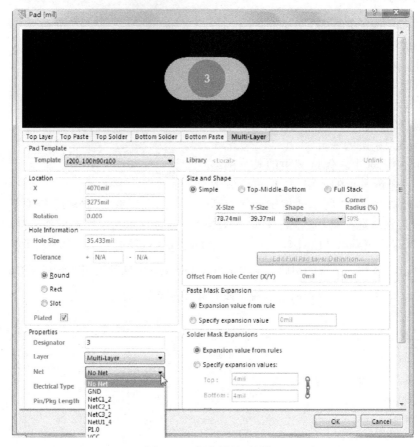

图 8-18　焊盘属性对话框

8.4　PCB 中的测量

在 PCB 的设计中，系统提供了测量间距和长度的工具，可以实现 PCB 设计界面上两点间距离、两个图元对象间距离、所选线段的长度等的测量。

1. 测量两点之间距离

执行菜单命令 Reports→Measure Distance，光标变成十字形。移动光标到适当的位置，单击鼠标左键确定测量的起点，移动光标到终点的位置，再次单击鼠标左键，结果如图 8-19 所示。测量的结果分别以图示和对话框形式展现，结果中包含起点和终点之间的垂直距离、水平距离和直线距离。

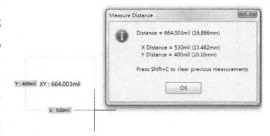

图 8-19　测量两点之间距离

2. 测量两个图元对象之间的距离

通过菜单命令 Reports→Measure Primitives，可以测量 PCB 上两个图元对象（如线段、焊盘、过孔等）之间的距离。执行该命令后，光标变成十字形。移动光标到图元对象上时单击鼠标左键，移动光标到另一个图元对象上再次单击鼠标左键完成这两点间距离的测量。例如，测量两个焊盘之间的距离，结果如图 8-20 所示。

3. 测量线段长度

在 PCB 设计中，选中一段线段，执行菜单命令 Reports→Measure Selected Objects，结果如图 8-21 所示。该命令主要用于测量导线长度。

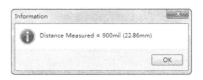

图 8-20　测量两个焊盘之间的距离　　　　图 8-21　测量线段长度

8.5　定义 PCB 轮廓

定义 PCB 的轮廓有多种方法，在之前讲过的利用 PCB 向导生成 PCB 文件中就可以定义 PCB 的轮廓。此外，还可以通过以下两种方法定义 PCB 的轮廓。

1. 在机械层中画出 PCB 的轮廓线

在 PCB 的机械层中画出封闭的轮廓线，厂家在制作 PCB 时会根据该轮廓线切割板的形状。

1）在 PCB 文件中，单击机械层（Mechanical）。

2）在菜单命令 Place 中找到适当的命令，如 Line（直线）、Full Circle（圆）等。例如选择 Full Circle（圆），在机械层中绘制封闭的轮廓线，如图 8-22 所示。

图 8-22　在机械层绘制
封闭的轮廓线

2. 剪裁 PCB

在 PCB 的机械层中画出封闭轮廓线的方法并不能在 PCB 文件中直观地体现板的形状。执行菜单命令 Design→Board Shape，弹出如图 8-23 所示的菜单命令。

1）利用 Define from selected objects 命令。在图 8-22 中，选中圆形的轮廓线，执行菜单命令 Design→Board Shape→Define from selected objects，系统会根据所选的圆形轮廓线剪裁掉外部区域，结果如图 8-24 所示。

图 8-23　菜单命令 Design→Board Shape　　　　图 8-24　剪裁后的 PCB

2）利用 Define Board Cutout 命令绘制需要剪裁掉的区域。执行菜单命令 Design→Board Shape→Define Board Cutout，光标变成十字形，依次单击鼠标左键确定剪裁区域的顶点，单击鼠标右键结束绘制，系统会自动剪裁掉绘制图形区域，如图 8-25 所示。

剪裁掉的封闭区域可以作为单独的图元对象进行编辑修改。用鼠标左键单击该区域，如图 8-26 所示，该区域边界上会出现编辑点，移动这些编辑点可以更改此区域的大小。鼠标左键双击该区域，弹出如图 8-27 所示的区域属性对话框。该对话框有两个标签页，即 Graphical 和 Outline Vertices。单击 Outline Vertices 标签页，如图 8-28 所示。该页面中列出了该区域各个编辑点的位置坐标，可以通过更改坐标值或是增加（Add）、删除（Remove）编辑点来更改区域的形状和尺寸。

图 8-25　剪裁后的 PCB 板

图 8-26　剪裁区域边界上会出现编辑点

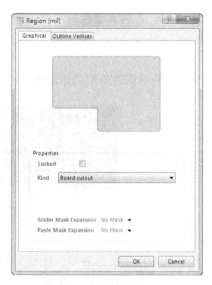

图 8-27　区域属性对话框
（Graphical 标签页）

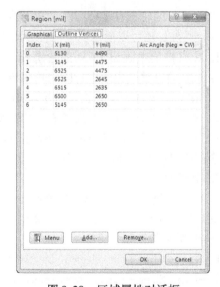

图 8-28　区域属性对话框
（Outline Vertices 标签页）

8.6　PCB 规则操作

在第 7 章中介绍了 PCB 设计中的已有系统规则设置，本节将要介绍对 PCB 规则的其他操作，如新建、复制、删除等。执行菜单命令 Design→Rules，打开如图 8-29 所示的 PCB 规则和约束编辑对话框。

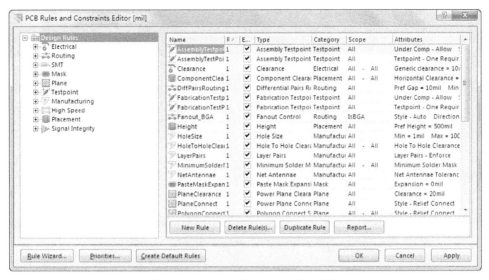

图 8-29　PCB 规则和约束编辑对话框

8.6.1　新建和删除 PCB 规则

如果系统现有的 PCB 规则不满足需求，用户可以自己建立 PCB 规则。但注意，用户必须在已有的规则种类中建立新的规则，建立的方法有如下两种。

1. 利用规则向导建立规则

1）在图 8-29 中，单击左下角的 Rule Wizard 按钮，或者执行菜单命令 Design→Rule Wizard，弹出如图 8-30 所示的规则向导对话框。

图 8-30　规则向导对话框

2）单击 Next 按钮，进入选择规则种类对话框，如图 8-31 所示。如果要对安全距离进行设计规则，则选择 Clearance Constraint，在 Name 编辑框可以输入规则名称，Comment 编辑框可以输入规则注释。

3）单击 Next 按钮，进入选择规则适用范围对话框，如图 8-32 所示。Whole Board 表示适用

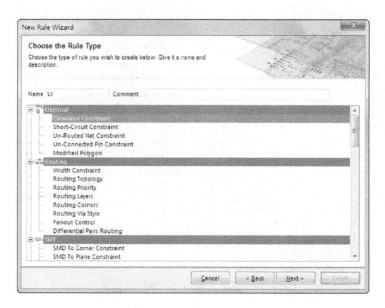

图 8-31　选择规则种类对话框

于整个 PCB，1 Net 表示适用于一个网络，A Few Nets 表示适用于一些网络，A Net on a Particular Layer 表示适用于一个特定层上的一个网络，A Net in a Particular Component 表示适用于一个特定元件的一个网络，Advanced 表示高级设置。

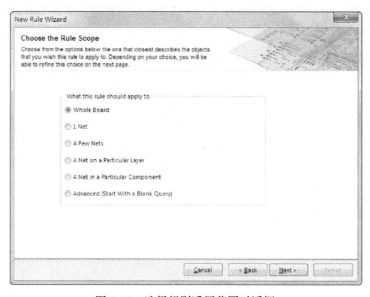

图 8-32　选择规则适用范围对话框

如果选择 1 Net，单击 Next 按钮，进入选择规则适用范围对话框。单击 Condition Value 区域的下拉按钮，在弹出的下拉列表中可以选择该规则适用的网络，如图 8-33 所示。

4）在图 8-32 中，选择 Whole Board，单击 Next 按钮，进入选择规则优先权对话框，如图 8-34 所示。在列表中选中规则，单击下方 Decrease Priority 按钮和 Increase Priority 按钮可以降低和提高所选规则的优先权。

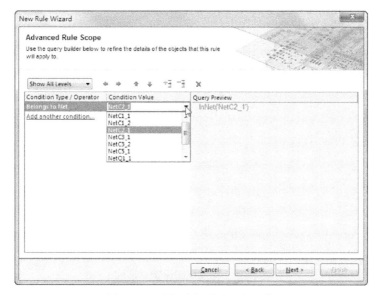

图 8-33　选择该规则适用的网络

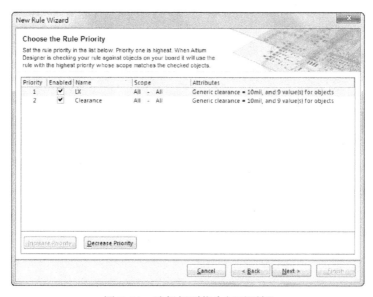

图 8-34　选择规则优先权对话框

5）单击 Next 按钮，进入如图 8-35 所示完成规则设置对话框，单击 Finish 按钮，完成新建规则，返回到 PCB 规则和约束编辑对话框。如图 8-36 所示，新建的 LX 规则出现在规则列表区中。

2. 利用右键菜单命令建立规则

在如图 8-37 所示的 PCB 规则和约束编辑对话框的左侧列表区中，移动光标到某一子规则上单击鼠标右键，在弹出的菜单命令中选择 New Rule，系统会自动建立同类型的子规则。例如新建安全距离规则，如图 8-38 所示。在该对话框中，设置参数后，依次单击右下角的 Apply 和 OK 按钮完成新建规则操作。

3. 删除 PCB 规则

在图 8-37 中，选择 Delete Rule 命令即可删除所选的规则。

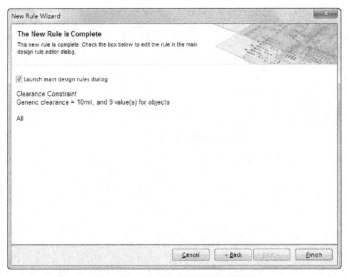

图 8-35　完成规则设置对话框

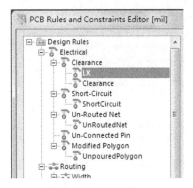

图 8-36　新建规则 LX

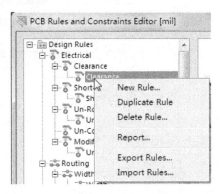

图 8-37　利用右键菜单命令建立规则

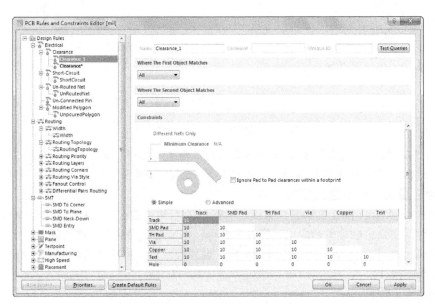

图 8-38　新建安全距离规则

8.6.2　导出和导入 PCB 规则

在设计中，用户新建的 PCB 规则只适用于当时的 PCB 文件。如果需要将该规则适用于其他 PCB 文件，可以将该规则导出形成独立的文件，再将其导入到其他的 PCB 文件中。

1. 导出规则

在图 8-37 中，选择 Export Rules 命令，在弹出的如图 8-39 所示的对话框中选择规则种类，单击 OK 按钮，弹出如图 8-40 所示的对话框。在该对话框中可选择导出的规则文件的文件名和保存位置。导出的规则文件后缀为 . RUL。

2. 导入规则

在图 8-37 中，选择 Import Rules 命令，在弹出的如图 8-41 所示的导入规则对话框中找到需要导入的规则文件，单击打开按钮。

图 8-40　设置导出规则文件的文件名和保存位置

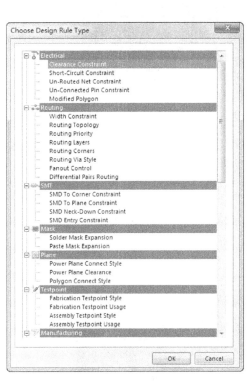

图 8-39　选择规则种类

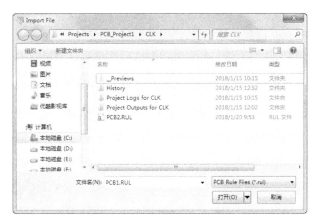

图 8-41　导入规则对话框

8.7　交叉探测和交叉选择

在 PCB 设计中元件之间的电气连接关系没有在原理图中看起来明显，因此系统提供了在原理图和 PCB 文件之间同时选择相同元件的交叉探测和交叉选择功能。

1. 交叉探测功能

1）在操作窗口中只保留需要交叉探测的原理图和 PCB 文件。

2）在原理图编辑器中（或是 PCB 编辑器中）执行菜单命令 Windows→Tile Vertically，使原理图和 PCB 文件同时在编辑区显示。

3）在原理图编辑器中（或是 PCB 编辑器中）执行菜单命令 Tools→Cross Probe，光标变成十字形，在原理图编辑器中（或是 PCB 编辑器中）单击某一元件（或是引脚、网络、总线等），则在另一个编辑器中所选对象会放大显示。如在原理图中选择 R7，在 PCB 编辑区中 R7 突出放大显示，结果如图 8-42 所示。此时，单击 PCB 编辑区右下角的 Clear，使 PCB 中的图元正常显示。

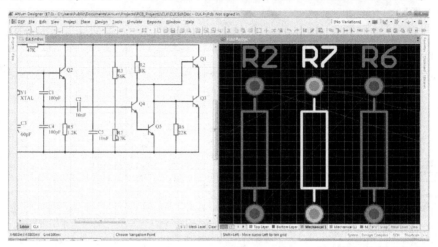

图 8-42　交叉探测

2. 交叉选择模式

1）在操作窗口中只保留需要交叉探测的原理图和 PCB 文件。

2）在原理图编辑器中（或是 PCB 编辑器中）执行菜单命令 Windows→Tile Vertically，使原理图和 PCB 文件同时在编辑区显示。

3）在任意一个编辑器中执行菜单命令 Tools→Cross Select Mode，在任一编辑器中选中图元对象（如 R3）后，另一编辑器中对应的图元也会被选中，如图 8-43 所示。

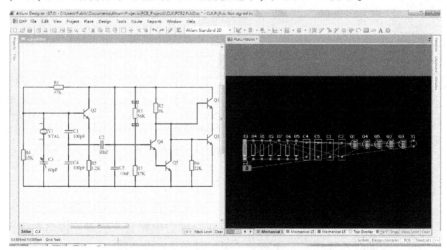

图 8-43　交叉选择

8.8　PCB 的报表

在 Altium Designer 17 的 PCB 设计中，系统提供了报表功能，包括 PCB 信息表、元件清单报表和网络状态报表。

8.8.1　PCB 信息表

PCB 信息表是对 PCB 上的图元对象、元件和网络等信息的汇总表。

执行菜单命令 Reports→Board Information，弹出如图 8-44 所示的对话框，该对话框共有三个标签页。

1）General 标签页中，Primitives 区域和 Others 区域分别列出 PCB 上各类图元对象的个数，如 Arcs（圆弧）74 个，Fills（填充）60 个，Pads（焊盘）946 个。Board Dimensions 区域列出 PCB 的尺寸信息，如图 8-44 所示。

2）Components 标签页上列出了 PCB 上元件的总数（Total）、正面元件的数量（Top）和背面元件的数量（Bottom），如图 8-45 所示。

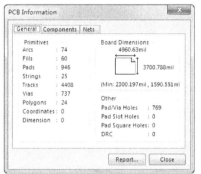

图 8-44　PCB 信息对话框（General 标签页）　　　图 8-45　PCB 信息对话框（Components 标签页）

3）Nets 标签页列出了 PCB 上的所有网络数量和名称，如图 8-46 所示。

在任何一个标签页的对话框中，单击下方的 Report 按钮，弹出如图 8-47 所示的 PCB 报告对话框。在列表区域中可以勾选报告的显示内容，单击 Report 按钮，系统会生成并跳转到 PCB 信息表中，如图 8-48 所示。

图 8-46　PCB 信息对话框（Nets 标签页）　　　图 8-47　PCB 报告对话框

图 8-48   PCB 信息表

8.8.2   元件清单报表

Altium Designer 17 不仅在原理图设计中提供生成元件清单的功能，在 PCB 设计中也提供此功能。

1. 详细清单报表

执行菜单命令 Reports→Bills of Materials，弹出如图 8-49 所示的详细清单报表。其和原理图中的元件清单类似，这里不再赘述。

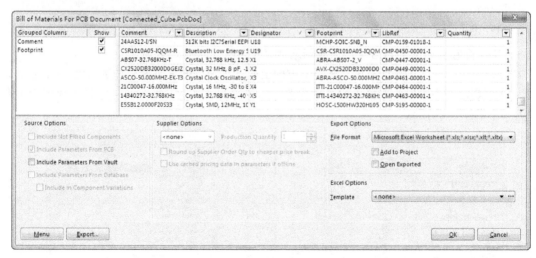

图 8-49   详细清单报表

2. 简单清单报表

执行菜单命令 Reports→Simple BOM，弹出如图 8-50 所示的简单清单报表。系统会自动生成与当前 PCB 文档同名的两个文件，后缀分别为 .BOM 和 .CSV，并将其放在 Projects 面板中。

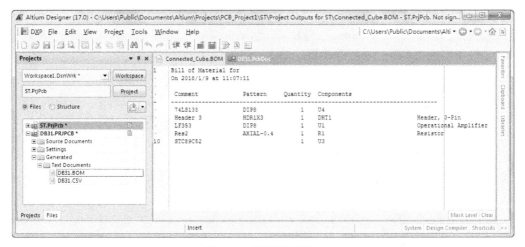

图 8-50　简单清单报表

8.8.3　网络状态报表

执行菜单命令 Reports→Netlist Status，系统会打开后缀为 .html 的网络状态报表，如图 8-51 所示。网络状态表中列出了当前 PCB 文件中的网络名称（Nets）、所属的信号层（Layer）以及导线长度（Length）。执行该命令后系统在项目所在的文件夹下生成同名的两个文件，后缀分别为 .txt 和 .html。

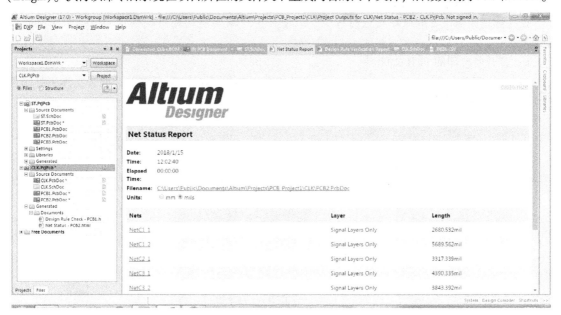

图 8-51　网络状态报表

8.9　PCB 的打印输出

设计完成 PCB 后，可以将其打印输出。

1. 页面设置

1）打开要打印的 PCB 文件。

2）执行菜单命令 File→Page Setup，出现如图 8-52 所示的页面设置对话框。在该对话框中可以设置打印页面大小（Size）、横版（Landscape）或竖版（Portrait）、输出比例（Scale）、打印颜色（Color Set）等参数。

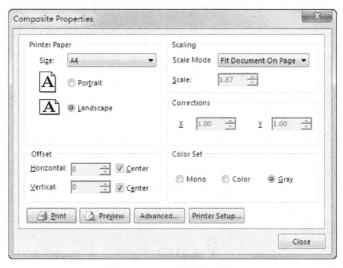

图 8-52 页面设置对话框

2. 打印预览和打印输出

在实际打印输出之前最好先进行预览，以便在正式输出前纠正可能的错误，打印预览的方法如下：

1）打开要打印的 PCB 文件。

2）执行菜单命令 File→Print Preview，出现如图 8-53 所示的打印预览对话框，在其中可以预览到图纸的边界、图元位置等效果。

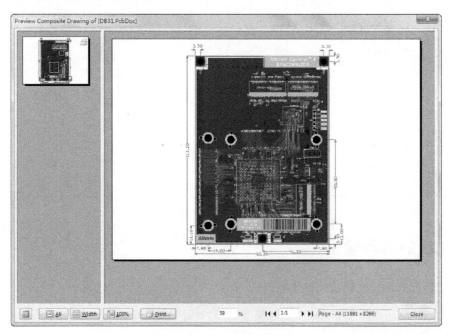

图 8-53 打印预览对话框

　　预览满意后，单击预览窗口下方的 Print 按钮，或者退出预览状态后执行 File→Print 命令，都将出现如图 8-54 所示的打印设置对话框，该对话框中的选项和 Windows 环境下其他软件的打印选项相似，只需设置好打印机名、打印范围、打印页数等参数后单击 OK 按钮即可打印输出 PCB 文件。

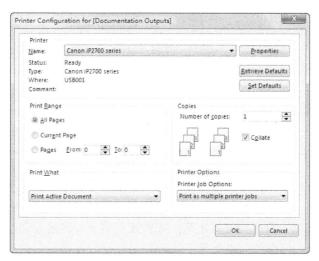

图 8-54　打印设置对话框

第 9 章　创建 PCB 封装库

随着科技的发展，新型元器件不断诞生，在绘制 PCB 时可能会需要新的封装。Altium Designer 17 提供了强大的绘制封装功能以便用户创建自己所需的封装。在本章中将介绍创建 PCB 封装库文件以及绘制元件封装。

9.1　元件封装概述

通常元件的封装是指安装实际电子元件用的外壳，它是实现元件内部和外界电路电气连接的桥梁，此外它还起到安放、固定、保护等功用。这里所谓的元件封装是指将实际的电子元件焊接到电路板时所指示的外观和焊盘的位置。元件的封装在 PCB 上体现为焊盘、元件的边框以及文字说明。焊盘是封装中最重要的组成部分，它实现了元件和外部电路的电气连接。原理图中的元件是指元件符号，其尺寸和形状无关紧要，而 PCB 中的元件封装是元件的平面几何模型。元件和元件封装并不是一一对应的，也就是说同一种元件可以有不同的封装，而不同的元件可以有相同的封装。

在创建元件封装前，首要的工作是掌握元件的封装信息，包括焊盘和边框等信息。厂家在制作元件的时候会提供元件数据手册，可以根据数据手册的资料得到焊盘的大小、焊盘间距以及元件的轮廓等信息。元件的轮廓线大致和元件俯视图的外围相对应，如果轮廓线精确，在摆放元件时可以比较紧凑，预留量不用太大，节约了 PCB 上的空间。如果元件轮廓小，则会导致 PCB 上的元件安插不下，致使整个板报废。如果没有元件的数据手册可以登录相关网站进行搜索，或者将元件买回来后利用游标卡尺测量出元件尺寸。

了解好元件的封装信息后，就可以进入 PCB 封装编辑器创建元件封装。PCB 封装编辑器提供两种方法新建封装，一是利用向导，二是手工绘制。此外，可以利用已有的元件封装创建封装库。

9.2　PCB 元件封装库编辑器

启动 PCB 元件封装库编辑器有多种方法，通过新建一个 PCB 元件封装库，或者打开一个已有的 PCB 元件封装库都可以进入 PCB 元件封装库的编辑环境中。执行菜单命 File→New→Library→PCB Library，启动元件封装库编辑器，打开如图 9-1 所示的 PCB 封装编辑器界面。

1）PCB 元件封装库编辑器界面主要包括标题栏、菜单栏、工具栏、文件标签、工作面板、编辑区和面板标签。工具栏主要包括 PCB Lib Standard（PCB 封装库标准）工具栏和 PCB Lib Placement（PCB 封装库放置）工具栏。

2）在启动 PCB 元件封装库编辑器的同时也启动 PCB Library 工作面板，该面板是管理元件封装库的主要工具。如果关闭该面板，可以在编辑器界面右下角的 PCB 管理标签中再次启动。单击 PCB 管理标签，弹出如图 9-2 所示的菜单，选择 PCB Library 命令可以启动面板。

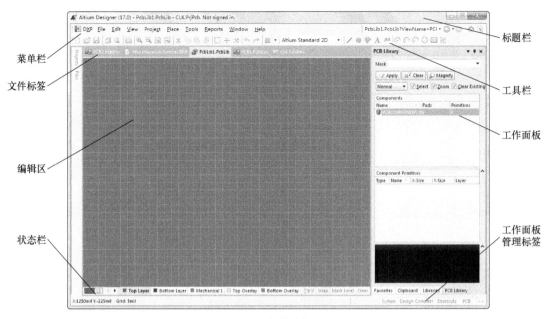

图 9-1　PCB 封装编辑器界面

9.3　新建元件封装

新建元件封装可以有两种方式，一是在元件封装库编辑器的页面上手动绘制，二是利用系统提供的向导生成元件封装。

9.3.1　手工绘制元件封装

图 9-2　PCB 工作面板管理标签

本节以晶体管的一种封装 TO - 92 为例讲解手工绘制元件封装，晶体管的封装 TO - 92 的尺寸如图 9-3 所示。

1）执行菜单命令 File→New→Library→PCB Library，启动元件封装编辑器，创建一个新的封装库文件，PCB Library 面板如图 9-4 所示，创建封装库文件后自动进入第一个封装的绘制状态，封装的默认名称为"PCBCOMPONENT_1"。

2）更改元件封装名称。在 PCB Library 面板中，鼠标右键单击 PCBCOMPONENT_1，在弹出菜单中单击 Component Properties 命令，弹出如图 9-5 所示的封装属性对话框。在 Name 编辑框中输入封装名称 TO - 92，单击 OK 按钮。修改封装名称后的 PCB Library 面板如图 9-6 所示。

3）设置系统计量单位。单击键盘上的 Q 键，即可在英制单位和公制单位间进行转换。选择公制单位，在工作窗口的左下角可以看到系统

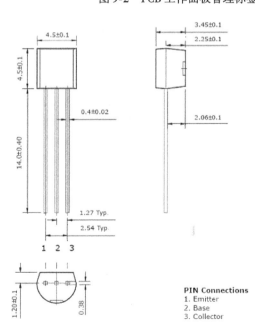

图 9-3　TO - 92 封装尺寸（单位：mm）

的单位和光标所在位置的坐标值，如图 9-7 所示。

图 9-4　PCB Library 面板

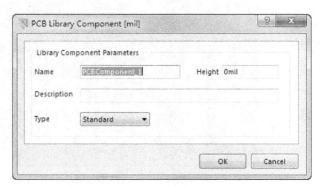

图 9-5　封装属性对话框

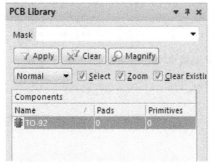

X:3.302mm Y:-3.302mm　Grid: 0.127mm

图 9-6　修改封装名称后的 PCB Library 面板　　图 9-7　系统的单位和光标所在位置的坐标值

4) 在工作区寻找坐标原点，一般将封装中的一个焊盘放在坐标原点处。执行菜单命令 Edit→ Jump→ Reference，则光标会自动跳到坐标原点处。

5) 放置焊盘。单击工具栏上的 ● 按钮或者执行菜单命令 Place→Pad，进入放置焊盘状态。放置焊盘，双击它打开焊盘属性对话框，如图 9-8 所示。

在 Location 区域中 X 编辑框中输入 1.27mm，在 Y 编辑框中输入 0mm；在 Hole Information 区域中选择 Round，并且在 Hole Size 编辑框输入 0.7mm；在 Properties 区域中的 Designator 编辑框输入 1；在 Size and Shape 区域中内勾选 Simple，X – Size 编辑框输入 1mm，Y – Size 编辑框输入 2mm，在 Shape 下拉列表中选择 Round，如图 9-8 所示，单击 OK 按钮。此时编号为 1 的焊盘放置完毕。

编号分别为 2、3 的焊盘和焊盘 1 的区别在于位置不同。焊盘 2 在 Location 区域 X、Y 编辑框中均输入 0mm，焊盘 3 在 Location 区域 X 编辑框中输入 – 1.27mm，在 Y 编辑框中输入 0mm。绘制焊盘后的效果图如图 9-9 所示。

6) 绘制封装的直线边框。单击工作区下方的 Top Overlay 标签，将正面丝印层设置为当前工作层。执行菜单命令 Place→Line，光标变成十字形。在工作区先任意绘制一条线段，双击该线

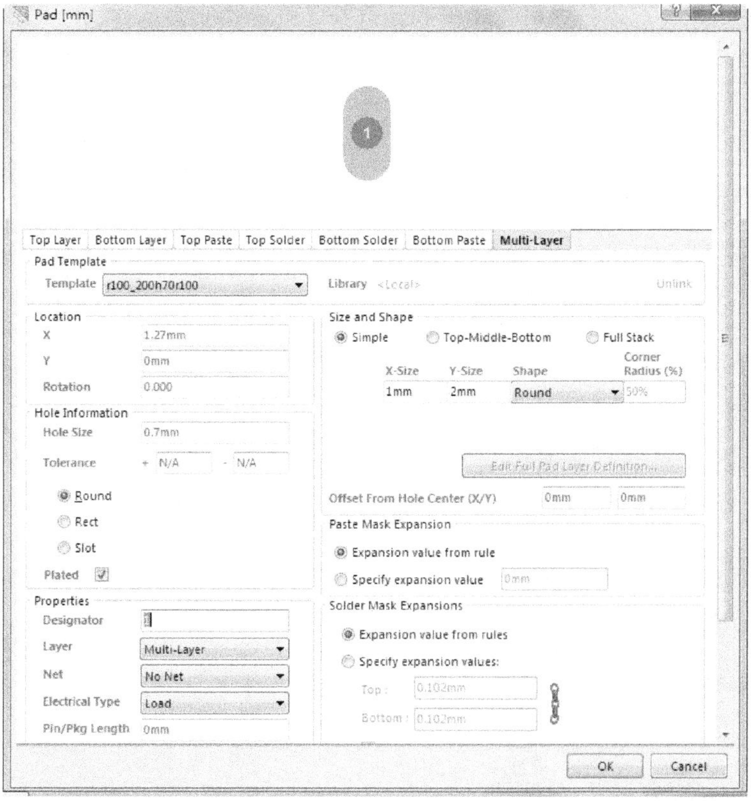

图 9-8 焊盘属性对话框

段，打开线段属性设置对话框。在 Start X、Y 编辑框中分别输入 – 2mm、1.3mm，在 End X、Y 编辑框中分别输入 2mm、1.3mm，如图 9-10 所示，单击 OK 按钮，绘制的结果如图 9-11 所示。

7）绘制封装的圆弧边框。执行菜单命令 Place→Arc (Center)，光标变成十字形且携带一个黄点。将光标放在焊盘 2 上，当出现八边形时表示光标和焊盘中心重合，如

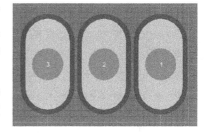

图 9-9 绘制焊盘

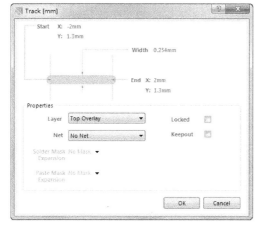

图 9-10 线段属性设置对话框

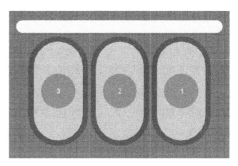

图 9-11 添加封装的直线边框

图 9-12 所示。单击鼠标左键，确定圆弧中心。移动光标，当它与线段的一端重合出现八边形时（如图 9-13 所示），单击鼠标左键，确定圆弧半径。移动光标到线段的一端，单击鼠标左键，确定圆弧起点，如图 9-14 所示。移动光标到线段的另一端，单击鼠标左键，确定圆弧终点，如图 9-15 所示。至此，圆弧边框绘制完毕。

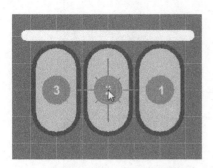
图 9-12　光标和焊盘中心重合时出现八边形

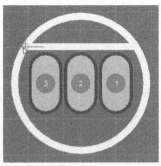
图 9-13　光标与线段的一端重合时出现八边形

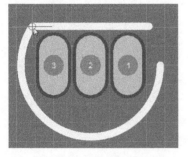
图 9-14　确定圆弧起点

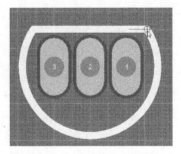
图 9-15　确定圆弧终点

8）放置字符串。在元件的封装上通常需要注上说明文字。单击工具栏上的 A 按钮，进入放置字符串状态。单击 Tab 键，打开其属性对话框。在 Text 编辑框中输入 1，在 Height 编辑框输入 1mm，在 Rotation 编辑框中输入 270，如图 9-16 所示，单击 OK 按钮。在焊盘 1 的上方放置字符串 1，按照此方法在焊盘 3 的上方放置字符串 3，结果如图 9-17 所示。请思考，图 9-17 中的焊盘顺序是由左至右依次是 3、2、1，而图 9-3 中焊盘的顺序为什么由左至右依次是 1、2、3。

至此，就完成了该元件封装的手工绘制，在这里需要说明以下几点。

1）绘制封装前有必要查阅数据手册或观察、测量元件实物。在查阅手册或观察实物时，元件的引脚通常要面对着自己，这时切忌混淆焊盘的顺序。图 9-3 左下角中的元件引脚是朝上的，而将元件插在 PCB 上时，元件引脚是朝下的。所以在绘制焊盘时，一定要在元件引脚朝下的情况下安排焊盘的顺序。

2）在手工绘制封装前，最好根据焊盘的间距设定可

图 9-16　字符串属性对话框

视网格，这样有利于放置焊盘。

3）在绘制过程中，要以焊盘为基准，不要以边框为基准，所以要先放置焊盘再绘制边框。这是因为决定元件是否可以安装到电路板上的主要因素是焊盘的相对位置。

4）在原点附近绘制封装。

9.3.2　利用向导创建元件封装

尽管元件的封装种类众多，但 Altium Designer 17 为方便用户提供了向导功能来创建常见的几种元件封装。

图 9-17　添加字符串

1）DIP：双列直插封装，如图 9-18 所示。

2）SOP：小贴片封装。几乎每一种 DIP 的元件均有对应的 SOP，如图 9-19 所示。

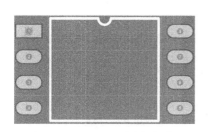

图 9-18　DIP（双列直插封装）

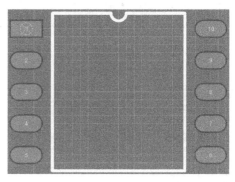

图 9-19　SOP（小贴片封装）

3）PGA：引脚栅格阵列封装。引脚从元件底部垂直引出，整齐地分布于元件底部四周，如图 9-20 所示。

4）BGA：球形栅格阵列封装。它和 PGA 类似，区别在于 BGA 的引脚是焊锡球，焊接时熔化在焊盘上，如图 9-21 所示。

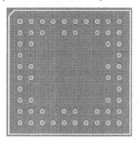

图 9-20　PGA（引脚栅格阵列封装）

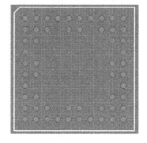

图 9-21　BGA（球形栅格阵列封装）

5）SBGA：错列球形栅格阵列封装。它和 BGA 类似，只是底部引脚错开，如图 9-22 所示。

6）SPGA：错列引脚栅格阵列封装。它和 PGA 类似，只是底部引脚错开，如图 9-23 所示。

7）Diodes：二极管式封装。二极管式封装有两种形式，即直插式和表帖式，如图 9-24 所示。

8）Capacitors：电容式封装。电容式封装有两种形式，即直插式和表帖式，如图 9-25 所示。

9）Edge Connectors：边缘接插式封装。该种元件封装常用于两块电路板之间的连接，如图 9-26 所示。

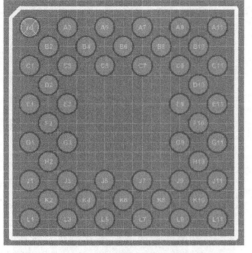

图 9-22　SBGA（错列球形栅格阵列封装）

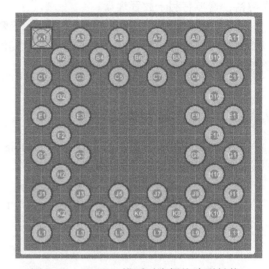

图 9-23　SPGA（错列引脚栅格阵列封装）

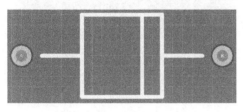

a）直插式

b）表帖式

图 9-24　Diodes（二极管式封装）

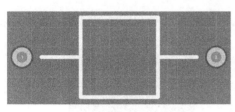

a）直插式

b）表帖式

图 9-25　Capacitors（电容式封装）

图 9-26　Edge Connectors（边缘接插式封装）

10）LCC：无引出端芯片封装。该封装是贴片式封装，这种元件封装的引脚向底部内侧弯曲，紧贴着芯片底部，如图 9-27 所示。

11）QUAD：方形贴片式封装。它和 LCC 类似，只是引脚是向外延伸，如图 9-28 所示。

12）Resistors：电阻式封装。电阻式封装有两种形式，即直插式和表帖式，如图 9-29 所示。下面以 DIP8 为例，讲解利用向导创建元件封装的步骤。

1）执行菜单命令 Tools→Component Wizard，打开如图 9-30 所示的启动元件封装向导对话框。

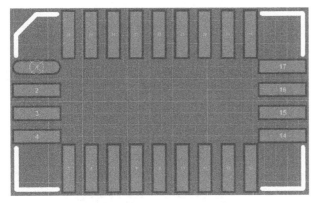

图 9-27　LCC（无引出端芯片封装）

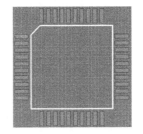

图 9-28　QUAD（方形贴片式封装）

a) 直插式

b) 表帖式

图 9-29　Resistors（电阻式封装）

图 9-30　启动元件封装向导

2）单击 Next 按钮，进入如图 9-31 所示的选择封装类型对话框。在该对话框的列表区域中列出了系统提供的常用封装类型。

在列表区中选择元件封装类型 Dual In-line Packages（DIP）。在 Select a unit 区域选择单位，这里选择英制单位 Imperial（mil）。

3）单击 Next 按钮，进入如图 9-32 所示的对话框，在该对话框中设置焊盘尺寸。焊盘内径为 25mil，外径分别为 50mil、100mil。

图 9-31　选择封装类型

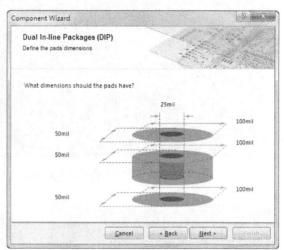

图 9-32　设置焊盘尺寸

4）单击 Next 按钮，进入如图 9-33 所示的对话框，在该对话框中设置焊盘间距。两列焊盘间距为 600mil，每一列中焊盘间距为 100mil。

5）单击 Next 按钮，进入如图 9-34 所示的对话框，在该对话框中设置轮廓线宽。

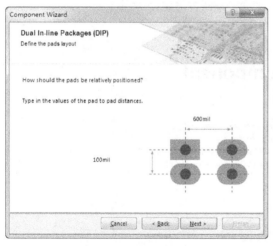

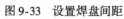

图 9-33　设置焊盘间距

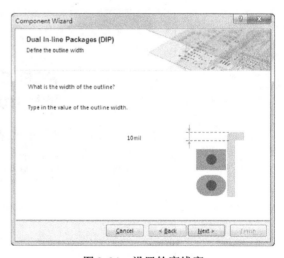

图 9-34　设置轮廓线宽

6）单击 Next 按钮，进入如图 9-35 所示的对话框，在该对话框中设置焊盘数目为 8。

7）单击 Next 按钮，进入如图 9-36 所示的对话框，在该对话框中设置封装名称。

8）单击 Next 按钮，进入如图 9-37 所示的对话框，单击 Finish 按钮，完成创建，结果如图 9-38 所示。

按照以上的步骤创建 DIP8 封装。创建完毕后，在 PCB Library 面板中的 Components 列表中显示此封装库含有两个元件封装，一个是 9.3.1 节手工绘制的 TO－92，另一个是本节利用向导制作的 DIP8。

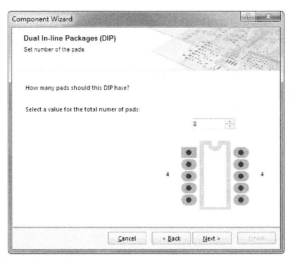

图 9-35 设置焊盘数目

图 9-36 设置封装名称

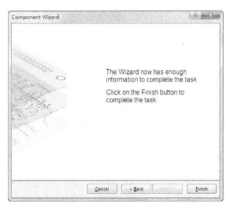

图 9-37 元件封装向导结束对话框

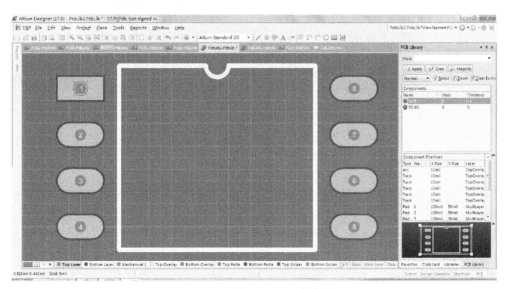

图 9-38 生成的 DIP8 元件封装

9.4 利用已有的封装创建封装库

除了新建封装外，还可以利用已有的元件封装创建封装库，一是利用菜单命令将已有的元件封装导出到一个封装库中，二是由集成元件库分解出 PCB 封装库。

9.4.1 导出 PCB 封装库

在一个 PCB 项目中，元件的封装往往来自于不用的库文件，为了便于今后重复使用和管理，可以将项目中所有元件封装集中放在同一个 PCB 封装库文件中，操作步骤如下：

1）启动 Altium Designer 17，打开欲导出封装库的 PCB 文件，本例中选择系统自带的例子 AD17 \ Examples \ Blue tooth Sentinel 文件夹下的 Bluetooth_Sentinel. PrjPcb 项目文件，在该项目下打开 Bluetooth_Sentinel. PcbDoc 文件。

2）在 Bluetooth_Sentinel. PcbDoc 文件中，执行菜单命令 Design→ Make PCB Library 命令，新建一个与当前 PCB 文件同名的封装库文件 Bluetooth_Sentinel. PcbLib，并与当前 PCB 文件保存在相同的文件夹下。执行该命令后，系统会自动启动封装库文件，PCB Library 工作面板会列出生成的库文件中的所有封装，如图 9-39 所示。

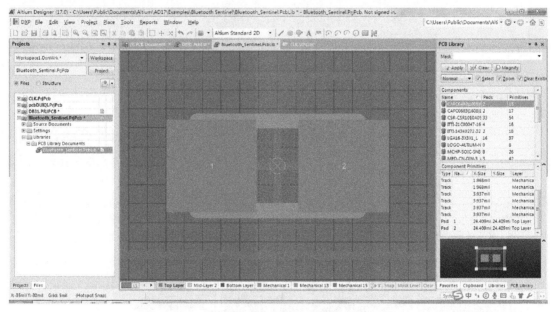

图 9-39 由 PCB 文件导出的封装库文件

9.4.2 分解集成元件库

在绘制原理图时，应尽量选取集成元件库的元件。因为集成元件库含有大量的元件，它包含了元件的符号信息，此外一般还包含元件的封装模型等信息。因此，可以考虑将集成元件库中所有元件的封装模型抽调出来组成一个 PCB 封装库。下面以 Miscellaneous Devices. IntLib 为例，介绍分解集成元件库的具体操作步骤。

1）执行菜单命令 File→Open，弹出 Choose Document to Open 对话框，选择 AD17 \ Library \ Miscellaneous Devices. IntLib 库文件，如图 9-40 所示。

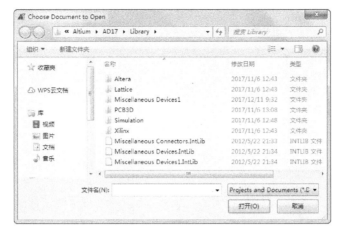

图 9-40 打开对话框

2）单击打开按钮，弹出如图 9-41 所示的 Extract Sources or Install 对话框，单击 Extract Sources 按钮，系统会自动生成一个"Miscellaneous Devices. LibPkg"项目文件，此时 Projects 面板如图 9-42 所示。由该集成元件库分为成两个同名的原理图元件库和 PCB 封装库，保存在与该集成元件库同一路径下的同名文件夹中。

图 9-41 Extract Sources or Install 对话框

图 9-42 分解集成元件库后的 Projects 面板

9.5 PCB 元件封装库的管理

9.5.1 PCB Library 面板

启动 PCB 元件封装库编辑器的同时就启动了 PCB Library 工作面板。在 PCB 元件封装库编辑环境中，主要通过 PCB Library 面板来管理元件库。执行命令 File→Open，打开 Choose Document to Open 对话框，找到 Altium\AD17\\Library\Miscellaneous Devices 文件夹中的 Miscellaneous Devices. PcbLib 封装库文件，单击打开按钮，打开封装库，PCB Library 面板如图 9-43 所示。

1. 快速搜索栏

快速搜索栏主要用于进行封装名称的过滤。在快速搜索栏中输入要查找的封装名或关键字，便能自动在封装列表栏中列出与关键字匹配的所有封装名，以便快速查找到所需封装。例如在 Mask 栏输入 Axial，结果如图 9-44 所示。在封装列表栏中可以浏览封装库中的元件。

图 9-43　PCB Library 面板　　　　　图 9-44　在 Mask 栏输入 Axial

2. 封装列表栏

封装列表栏列出当前所打开的元件封装库中满足 Mask 编辑框中过滤条件的元件封装，包括名称（Name）、焊盘数目（Pads）及组成封装的图元数目（Primitives）等。

3. 封装组成列表栏

封装组成列表栏列出了列表中选中封装所包含的图元以及图元属性等。

4. 模型预览区

模型预览区显示封装图形。

9.5.2　元件封装的管理

1. 浏览元件封装

在 Miscellaneous Devices PCB. PcbLib 库编辑器环境下，单击 PCB Library 面板上封装列表中的元件，在编辑区可看到封装图形，如图 9-45 所示。通过菜单命令 Tools→Next Component/Prev Component/First Component/Last Component 可以依次浏览下一个、上一个、第一个和最后一个元件封装。

2. 对元件封装的各项操作

在元件封装库中，通常封装的复制、剪切、粘贴、删除操作也是通过 PCB Library 面板完成的。在 PCB Library 面板上，右键单击元件列表中的元件封装，弹出如图 9-46 所示的快捷菜单。

1）单击 Cut、Copy 命令可以完成对列表中所选元件的剪切、复制。该操作是针对元件封装整体，即包括封装的图形（包括焊盘、线段等）和属性。

2）单击 Paste 可以完成对之前剪切、复制的元件封装进行粘贴操作。

3）单击 Delete 命令可以完成对所选元件封装的删除操作。

4）单击 Select All 命令可以选择列表中所有元件封装。

5）单击 Component Properties 命令，打开如图 9-47 所示的元件封装属性对话框。

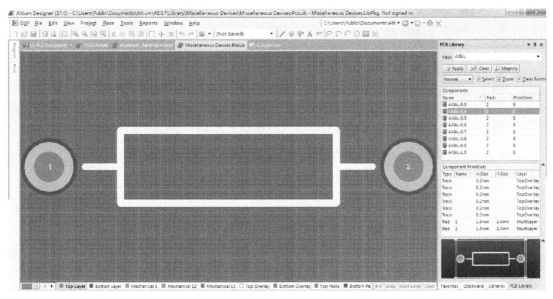

图 9-45　Miscellaneous Devices PCB. PcbLib 元件封装库

6）单击 Place 命令，系统会跳转到与当前库文件同一项目下的 PCB 文件中，并打开所选元件封装的放置对话框，如图 9-48 所示。

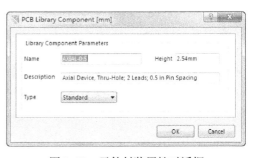

图 9-47　元件封装属性对话框

图 9-46　快捷菜单

图 9-48　元件封装的放置对话框

9.6 生成元件封装报表文件

1. 元件封装报表

在封装库文件编辑环境中，执行 Reports→Component 命令，系统自动生成当前元件封装的报表文件，其扩展名为 ".CMP"，如图 9-49 所示。报表文件介绍了封装的名称、所在封装库文件的名称、各封装图元所在的工作层以及封装图元的数量等信息。

```
 [5] PCB Document ▼ | D831.PcbLib | Bluetooth_Sentinel.PcbLib | Miscellaneous Devices.PcbLib | Miscellaneous Devices.CMP

1   Component  : AXIAL-0.4
    PCB Library : Miscellaneous Devices.PcbLib
    Date       : 2018/3/15
    Time       : 10:16:10


    Dimension : 11.786 x 2.235 mm

10  Layer(s)          Pads(s)   Tracks(s)  Fill(s)  Arc(s)  Text(s)
    --------------------------------------------------------------
    Top Overlay          0          6         0        0       0
    Multi Layer          2          0         0        0       0
    --------------------------------------------------------------
    Total                2          6         0        0       0
```

图 9-49　元件封装报表

2. 库文件清单报表

在封装库文件编辑环境中，执行 Reports→ Library List 命令，系统自动生成该封装库文件清单报表，其扩展名为 ".REP"，如图 9-50 所示。库文件清单报表介绍了文件名、库中元件封装数量以及所有元件封装的名称等信息。

3. 库文件报表

在封装库文件编辑环境中，执行 Reports→Library Report 命令，弹出如图 9-51 所示的对话框。单击 OK 按钮，系统会生成与当前元件封装库文件同名的报表文件。打开该文件，如图 9-52 所示。

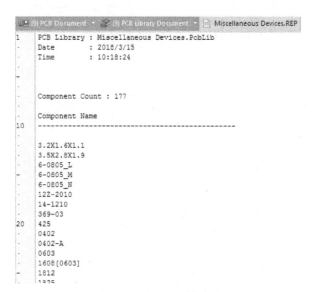

图 9-50　库文件清单报表

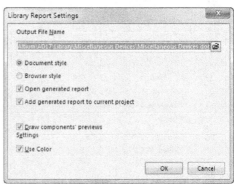

图 9-51　库文件报表设置对话框

Protel PCB Library Report

图 9-52　库文件报表

4. 生成元件封装规则检查报表

对于新建的元件封装尤其是手工绘制的元件封装，有必要对其进行检查。在封装库文件编辑环境中，执行 Reports→ Component Rule Check 命令，弹出如图 9-53 所示的元件封装规则检查对话框。设置好需要检查的项目后，单击 OK 按钮，即可生成如图 9-54 所示的元件封装规则检查报表，其扩展名为 ".ERR"。

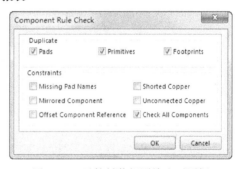

图 9-53　元件封装规则检查对话框

图 9-54　元件封装规则检查报表

9.7　更换元件封装实例

本小节中将把"简易无线传声器.SchDoc"中的晶体管的封装形式修改成 TO-92，并为其制作 PCB 文件。

1. 新建项目、原理图、PCB 和元件封装文件

1）执行菜单命令 File→New，在弹出的菜单中选择 Project、Schmatic 和 PCB 命令依次创建项目、原理图和 PCB 文件。

2）执行菜单命令 File→New→Library，在弹出的菜单中选择 PCB Library 命令，文件名称如

图 9-55 所示。

2. 复制原理图和元件封装

1）打开第 3 章中的"简易无线传声器. SchDoc"原理图，按下 Ctrl + A 选中原理图中的全部图元，按下 Ctrl + C 进行复制。跳转到之前建立的"简易无线传声器 1. SchDoc"原理图，按下 Ctrl + V 进行粘贴。在原理图适当的位置单击鼠标左键，放置元件。保存原理图文件。

2）打开 9. 3. 1 节中绘制有 TO－92 封装的 PCB 封装库，启动 PCB Library 面板。在元件封装列表中，用鼠标右键单击 TO－92，在弹出菜单中选择 Copy 命令，如图 9-56 所示。跳转到本项目下的"简易无线传声器. PcbLib"，启动 PCB Library 面板。在元件封装列表中，单击鼠标右键，在弹出菜单中选择 Paste 1 Components 命令。保存"简易无线传声器. PcbLib"文件。

图 9-55　建立项目、原理图、PCB
和元件封装文件

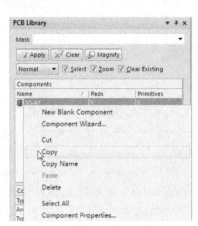

图 9-56　复制元件封装

3. 修改原理图中晶体管的封装形式

1）在"简易无线传声器 1. SchDoc"原理图中，双击晶体管 Q1，打开属性对话框。在属性对话框的 Models 区域中，选中晶体管当前的封装，单击 Edit 按钮，如图 9-57 所示，弹出如图 9-58 所示的 PCB 封装对话框。从图中可以看出，晶体管 Q1 的封装是 TO－226－AA。

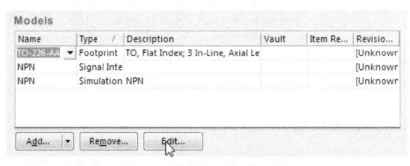

图 9-57　选中封装，单击 Edit 按钮

2）在 PCB Library 区域中，勾选 Any，激活 Footprint Model 区域中的 Browse 按钮，单击该按钮，打开浏览封装库对话框。由于"简易无线传声器. PcbLib"封装库文件和当前原理图在同一项目下，所以在该对话框中"简易无线传声器. PcbLib"封装库文件会出现在 Libraries 后的列表中，如图 9-59 所示。

图 9-58　PCB 封装对话框

图 9-59　浏览 PCB 封装库对话框

3）选中 TO-92，单击 OK 按钮，返回到 PCB 封装对话框，如图 9-60 所示。单击 OK 按钮，返回到晶体管属性对话框中。在对话框中的 Models 区域中，可以看出晶体管 Q1 的封装修改为 TO-92，如图 9-61 所示。

图 9-60　PCB 封装对话框

图 9-61　更换封装为 TO-92

4. 编译原理图文件

在"简易无线传声器 1. SchDoc"原理图中执行菜单命令 Project→Compile Document 简易无线传声器 1. SchDoc，编译后 Messages 面板如图 9-62 所示。编译结果显示没有违规等级为错误之处。

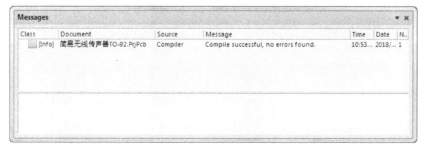

图 9-62　编译后的 Messages 面板

5. 由原理图更新 PCB 文件

1）在"简易无线传声器 1. SchDoc"原理图中执行菜单命令 Update PCB Document 简易无线传声器 1. PcbDoc，弹出如图 9-63 所示的工程变动对话框。

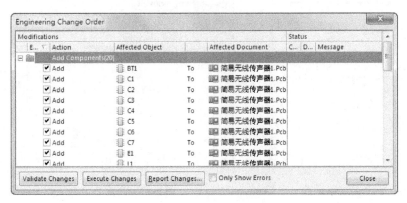

图 9-63　工程变动对话框

2）单击 Validate Changes 按钮，系统对原理图中的所有信息进行检查，结果如图 9-64 所示，所有变化均有效。

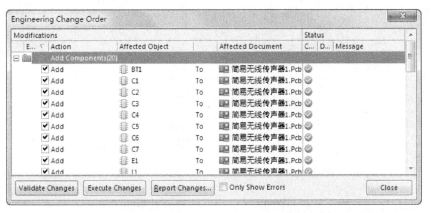

图 9-64　单击 Validate Changes 按钮的结果

3）单击 Execute Changes 按钮，系统开始将原理图中的信息传递到 PCB 文件。完成后如图 9-65

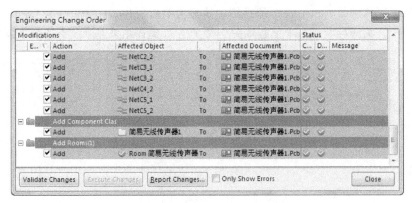

图 9-65　单击 Execute Changes 按钮的结果

所示，系统已将原理图中的相关信息更新到 PCB 文件中。

4）单击 Close 按钮，关闭工程变化对话框，系统跳转到 PCB 文件。在 PCB 文件中可以看出 Q1 的封装是 TO – 92，而 Q2 的封装没有改变，如图 9-66 所示。

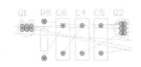

图 9-66　Q1 的封装是 TO – 92

第 10 章　PCB 设计综合实例

在本章中将介绍两个 PCB 设计综合实例，内容包括绘制元件符号、绘制元件封装、绘制原理图和 PCB 文件设计。

10.1　单片机实时时钟项目设计

本节中将完成单片机实时时钟电路图和 PCB 文件的设计，原理图如图 10-1 所示。在设计中需要完成的任务如下：

1）绘制元件 LCD1602 的封装。

2）绘制元件 LCD1602 的原理图符号。

3）绘制实时时钟电路原理图。

4）设计实时时钟电路的 PCB 文件。

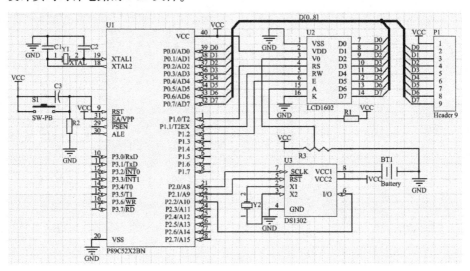

图 10-1　单片机实时时钟原理图

10.1.1　绘制元件 LCD1602 的封装

LCD1602 是一种液晶显示模块，在 Altium Designer 17 中没有提供该元件的原理图符号，也没有适合的封装形式，所以需要根据图 10-2 所示的尺寸自行绘制它的封装。

1. 新建项目、添加文件

1）启动 Altium Designer 17，执行菜单命令 File→New→Project，弹出设置项目名称和项目文件保存位置对话框。其中，Project Types（项目类型）选择 PCB Project，Project Templates（项目模板）选择 Default，Name（项目名称）编辑框输入"单片机实时时钟"，Location（文件位置）可以自行选择，单击 OK 按钮，新建一个项目名为"单片机实时时钟"的项目文件。

2）在 Projects 面板中，右键单击项目"单片机实时时钟"，在弹出的菜单中选择 Add New to

Project→PCB Library 命令，完成添加封装文件并保存，如图 10-3 所示。

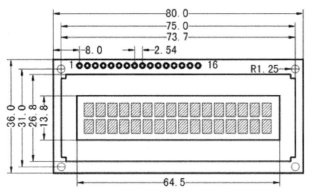

图 10-2　LCD1602 的尺寸（单位：mm）

图 10-3　Projects 面板

2. 修改元件封装名称

打开"单片机实时时钟.PcbLib"文件，在 PCB Library 面板中，鼠标右键单击 PCBCOMPO-NENT_1，在弹出菜单中单击 Component Properties 命令，在弹出的对话框的 Name 编辑框中输入封装名称 LCD1602，单击 OK 按钮。

3. 设置单位和网格

（1）设置单位

由于图 10-2 中给出的尺寸单位是 mm，所以需要将系统设置为公制单位。单击键盘上的字母 Q 键，可以在公制和英制单位之间转换。

（2）设置网格

绘制元件封装中，最重要的就是焊盘位置要精确。从图中可以看出需要放置 16 个焊盘，焊盘间距是 2.54mm。为了快速准确地放置焊盘，可以将网格设置为 1.27mm。执行菜单命令 Tools→Grid Manager，弹出网格管理对话框。双击 Fine 或者 Coarse 对应下方的颜色块，弹出网格设置对话框。在左侧的 Steps 区域，将 Step X 和 Step Y 设置为 1.27mm，如图 10-4 所示，单击 OK 按钮完成设置。

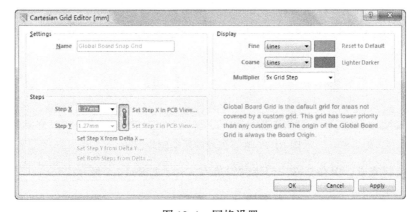

图 10-4　网格设置

4. 放置焊盘

元件封装中的第一个焊盘通常绘制在坐标原点。可以利用菜单命令 Edit→Jump→Reference，使坐标原点出现在编辑区的中心。

执行菜单命令 Place→Pad，在坐标原点放置该焊盘。双击焊盘，在弹出的属性设置对话框中将 Properties 区域的 Designator 设置为 1，Size and Shape 区域中 Shape 设置为 Rectangle（矩形），如图 10-5 所示。在坐标原点放置第一个焊盘。对于其余焊盘，Size and Shape 区域中 Shape 设置为 Round（圆形）。根据图 10-2 中所示的焊盘间距，每隔 2.54mm（两个小网格）放置一个圆焊盘，如图 10-6 所示。

5. 绘制轮廓线

单击工作层标签中的 Top Overlay 标签，将正面丝印层设置为当前工作层。执行菜单命令 Place→Line，绘制元件封装的轮廓线，如图 10-7 所示。注意，如果没有更改过 PCB 文件的各项颜色设置，此时的轮廓线应该是黄色。

图 10-5　焊盘属性设置

图 10-6　放置焊盘

图 10-7　在正面丝印层绘制轮廓线

元件封装绘制完成，保存文件。创建的封装库文件，如图 10-8 所示。

10.1.2　绘制元件 LCD1602 的原理图符号

1. 添加原理图元件库

在 Projects 面板中，右键单击项目"单片机实时时钟"，在弹出的菜单中选择 Add New to Project→Schematic Library 命令，完成添加原理图元件库文件，如图 10-9 所示。

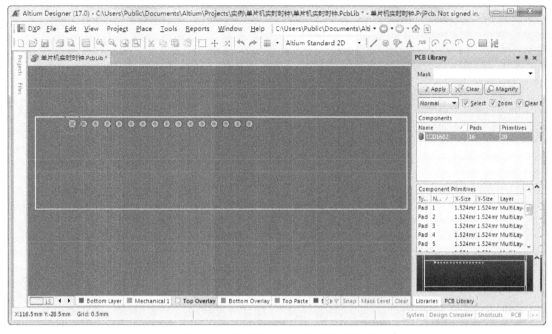

图 10-8　完成的 PCB 封装库文件界面

2. 修改元件名称

原理图元件库编辑器中，执行菜单命令 Tools→Rename Component，弹出重命名元件对话框，修改为 LCD1602，如图 10-10 所示。单击 OK 按钮，返回编辑界面。

图 10-9　添加原理图元件库文件

图 10-10　重命名元件

3. 绘制元件外形图

执行菜单命令 Place→Rectangle，在编辑界面以坐标原点为一个顶点绘制矩形，如图 10-11 所示。

4. 放置引脚

执行菜单命令 Place→Pin，当引脚悬浮在光标上时，单击 Tab 键，打开引脚属性设置对话框，在 Display Name 编辑框中输入 VSS，勾选其后的 Visible 选项；在 Designator 编辑框输入 1，勾选其后的 Visible 选项，如图 10-12 所示。放置引脚时，要保证带 "×" 号一端的朝外

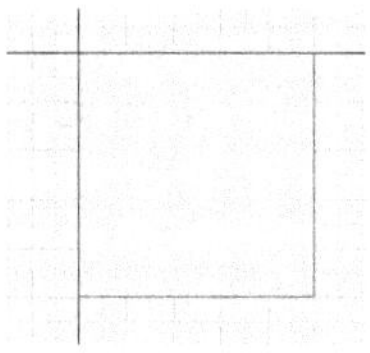

图 10-11　绘制元件
外形图

255

放置。放置所有引脚后，适当调节矩形轮廓的大小，如图 10-13 所示。

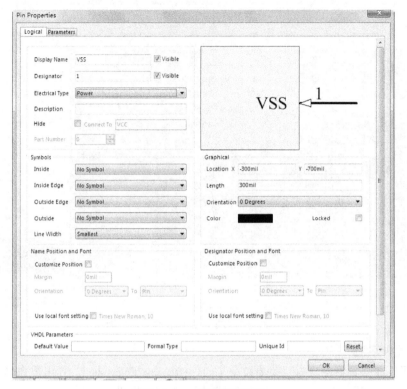

图 10-12　引脚属性设置

5. 设置元件属性

执行菜单命令 Tools→Component Properties，会弹出库元件属性设置对话框。

1）在 Properties 区域，Default Designator 修改为 U?，Default Comment 修改为 LCD1602，勾选这两项后面的 Visible 选项，如图 10-14 所示。

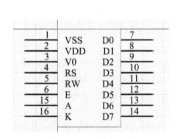

图 10-13　放置引脚

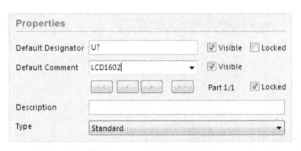

图 10-14　基本属性设置

2）在 Models 区域，单击 Add 按钮，在选择添加模型种类对话框中选择 Footprint，单击 OK 按钮，在弹出的 PCB 模型对话框中单击 Browse 按钮，弹出如图 10-15 所示的浏览元件库对话框。因为"单片机实时时钟.PcbLib"文件和当前的"单片机实时时钟.SchLib"文件在同一个项目下，所以在添加 PCB 封装模型时，"单片机实时时钟.PcbLib"文件会自动出现在 Libraries 列表中。选择 LCD1602，单击 OK 按钮。添加模型后，Models 区域如图 10-16 所示。

图 10-15　浏览元件库对话框

图 10-16　Models 区域

此时，元件符号绘制完成，保存文件。创建的元件库文件，如图 10-17 所示。

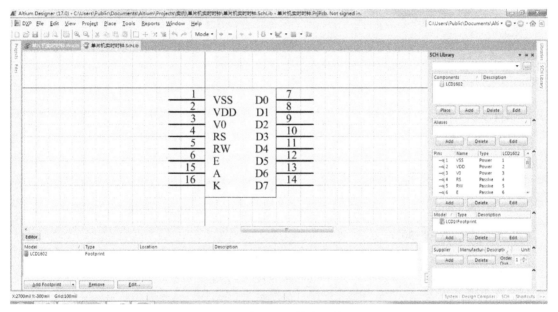

图 10-17　完成的元件库文件界面

有一些初学者在一个原理图元件库中只绘制一个元件符号，第二个元件符号绘制在另一个元件库中，这种做法不规范。一个项目下一般只建立一个原理图元件库，该项目下所需绘制的元件符号都在这一个库文件中完成。在原理图元件库编辑器界面上，执行菜单命令 Tools→New Component，可以新建元件。

10.1.3　绘制实时时钟电路原理图

实时时钟电路中，可以在集成元件库中找到除了 LCD1602 以外的其他所有元件。下面绘制实时时钟电路原理图。

1. 添加原理图

在 Projects 面板中，右键单击项目"单片机实时时钟"，在弹出的菜单中选择 Add New to Project→Schematic 命令，添加原理图文件，如图 10-18 所示。

2. 放置元件

（1）查找并放置单片机

打开 Libraries 面板，单击 Search 按钮，打开搜索元件对话框。在 Filters 区域中，Field 中第 1 项默认为 Name（名称），Operator 选择 contains（包含），Value 中输入 P89C52；在 Scope 区域中设置搜索范围为 Libraries on path（指定搜索路径），如图 10-19 所示。单击 Search 按钮，系统展开 Libraries 面板开始搜索，结果如图 10-20 所示。选择列表中的 P89C52X2BN，单击 Place 按钮，在原理图中放置该元件。

图 10-18　添加原理图文件

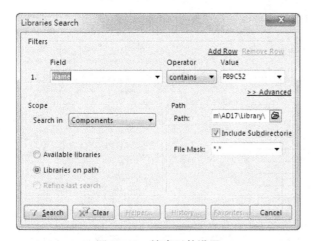

图 10-19　搜索元件设置

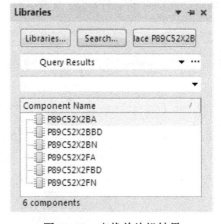

图 10-20　查找单片机结果

（2）查找并放置 DS1302

查找的方法同上，区别在于搜索元件对话框的 Value 中输入 DS1302。搜索结束后，在 Libraries 面板的元件列表中选择 DS1302，单击 Place 按钮，在原理图中放置该元件。

（3）放置 LCD1602

如图 10-21 所示，在 Libraries 面板的元件库列表中选择"单片机实时时钟.SchLib"，在元件列表中选择 LCD1602，单击 Place 按钮，在原理图中放置该元件。

图 10-21　Libraries 面板

（4）放置其他元件

原理图中的电容、电阻、电池、开关、晶振等在集成元件库 Miscellaneous Devices.IntLib 中寻找并放置。

3. 连线

根据电路需要，使用导线、总线、总线入口、网络标号等实现元件的电气连接。

1）执行菜单命令 Place→Wire，放置导线。

2）执行菜单命令 Place→Bus，放置总线。

3）执行菜单命令 Place→Bus Entry，放置总线入口。

4）执行菜单命令 Place→Net Label，放置网络标号。

4. 元件自动编号

如果对原理图中的编号没有特定要求，可以采用自动编号。执行菜单命令 Tools→Annotation →Annotate Schematic，系统弹出自动编号对话框，可以对编号进行设置。单击 Update Changes List 按钮，对元件编号进行更新，单击 Close 按钮。

5. 编译

执行菜单命令 Project→Compile Document 单片机实时时钟 . SchDoc 进行编译，单击原理图右下方的 System 标签，选择 Messages 面板，编译结果如图 10-22 所示。编译结果中，只有警告没有错误，而警告中没有原理性错误，可以进行下一步操作了。

Messages

Class	Document	Sou...	Message	Time	Date	N...
[Wa...	单片机实时...	Com...	Net NetC2_1 has no driving source (Pin C2-1,Pin U1-19,Pin Y1...	17:26:59	2018/5/23	1
[Wa...	单片机实时...	Com...	Net NetC3_2 has no driving source (Pin C3-2,Pin R2-2,Pin S1-...	17:26:59	2018/5/23	2
[Wa...	单片机实时...	Com...	Net NetU3_2 has no driving source (Pin U3-2,Pin Y2-2)	17:26:59	2018/5/23	3
[Wa...	单片机实时...	Com...	Net NetU3_3 has no driving source (Pin U3-3,Pin Y2-1)	17:26:59	2018/5/23	4
[Info]	单片机实时...	Com...	Compile successful, no errors found.	17:26:59	2018/5/23	5

图 10-22　Messages 面板显示编译结果

10.1.4　实时时钟电路的 PCB 设计

1. 添加 PCB 文件、设置参数

1）在 Projects 面板中，右键单击项目"单片机实时时钟"，在弹出的菜单中选择 Add New to Project→PCB 命令，完成添加 PCB 文件，如图 10-23 所示。

2）执行菜单命令 Design→Board Layers &Colors，弹出如图 10-24 所示的 PCB 工作层和颜色设置对话框。在对话框的右下方区域，单击 Area Color 对应的颜色块（注意图中光标的位置），弹出颜色设置对话框，如图 10-25 所示。找到并单击白色（233），单击 OK 按钮返回，将工作区设置为白色。

2. 由原理图更新 PCB 文件

在原理图文件"单片机实时时钟 . SchDoc"中，执行菜单命令 Design→Update PCB Document 单片机实时时钟

图 10-23　添加 PCB 文件

. PcbDoc，系统弹出工程变化顺序对话框，单击 Validate Changes 按钮，系统对原理图中的所有信息进行检查，所有变化均有效。单击 Execute Changes 按钮，系统将原理图中的信息传递到 PCB 文件，如图 10-26 所示。

3. 元件布局

采用手动布局方式，如图 10-27 所示。

4. 布线

本例的布线操作中，采用先设置线宽再进行自动布线的方法。

1）设置布线线宽规则。PCB 板中的导线可以分为两种，即普通导线和电源（地）线。普通

图 10-24　PCB 工作层和颜色设置对话框

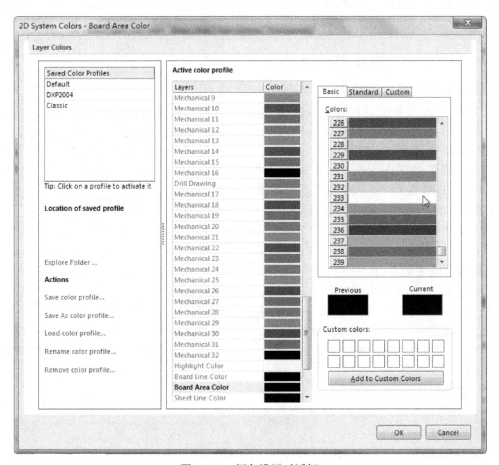

图 10-25　颜色设置对话框

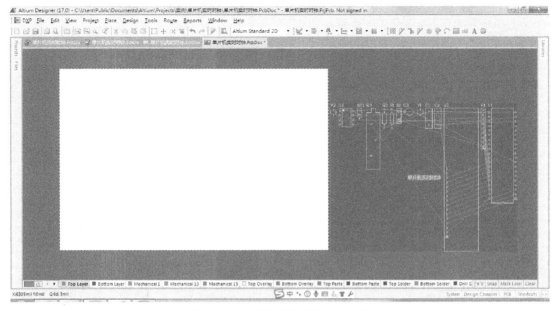

图 10-26　由原理图更新 PCB 文件

导线线宽为 15mil，电源（地）线的线宽为 40mil。

执行菜单命令 Design→Rules，打开 PCB 规则和约束编辑对话框，在左侧列表中选择的 Routing→Width→Width，在右侧区域设置线宽。Max Width（最大宽度）、Min Width（最小宽度）和 Preferred Width（实际宽度）均设置为 15mil。此线宽为普通导线的宽度，Where The Object Matches 选择 All，如图 10-28 所示。

将光标放置在 Width 上，单击鼠标右键，在弹出的菜单中选择 New Rule，新建名为 Width_1 的线宽规则。此线宽用于设置电源（地）线，Max Width（最大宽度）、Min Width（最小宽度）和 Preferred Width（实际宽度）均设置为 40mil。Where The Object Matches 选择 Net 和 VCC，如图 10-29 所示。单击 OK 按钮，返回到 PCB 编辑器界面。

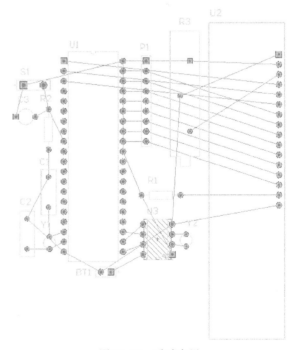

图 10-27　手动布局

2）进行自动布线。执行菜单命令 Route→Auto Route→All，弹出布线策略对话框，在 Routing Strategy 区域中选择 Default 2 Layer Board 策略，单击 Route All 按钮，启动 Situs 自动布线器。自动布线结果如图 10-30 所示。从图中可以看出，电源（地）线比其他导线要粗一些。

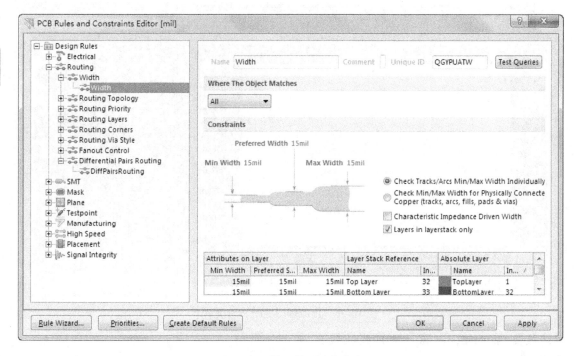

图 10-28　设置普通导线线宽

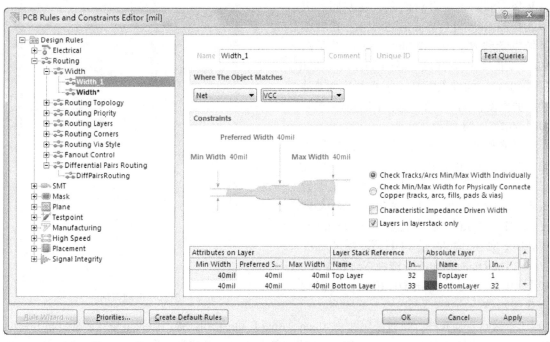

图 10-29　设置电源（地）线线宽

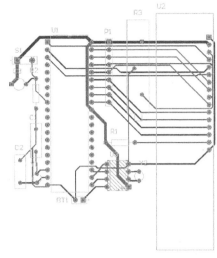

图 10-30　自动布线结果

10.2　基于单片机 SPI 接口的串行显示电路设计

本节将完成基于单片机 SPI 接口的串行显示电路的电路图和 PCB 文件设计，串行显示电路原理图如图 10-31 所示。在设计中需要完成的任务如下：

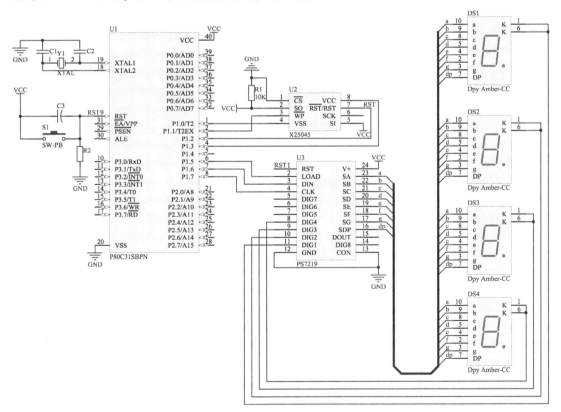

图 10-31　串行显示电路原理图

1）绘制元件 X25045 和 PS7219 原理图符号，并为其添加已有的封装。

2）绘制串行显示电路原理图。

3）设计串行显示电路的 PCB 文件。

对于这个原理图，有一点需要说明，该图中有一个错误之处，会在原理图编译时找到并改正，旨在使读者对编译操作有更好的理解。

10.2.1 制作元件 X25045

1. 新建项目、添加文件

1）启动 Altium Designer 17，执行菜单命令 File→New→Project，弹出设置项目名称和项目文件保存位置对话框。其中，Project Type（项目类型）选择 PCB Project，Project Template（项目模板）选择 Default，Name（项目名称）编辑框输入"基于单片机 SPI 接口的串行显示电路"，Location（文件位置）可以自行选择，单击 OK 按钮，新建一个项目名为"基于单片机 SPI 接口的串行显示电路"的项目文件。

2）在 Projects 面板中，右键单击项目"基于单片机 SPI 接口的串行显示电路"，在弹出的菜单中选择 Add New to Project→Schematic Library 命令，完成添加原理图元件库文件并保存，如图 10-32 所示。

2. 修改元件名称

执行菜单命令 Tools→Rename Component，弹出重命名元件对话框，修改为 X25045，如图 10-33 所示。

图 10-32　Projects 面板

图 10-33　重命名元件对话框

3. 绘制元件外形图

执行菜单命令 Place→Rectangle，在编辑界面以坐标原点为一个顶点绘制矩形，如图 10-34 所示。

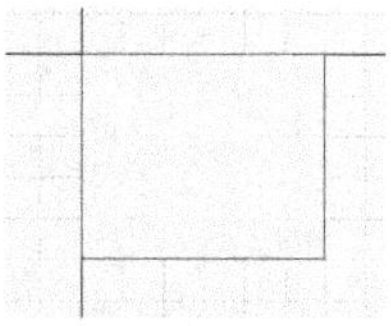

4. 放置引脚

执行菜单命令 Place→Pin，当引脚悬浮在光标上时，单击 Tab 键，打开 Pin Properties 属性设置对话框，在 Display Name 编辑框中

图 10-34　绘制元件外形图

输入 C\S\，勾选其后的 Visible 选项；在 Designator 编辑框输入 1，勾选其后的 Visible 选项。放置引脚时，要保证带 × 一端的朝外放置。放置 1 引脚后，元件图如图 10-35 所示。放置好所有引脚后，适当调节矩形轮廓的大小，如图 10-36 所示。

5. 设置元件属性

执行菜单命令 Tools→Component Properties，会弹出库元件属性设置对话框。

1）在 Properties 区域，Default Designator 修改为 U?，Default Comment 修改为 X25045，Description 编辑框填写 programmable watchdog supervisory E2PROM，如图 10-37 所示。

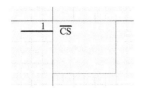

图 10-35　放置 1 引脚

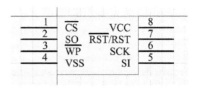

图 10-36　放置其他引脚

图 10-37　库元件属性设置

2）在 Models 区域，单击 Add 按钮，在选择添加模型种类对话框中选择 Footprint，单击 OK 按钮，在弹出的 PCB 模型对话框中单击 Browse 按钮，弹出如图 10-38 所示的浏览元件库对话框。X25045 的封装形式是 8 引脚的 DIP 或 SOIC 封装，这里选择 DIP8。而 DIP8 是系统自带的一种封装，可以利用搜索功能找到它。在图 10-38 中，单击 Find 按钮，打开查找对话框，各项参数设置如图 10-39 所示。单击 Search 按钮，开始查找 DIP8，搜索结果如图 10-40 所示。

图 10-38　浏览元件库对话框

图 10-39　查找参数设置

在图 10-40 的列表中，选择一个 DIP8（这里选择第一个），单击 OK 按钮，返回到如图 10-41 所示的对话框。单击 OK 按钮，返回到元件符号属性设置对话框，其 Models 区域如图 10-42 所示。

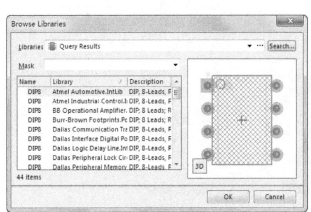

图 10-40　搜索结果

图 10-41　PCB 模型对话框

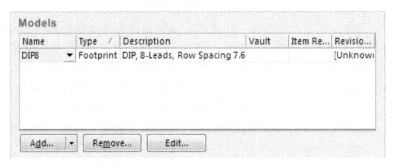

图 10-42　Models 区域

10.2.2　制作元件 PS7219

1. 新建元件并修改名称

在"基于单片机 SPI 接口的串行显示电路 . SchLib"文件编辑界面, 执行菜单命令 Tools→New Component, 弹出填写元件名称对话框, 填入 PS7219, 如图 10-43 所示。单击 OK 按钮, 编辑界面进入新元件 PS7219 的编辑状态。

2. 绘制元件外形图

执行菜单命令 Place→Rectangle, 在编辑界面以坐标原点为一个顶点绘制矩形, 移动光标, 再次单击左键确定另一个顶点。

3. 放置引脚

执行菜单命令 Place→Pin, 当引脚悬浮在光标上时, 单击 Tab 键, 打开 Pin Properties 属性设置对话框, 在 Display Name 编辑框中输入 RST, 勾选其后的 Visible 选项; 在 Designator 编辑框输入 1, 勾选其后的 Visible 选项。放置引脚时, 要保证带 × 一端的朝外放置。放置好所有引脚后, 适当调节矩形轮廓的大小, 如图 10-44 所示。

图 10-43　填写元件名称 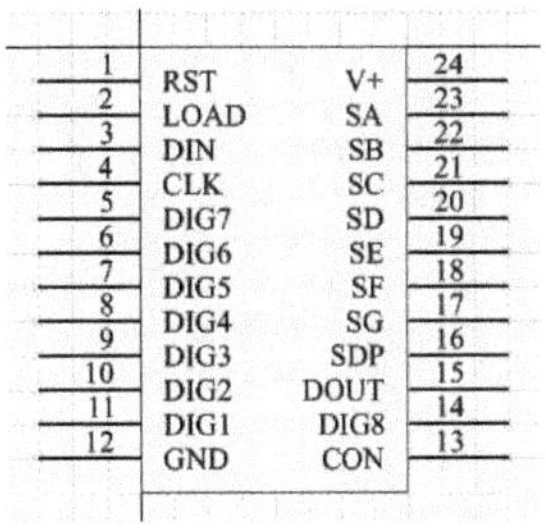　　　　　　　　　　图 10-44　放置引脚

4. 修改元件属性

执行菜单命令 Tools→Component Properties，弹出库元件属性设置对话框。

1）在 Properties 区域，Default Designator 修改为 U?，Default Comment 修改为 PS7219，如图 10-45 所示。

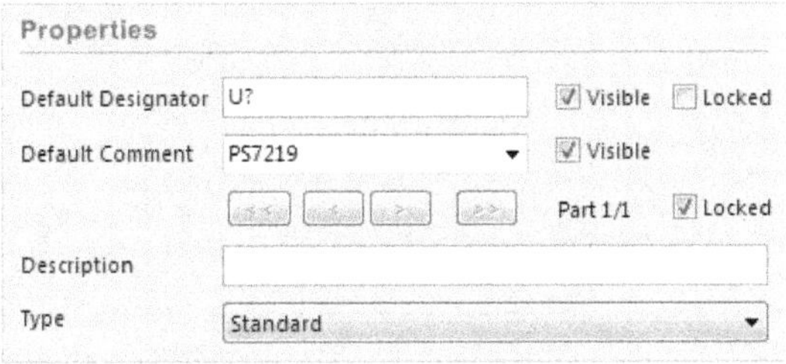

2）在 Models 区域，单击 Add 按钮，在选择添加模型种类对话框中选择 Footprint，单击 OK 按钮，在弹出的 PCB 模型对话框中单击 Browse 按钮，弹出如图 10-46 所示的浏览元件库对话框。PS7219 的封装形式是 24 引脚宽双列直插封装（DIP24W）。

图 10-45　库元件属性设置

在图 10-46 中，单击 Find 按钮，弹出查找元件库对话框，设置如图 10-47 所示。单击 Search 按钮，开始查找封装，搜索结果如图 10-48 所示。选择列表中的一个封装，依次单击 OK 键返回。

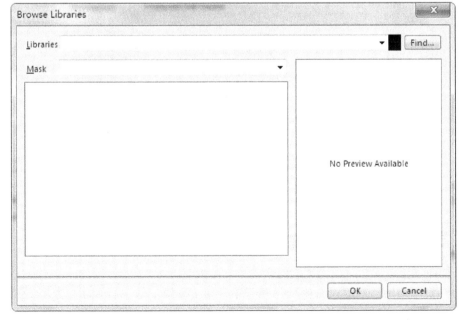

图 10-46　浏览元件库对话框

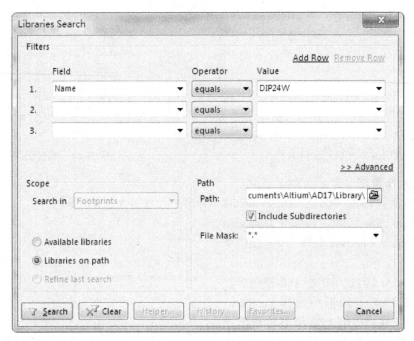

图 10-47　搜索元件设置

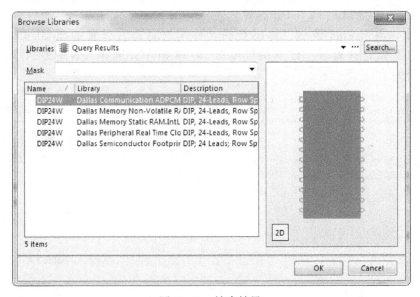

图 10-48　搜索结果

10.2.3　绘制串行显示电路原理图

1. 添加原理图

在 Projects 面板中，右键单击项目"基于单片机 SPI 接口的串行显示电路"，在弹出的菜单中选择 Add New to Project→Schematic 命令，完成添加原理图文件，如图 10-49 所示。

2. 放置元件

（1）搜索并放置单片机

打开 Libraries 面板，单击 Search 按钮，打开搜索元件对话框。在 Filters 区域中，Field 中第 1 项默认为 Name（名称），Operator 选择 contains（包含），Value 中输入 P80C31；在 Scope 区域中设置搜索范围为 Libraries on path（指定搜索路径），如图 10-50 所示。单击 Search 按钮，系统展开 Libraries 面板开始搜索，搜索结果如图 10-51 所示。选择列表中的 P80C31SBPN，单击 Place 按钮，在原理图中放置该元件。

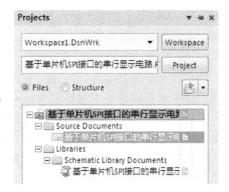

图 10-49　添加原理图

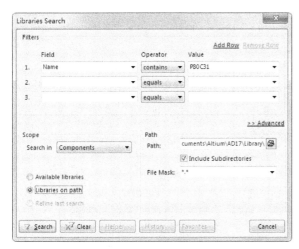

图 10-50　搜索元件设置

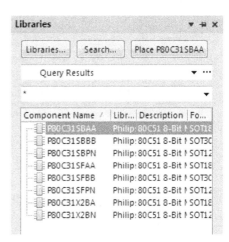

图 10-51　搜索结果

（2）放置元件 X25045、PS7219

打开 Libraries 面板，在元件库列表中选择"基于单片机 SPI 接口的串行显示电路 . SchLib"元件库，在其下方的原件列表中展现出该元件库下的元件，如图 10-52 所示。依次选择 PS7219 和 X25045，单击 Place 按钮，移动光标到原理图的适当位置，单击鼠标左键放置元件。

（3）放置其他元件

原理图中的电容、电阻、开关、晶振和数码管等在集成元件库 Miscellaneous Devices. IntLib 寻找。

图 10-52　Libraries 面板

3. 连线

根据电路需要，使用导线、总线、总线入口、网络标号等实现元件的电气连接。

1）执行菜单命令 Place→Wire，放置导线。

2）执行菜单命令 Place→Bus，放置总线。

3）执行菜单命令 Place→Bus Entry，放置总线入口。

4）执行菜单命令 Place→Net Label，放置网络标号。

4. 元件自动编号

如果对原理图中的编号没有特定要求，可以采用自动编号。执行菜单命令 Tools→Annotation

→Annotate Schematic，系统弹出自动编号对话框，可以对编号进行设置。单击 Update Changes List 按钮，对元件编号进行更新，单击 Close 按钮。

5. 编译

执行菜单命令 Project→Compile Document 基于单片机 SPI 接口的串行显示电路 .SchDoc 进行编译。由于编译的结果中有等级为 Error 的违反规则之处，系统在编译后自动弹出 Messages 面板，如图 10-53 所示。编译结果中，鼠标左键双击 Error 这一行，原理图界面自动跳转到对应之处。该处错误指向单片机元件的 31 引脚，该引脚属性为 Input（输入），但当前却没有信号输入。此处确是电路原理上有错误，单片机的 31 引脚应该添加电源 VCC，如图 10-54 所示。再次执行菜单命令 Project→Compile Document 进行项目编译，Messages 面板没有自动弹出，因为编译结果中没有 Error，只有 Warning（警告）。而这些等级为警告的违规之处并没有实质的问题，可以不用处理。

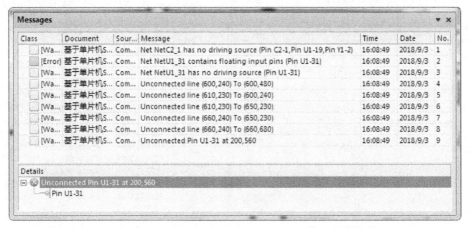

图 10-53　Messages 面板

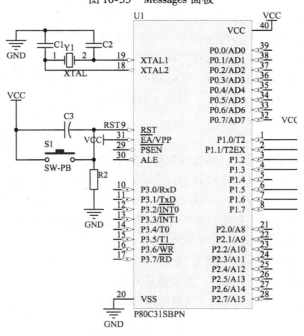

图 10-54　在单片机的 31 引脚上放置电源 VCC

10.2.4　串行显示电路 PCB 设计

1. 添加 PCB 文件

在 Projects 面板中，右键单击项目"基于单片机 SPI 接口的串行显示电路"，在弹出的菜单中选择 Add New to Project→PCB 命令，完成添加 PCB 文件，如图 10-55 所示。

2. 由原理图更新 PCB 文件

在原理图文件"基于单片机 SPI 接口的串行显示电路.SchDoc"中，执行菜单命令 Design→Update PCB Document 基于单片机 SPI 接口的串行显示电路.PcbDoc，系统弹出工程变化顺序对话框，单击 Validate Changes 按钮，系统对原理图中的所有信息进行检查，所有变化均有效。单击 Execute Changes 按钮，系统将原理图中的信息传递到 PCB 文件，如图 10-56 所示。

图 10-55　添加 PCB 文件

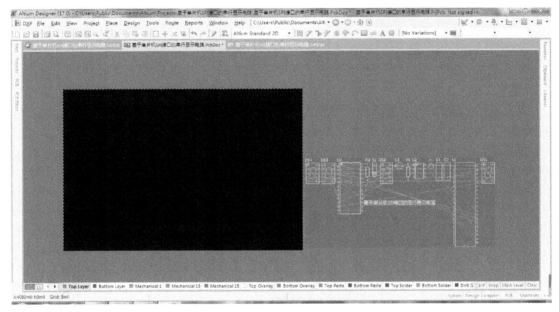

图 10-56　由原理图更新 PCB 文件

3. 元件布局

采用手动布局方式。布局时可以利用系统提供的对齐工具，选中四个数码管，执行菜单命令 Edit→Align→Align Top 使得数码管顶端对齐，再执行菜单命令 Edit→Align→Distribute Horizontally，使数码管等间距放置。布局结果如图 10-57 所示。

4. 布线

本例中采用手动布置电源和地线（线宽 40mil）、自动布置其他导线（线宽 15mil）的方式。

（1）修改布线线宽范围

因为电源和地线的线宽 40mil 超过了系统默认的线宽（最小值 10mil、最大值 10mil），所以此处手动布置电源和地线前需要修改布线线宽范围。

执行菜单命令 Design→Rules，打开 PCB 规则和约束编辑对话框，在左侧列表中选择的 Routing→Width→Width，在右侧区域设置线宽。Max Width（最大宽度）、Min Width（最小宽度）和 Preferred Width（实际宽度）分别设置为 50mil、10mil 和 15mil，如图 10-58 所示。Preferred Width（实际宽度）是自动布线时的默认导线宽度。

（2）对电源和地线进行手动布线

执行菜单命令 Route→Interactive Routing，光标携带十字形，移动光标到 VCC 或 GND 网络的飞线上，单击鼠标左键，导线会自动和一端的焊盘相连。此时单击 Tab 键，打开导线属性设置对话框，将 User preferred Width 设置为 40mil，如图 10-59 所示。单击 OK 按钮，开始手动布线。布线结果如图 10-60 所示。

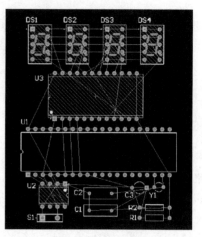

图 10-57　元件布局

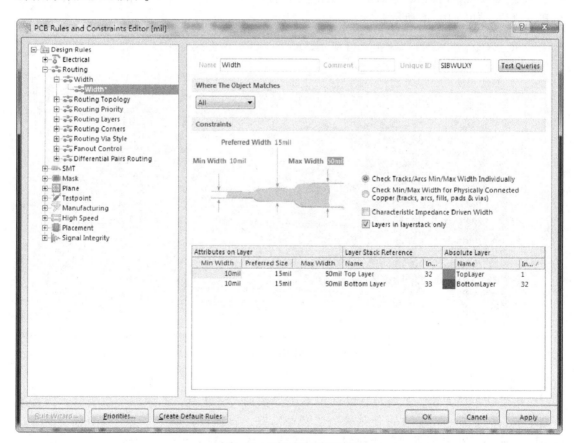

图 10-58　修改布线线宽范围

（3）对其他线进行自动布线

执行菜单命令 Route→Auto Route→All，弹出布线策略对话框，在 Routing Strategy 区域中选择 Default 2 Layer Board 策略，勾选 Lock All Pre-routes（锁定之前的布线，自动布线时不会改变），如图 10-61 所示。单击 Route All 按钮，启动 Situs 自动布线器。自动布线结果如图 10-62 所示。

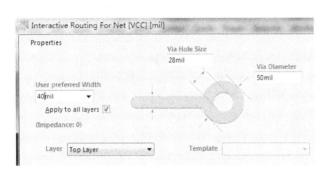

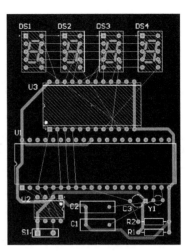

图 10-59　设置导线宽度

图 10-60　对电源和地线进行手动布线

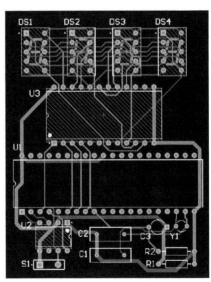

图 10-61　布线策略对话框

图 10-62　自动布线结果

参 考 文 献

［1］解璞，胡仁喜. Altium Designer 16 从入门到精通［M］. 北京：机械工业出版社，2016.

［2］叶建波，陈志栋，李翠凤. Altium Designer 15 电路设计与制板技术［M］. 北京：清华大学出版社，北京交通大学出版社，2016.

［3］闫聪聪，杨玉龙. Altium Designer 16 基础实例教程［M］. 北京：人民邮电出版社，2016.

［4］黄智伟，黄国玉. Altium Designer 原理图与 PCB 设计［M］. 北京：人民邮电出版社，2016.

［5］胡仁喜，闫聪聪. Altium Designer 16 中文版标准实例教程［M］. 北京：机械工业出版社，2016.

［6］黄智伟，黄国玉. Altium Designer 16 基础实例教程［M］. 北京：人民邮电出版社，2016.

［7］史久贵. 基于 Altium Designer 的原理图与 PCB 设计［M］. 北京：机械工业出版社，2014.